全国海洋渔业生产安全环境保障服务系统研究

滕骏华　逄仁波　林志环　林　波
蔡文博　李　飞　田　杰　著

海洋出版社

2015年·北京

图书在版编目（CIP）数据

全国海洋渔业生产安全环境保障服务系统研究/滕骏华等著．—北京：海洋出版社，2015.5

ISBN 978－7－5027－9149－0

Ⅰ.①全…　Ⅱ.①滕…　Ⅲ.①海洋渔业－安全生产－环境－保障体系－研究－中国　Ⅳ.①S975

中国版本图书馆 CIP 数据核字（2015）第 100856 号

责任编辑：杨　明

责任印制：赵麟苏

海洋出版社　**出版发行**

http：//www.oceanpress.com.cn

北京市海淀区大慧寺路 8 号　邮编：100081

北京旺都印务有限公司印刷　　新华书店发行所经销

2015 年 5 月第 1 版　2015 年 5 月北京第 1 次印刷

开本：787 mm×1092 mm　1/16　印张：17.5　彩页：6

字数：343 千字　定价：80.00 元

发行部：62132549　邮购部：68038093　总编室：62114335

全国海洋渔业环境保障服务产品WEBGIS发布平台

国家海洋环境预报中心

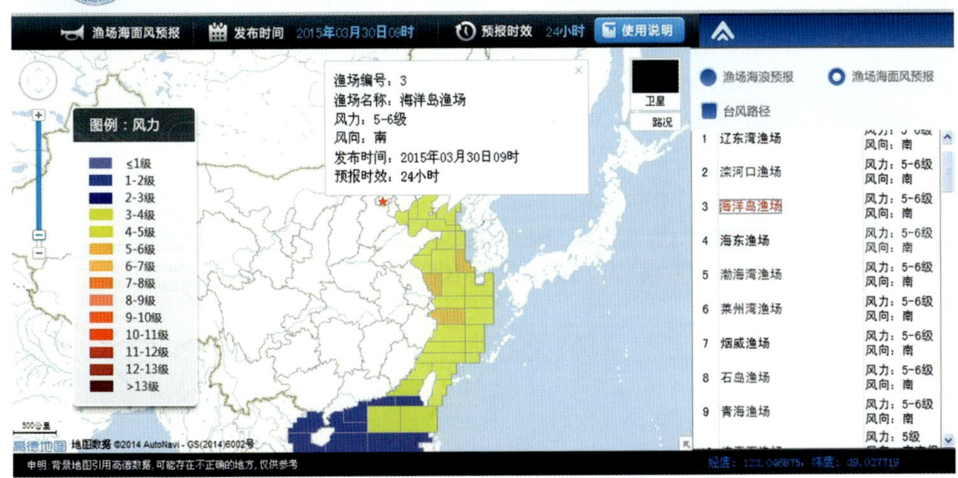

彩图 1　国家海洋环境预报中心发布的渔业保障专项产品

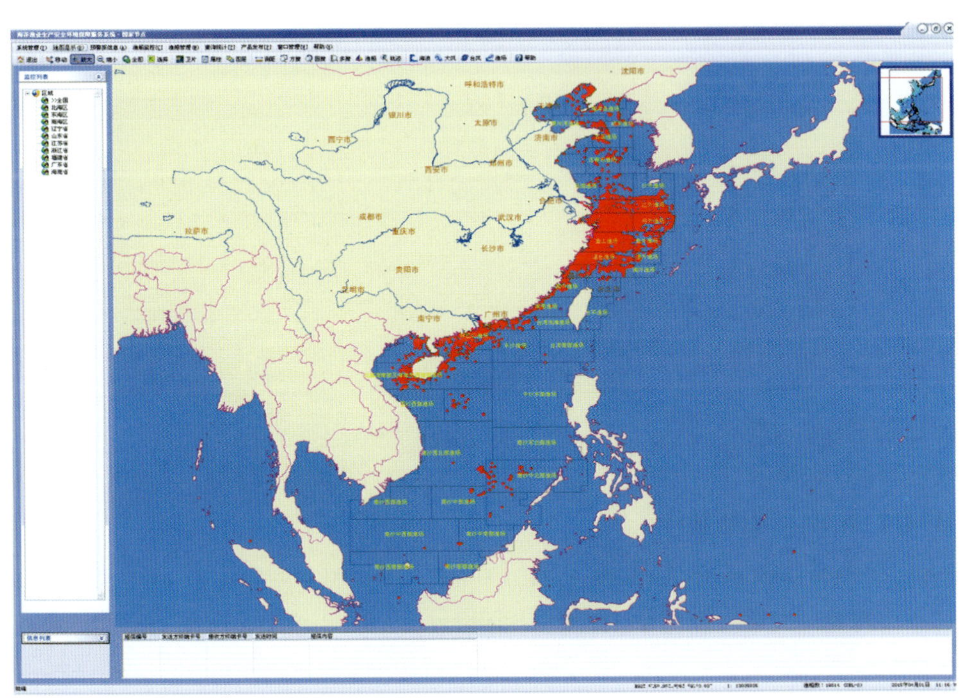

彩图 2　MapWinGIS 组件显示矢量地图

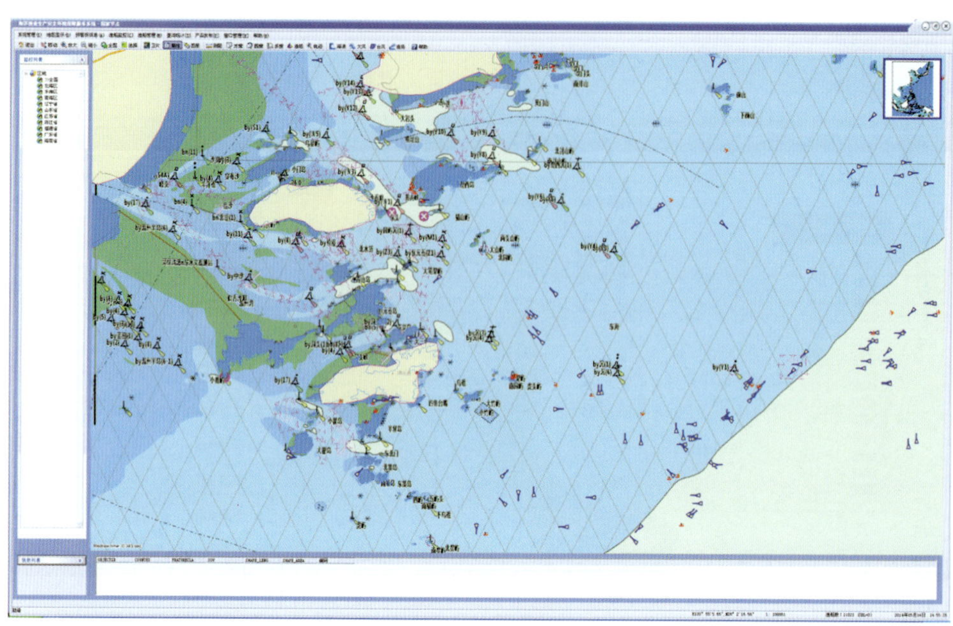

彩图 3　海图显示

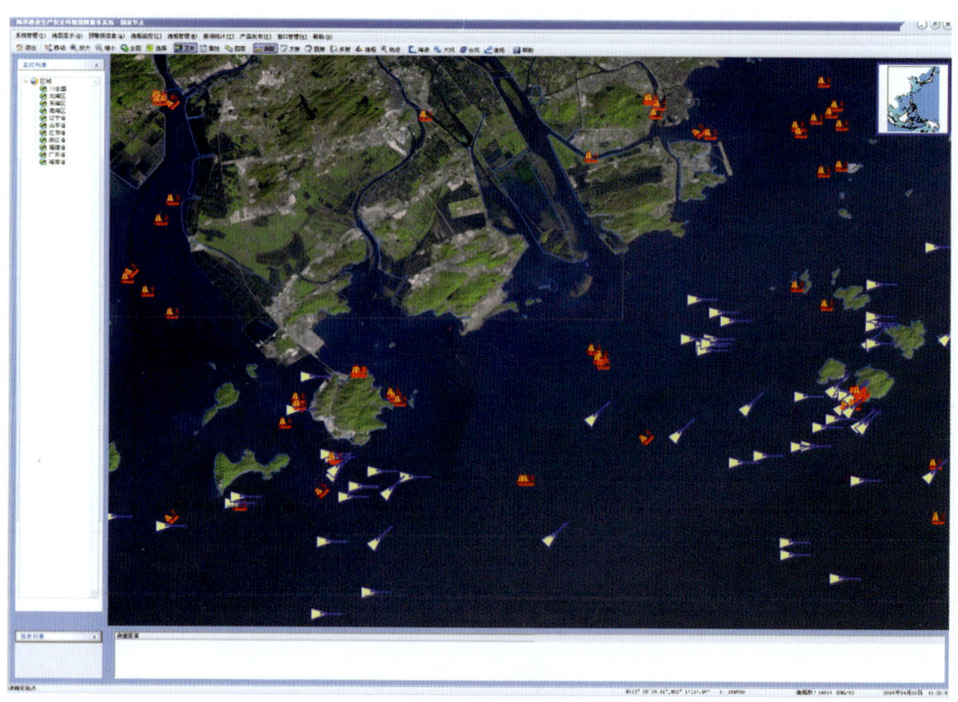

彩图 4　遥感影像显示

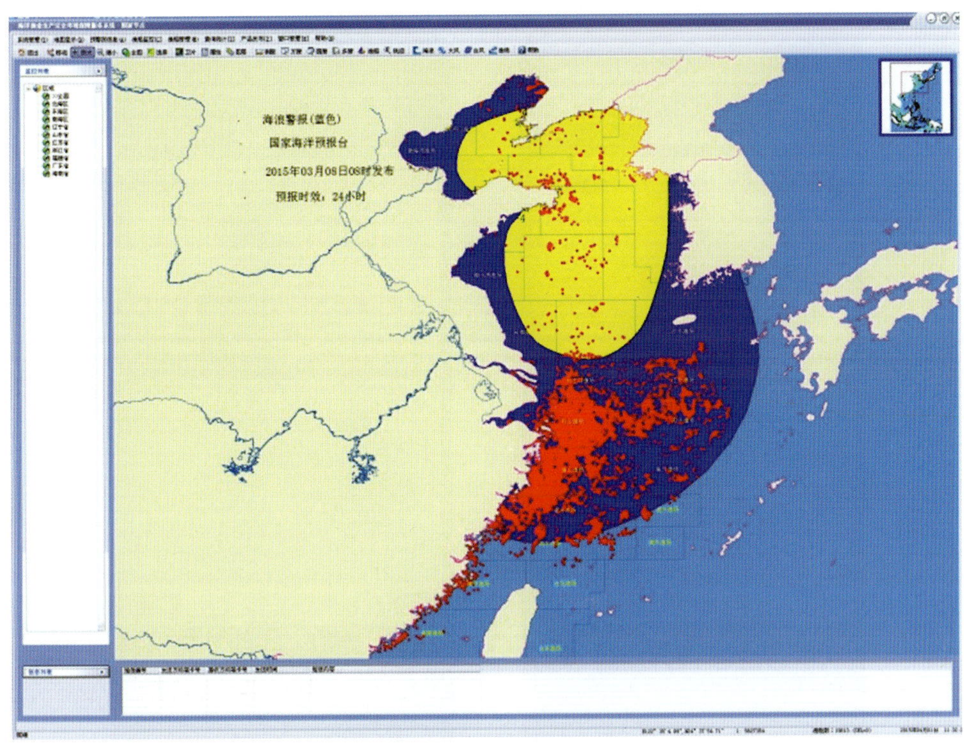

彩图 5　渔船警报产品显示

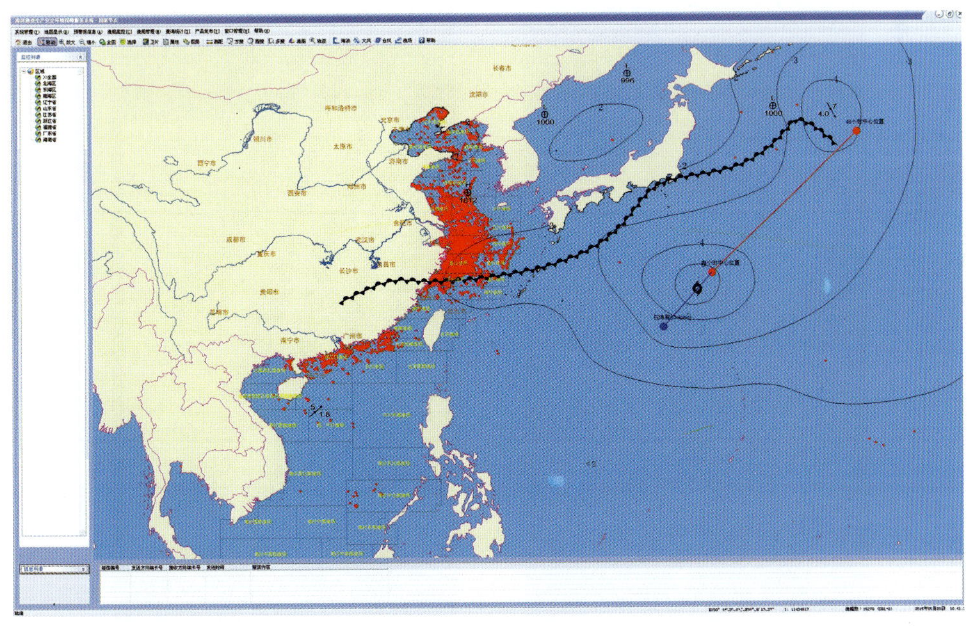

彩图 6　渔船预报产品显示

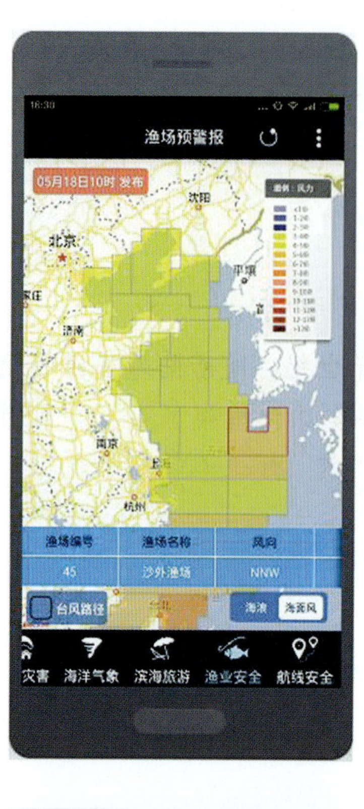

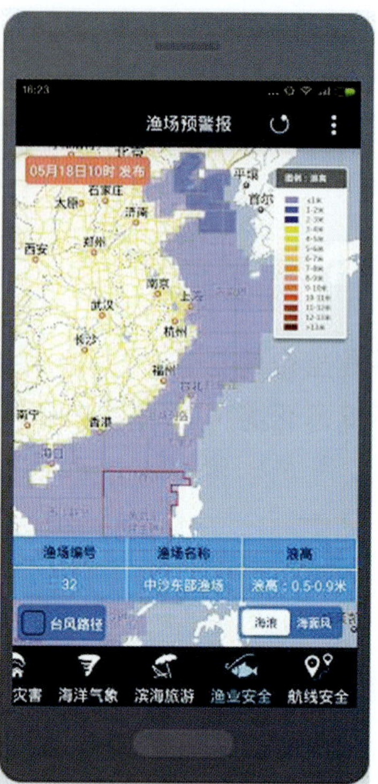

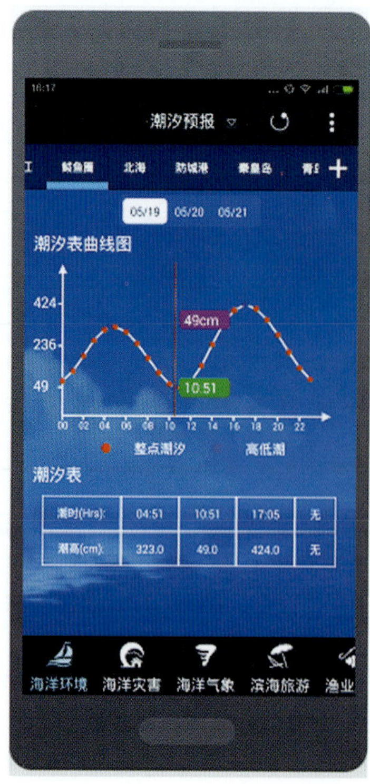

彩图 7　海洋渔业环境保障移动平台客户端预报产品显示

序 言

海洋是生命的摇篮，21 世纪是海洋世纪，随着陆地资源短缺、人口膨胀、环境恶化等问题日益严峻，经济全球化框架下海上交通的重要性日益突出，世界各国纷纷把目光投向海洋，加大海洋科技发展力量，加快海洋开发和利用力度，一场以开发海洋为标志的“蓝色革命”正在世界范围内兴起。党的十八大报告明确提出：“提高海洋资源开发能力，发展海洋经济，保护海洋生态环境，坚决维护国家海洋权益，建设海洋强国。”海洋渔业是海洋经济发展的传统产业，也是海洋经济发展的重要支柱产业之一，近年来发展很快，但是前景不容乐观。由于近海环境污染、栖息地破坏、过度捕捞等多方面的原因，我国近海渔业资源的持续衰退，已经引起各地海洋渔业主管部门高度重视。解决近海捕捞业产能过剩问题，加快推进外海渔业资源的开发利用，实现战略性的产业升级和产能转移，势在必行。

海洋渔业向外海拓展，说起来容易做起来难。以南海渔业为例，向外拓展存在航程远、海况复杂、补给困难，渔业生产面临涉外风险和自然风险的双重压力，安全保障问题十分突出。渔业生产部门迫切需要提前知道作业区的未来海洋环境变化情况，以及渔业生产安全的风险评估信息等，因此，加强海洋渔业生产安全环境保障的专题预报工作，将为当前渔业经济向外海拓展提供高科技支撑。

国家海洋环境预报中心作为国家海洋预报职责单位，在 2011 年开展海洋渔业生产安全环境保障服务系统建设工作，通过集成全国各省已经建成的渔船安全救助服务系统中的动态船位信息，开展渔业生产迫切需要的海面风、海浪、海温、海流、海雾等预警报产品制作，基于作业渔场进行预报产品发布，为渔业生产安全提供保障。同时，在台风灾害过程期间，提供渔业生产安全警报信息，为海洋渔业管理部门提供辅助决策。两年多以来为全国各省的海洋渔业生产管理部门和渔民做了大量的科学技术支撑工作，初步起到了“平时预报、灾前预警”作用。后期仍有较大的拓展工作，例如，在服务内容多样化和预报产品精细化方面，在进一步结合渔业生产安全保障的多层次需求方面等，提供更加贴近渔民实际作业的预报产品和决策信息。

本书总结了海洋渔业生产安全环境保障服务的信息化系统建设的经验，介绍了3S技术（GIS、RS、GPS）、网络通信、数据库集成、海洋专题服务预报、产品WEB发布等IT技术在系统建设应用中的实现方法，并详细地描述了海洋渔业生产安全保障与海洋预报服务两者之间在业务化应用中的相互支撑关系，体系完整，可为今后我国海洋渔业生产安全专题预报保障服务的信息化建设工作提供技术参考。

国家海洋局预报减灾司 于福江

2014年10月13日

前　言

我国是一个陆地大国，同时也是海洋大国。根据国家海洋局发布的《2014年中国海洋经济统计公报》，全国海洋生产总值59 936亿元，比上年增长7.7%，海洋生产总值占国内生产总值的9.4%。据测算，2014年全国涉海就业人员达3 554万人。随着海洋经济快速发展和海洋从业人员不断增加，为保障海上作业人员人身和财产安全，国家海洋局建立了全国海洋渔业生产安全环境保障服务系统。该系统于2011年开始建设，2013年完成系统一期建设目标，建立“国家、海区、省”的三级服务体系，覆盖1个国家中心、3个海区中心和7个沿海省，实现为海洋渔业生产提供生产安全环境保障服务，并在此基础上不断对系统和保障服务进行更新完善。

基于该系统建设中的技术规范和系统开发过程中积累的宝贵经验，系统建设负责人滕骏华以及参与系统建设的逄仁波、林志环、林波、蔡文博、李飞、田杰等人员编写了此书，该系统是国内首个针对海洋渔业生产安全提供保障服务的全国性业务化系统，在实际防灾减灾中发挥了重要作用，希望此书能为类似的系统建设提供经验借鉴，并在数据传输、处理和监控，可视化和预报关键技术以及平台开发方面提供技术支持，从而为海洋预警报事业发展、海洋经济快速提升和渔民生产安全作出贡献。

本书主要内容分为10章，第1章主要由滕骏华、逄仁波编写，描述海洋渔业发展现状以及渔业生产安全保障服务系统建设的意义和框架；第2章主要由滕骏华、田杰编写，介绍遥感影像、电子海图、动态船位和预警报产品等数据处理；第3章主要由林波、李飞编写，描述数据库设计和实现；第4章主要由滕骏华、田杰编写，介绍电子海图、遥感影像、船位数据和预警报产品的可视化技术；第5章主要由蔡文博编写，介绍如何通过WEBGIS平台进行渔业专题预警报产品发布；第6章主要由蔡文博编写，描述利用手机等移动平台进行渔船动态和预警报产品发布；第7章主要由滕骏华、田杰编写，总结系统建设中的核心技术；第8章主要由逄仁波编写，介绍电子海图、渔船数据和预警报产品等数据传输，以及网络和服务器监控；第9章主要由林志环、林波编写，介绍系统的日常维护要求和运行统计情况；第10章主要由林志环、林波编写，总结业务化运行和应用情况。同时，陈哲、徐腾、宋晓姜、苏博、梁颖祺参与书籍编写工作，在此对他们表示衷心感谢。全书最后由滕骏华审核定稿。本书得到国家海洋局海洋公益性行业科研专项“海洋渔业安全环境保障服务系统关键技术研究及示范应用”（No. 201205006）资助。

在编写过程中参阅了本书所列的参考文献，对原作者表示衷心的感谢。由于写作时间仓促和水平所限，书中错误和不妥之处希望广大读者批评指正。

编者

2015年4月

目　次

第1章　概述 …………………………………………………………… (1)
1.1　海洋渔业发展与海洋防灾减灾的需求牵引 ………………………… (2)
1.1.1　渔业发展现状 …………………………………………………… (2)
1.1.2　海洋灾害情况 …………………………………………………… (4)
1.1.3　加强渔业生产安全环境保障的意义 …………………………… (8)
1.2　海洋预报技术发展对渔业保障的支撑 …………………………… (8)
1.2.1　国外发展情况 …………………………………………………… (8)
1.2.2　国内发展情况 …………………………………………………… (12)
1.3　渔业生产安全保障现状与需求调研 ……………………………… (16)
1.3.1　各省渔业救助系统建设情况 …………………………………… (16)
1.3.2　各省渔业救助系统存在的问题与对策 ………………………… (22)
1.4　我国海洋渔业生产安全环境保障展望 …………………………… (23)
1.4.1　全国渔业系统建设必要性 ……………………………………… (23)
1.4.2　全国渔业系统集成优势 ………………………………………… (24)
1.4.3　全国渔业系统建成展望 ………………………………………… (24)
1.5　我国海洋渔业生产安全环境系统建设概述 ……………………… (24)
1.5.1　系统总体框架 …………………………………………………… (25)
1.5.2　接口与协议框架 ………………………………………………… (25)
1.5.3　系统主要功能 …………………………………………………… (26)
1.5.4　系统部署业务化运行 …………………………………………… (28)
第2章　数据处理与集成 ……………………………………………… (31)
2.1　遥感数据处理 ……………………………………………………… (31)
2.1.1　遥感数据收集 …………………………………………………… (32)
2.1.2　遥感数据技术处理 ……………………………………………… (32)
2.1.3　图像正射校正 …………………………………………………… (32)
2.1.4　图像镶嵌 ………………………………………………………… (32)
2.1.5　地图投影与图像增强 …………………………………………… (35)

2.1.6 图像分幅 …… (35)
2.1.7 遥感影像成果 …… (35)
2.2 矢量数据处理 …… (35)
2.3 海图数据处理 …… (36)
2.4 船位数据处理 …… (38)
2.5 预警报产品数据处理 …… (39)
2.5.1 预警报产品的文件命名规则 …… (39)
2.5.2 海浪预警报产品制作 …… (40)
2.5.3 海面风预警报产品制作 …… (47)
2.6 渔场划分 …… (52)
第3章 数据库设计 …… (56)
3.1 数据库总体设计 …… (56)
3.2 数据内容 …… (58)
3.2.1 数据来源 …… (58)
3.2.2 数据格式 …… (59)
3.2.3 数据存储 …… (60)
3.3 数据库系统设计 …… (61)
3.3.1 数据入库 …… (61)
3.3.2 数据查询统计 …… (64)
3.3.3 数据库优化 …… (64)
3.3.4 数据备份与恢复 …… (66)
3.4 传输中间件设计 …… (67)
3.4.1 设计原则 …… (68)
3.4.2 中间件组成 …… (69)
3.4.3 上行数据文件传输协议 …… (70)
3.4.4 下行指令实时传输协议 …… (71)
3.5 数据库核心表设计 …… (74)
3.5.1 海浪预警报产品表 …… (75)
3.5.2 海面风预报产品表结构 …… (76)
3.5.3 渔场预警报表结构 …… (77)
3.5.4 预警报短信表结构 …… (78)
3.5.5 渔船基础信息 …… (80)
3.5.6 动态船位信息 …… (81)
3.5.7 动态短信信息 …… (83)

3.5.8　渔港基本信息 …………………………………………………………………………… (84)
3.5.9　其他辅助信息 …………………………………………………………………………… (84)
第4章　可视化技术 …………………………………………………………………………… (86)
4.1　矢量地图显示 …………………………………………………………………………… (86)
4.1.1　矢量地图的基本操作 …………………………………………………………………… (87)
4.1.2　经纬网格线显示控制 …………………………………………………………………… (89)
4.1.3　地图属性信息查询 …………………………………………………………………… (92)
4.1.4　地图测量 …………………………………………………………………………… (94)
4.1.5　地图定位 …………………………………………………………………………… (96)
4.2　海图显示 …………………………………………………………………………… (98)
4.2.1　海图元数据信息接口设计 ……………………………………………………………… (98)
4.2.2　海图信息统计查询 …………………………………………………………………… (99)
4.2.3　海图水深点查询 …………………………………………………………………… (100)
4.2.4　海图要素综合信息 …………………………………………………………………… (100)
4.2.5　海图显示控制接口 …………………………………………………………………… (101)
4.3　图像库显示 …………………………………………………………………………… (102)
4.3.1　遥感影像库集成原理 …………………………………………………………………… (102)
4.3.2　遥感影像集成显示方法 ………………………………………………………………… (102)
4.4　船位动态数据显示 …………………………………………………………………… (106)
4.4.1　渔船动态数据加载与显示 ……………………………………………………………… (106)
4.4.2　渔船搜索与信息查询显示 ……………………………………………………………… (109)
4.4.3　渔船轨迹回放 …………………………………………………………………………… (114)
4.5　预警报产品显示 …………………………………………………………………………… (118)
第5章　WEBGIS发布平台开发 …………………………………………………………… (130)
5.1　平台框架设计 …………………………………………………………………………… (130)
5.1.1　运行支撑层 …………………………………………………………………………… (130)
5.1.2　数据层 …………………………………………………………………………… (131)
5.1.3　引擎层 …………………………………………………………………………… (131)
5.1.4　应用软件层 …………………………………………………………………………… (131)
5.2　平台开发 …………………………………………………………………………… (131)
5.2.1　海洋环境保障产品制作 ………………………………………………………………… (131)
5.2.2　海洋环境保障产品发布 ………………………………………………………………… (135)
5.2.3　海洋环境保障产品显示 ………………………………………………………………… (136)
5.3　WEBGIS关键技术 …………………………………………………………………… (138)

5.3.1 AutoNaviMap API …… (138)
5.3.2 Esri shape file 解析 …… (145)
5.3.3 多边形点集的加密传输 …… (146)
5.3.4 镂空多边形加载显示 …… (150)
第6章 移动平台开发 …… (151)
6.1 平台框架设计 …… (152)
6.1.1 软件基础框架 …… (152)
6.1.2 软件开发框架 …… (153)
6.2 综合数据库建设 …… (154)
6.2.1 移动平台数据库 …… (154)
6.2.2 渔船数据管理 …… (157)
6.3 移动平台客户端开发 …… (158)
6.3.1 主界面 …… (158)
6.3.2 预警报信息显示 …… (159)
6.3.3 渔船查询统计 …… (160)
6.3.4 出险船只定位分析 …… (162)
第7章 环境保障核心预报技术 …… (164)
7.1 渔船搜救轨迹预测 …… (164)
7.1.1 国外搜救漂移模式 …… (164)
7.1.2 失事目标漂移模式的研制 …… (165)
7.1.3 失事目标漂移过程中的受风偏转 …… (167)
7.1.4 失事目标漂移模块中的受力计算公式 …… (169)
7.1.5 失事目标漂移过程中偏转角度的确定 …… (169)
7.2 舟山漂移试验 …… (169)
7.2.1 试验情况简介 …… (169)
7.2.2 数据采集 …… (170)
7.2.3 数据处理 …… (170)
7.2.4 漂移预测 …… (171)
7.2.5 预测结果检验 …… (172)
7.3 基于舟山实测数据的渔船漂移模式评估 …… (175)
7.3.1 评估方法 …… (175)
7.3.2 NMEFC 模式和 LEEWAY 模式评估 …… (175)
7.4 海雾预测技术 …… (178)
7.4.1 海雾监测及客观分析 …… (178)

7.4.2 海雾数值预报 ……(180)
7.5 热带气旋路径预测 ……(182)
7.5.1 热带气旋预报现状 ……(182)
7.5.2 2013 年热带气旋研究 ……(187)
7.5.3 2014 年热带气旋研究 ……(190)
7.6 数值预报产品释用 ……(194)
7.6.1 东海区基础地理信息数据收集整理 ……(194)
7.6.2 东海渔区海浪预报模型研制 ……(194)
7.6.3 东海渔区气象预报模型研制 ……(195)
7.6.4 预报系统设置 ……(196)
7.7 潮汐预报 ……(196)
7.7.1 非调和法 ……(197)
7.7.2 调和法 ……(197)
7.7.3 感应法 ……(198)
7.7.4 短期潮汐预报 ……(198)
第 8 章 数据传输与监控 ……(202)
8.1 电子海图更新 ……(202)
8.2 渔船基础信息同步 ……(202)
8.2.1 流程描述 ……(202)
8.2.2 接口描述 ……(202)
8.3 渔船动态数据传输 ……(204)
8.3.1 流程描述 ……(204)
8.3.2 接口描述 ……(204)
8.4 船位动态历史数据获取 ……(209)
8.5 预警报产品 ……(210)
8.6 调取船位 ……(212)
8.6.1 流程描述 ……(212)
8.6.2 接口描述 ……(212)
8.7 短信息下发 ……(213)
8.7.1 流程描述 ……(213)
8.7.2 接口描述 ……(214)
8.8 状态监控 ……(214)
8.8.1 用户管理 ……(214)
8.8.2 网络状态监控 ……(215)

8.8.3 数据传输监控 …… (215)
8.8.4 服务器运行状态监控 …… (216)
8.8.5 历史状态查询 …… (217)
第9章 系统运行与维护 …… (218)
9.1 系统部署 …… (218)
9.1.1 系统配置 …… (218)
9.1.2 系统安装 …… (220)
9.1.3 使用说明 …… (223)
9.2 系统维护 …… (241)
9.2.1 日常维护 …… (241)
9.2.2 系统运行环境维护 …… (242)
9.2.3 系统软件维护 …… (243)
9.3 系统业务化运行统计季报 …… (244)
9.3.1 概述 …… (244)
9.3.2 预警报产品发布和接收情况 …… (245)
9.3.3 动态船位数据接收情况 …… (246)
9.3.4 渔业系统建设工作总结 …… (248)
9.3.5 中国近海风要素实况统计分析及渔业安全风预报检验 …… (248)
9.3.6 问题及建议 …… (251)
第10章 成果与展望 …… (252)
10.1 渔业灾害 …… (252)
10.2 防灾减灾应用 …… (252)
10.2.1 业务运行 …… (252)
10.2.2 流程规范 …… (253)
10.2.3 值班监控 …… (253)
10.2.4 应用成果 …… (253)
参考文献 …… (260)
后记 …… (264)

第1章　概述

海洋覆盖了地球表面的71%，是全球生命支持系统的基本组成部分，也是资源的宝库，人类社会的发展越来越多地依赖海洋。在“地理大发现”时期，即15—17世纪，欧洲的船队出现在世界各处的海洋上，寻找着新的贸易路线和贸易伙伴，发展欧洲新生的资本主义，并发现了许多当时在欧洲不为人知的国家与地区。在此时期，涌现出了许多著名的航海家，如哥伦布、达伽马、卡布拉尔、迪亚士、德莱昂、麦哲伦等，发现了欧洲通往印度新航路、美洲大陆，成功实现了环球航行和其他航海探险活动，使人类对地球的认识产生了质的飞跃。伴随着新航路的开辟，东西方之间的文化、贸易交流开始大量增加，殖民主义与自由贸易主义也开始出现，从而大大加速了欧洲经济社会发展，奠定了其超过亚洲繁荣的基础，对世界各大洲在数百年后的发展也产生了久远的影响。

随着生产力的发展和对海洋研究的深入化，自20世纪70年代以来，海洋科学已发展到了对海洋的开发利用阶段，人类现在正在利用海洋这一巨大资源宝库，为人类发展提供食物资源和矿物资源。海洋生物资源有着特殊的重要地位，海洋中有30门类50万余种生物。陆地上有的门类海洋中基本都有，而海洋中许多物种却是陆地上所没有的，海洋已成为人类食物蛋白质的重要供应场所。

根据联合国粮食及农业组织发布的《2012年世界渔业和水产养殖状况》报告，渔业和水产养殖为世界的发展与繁荣做出了至关重要的贡献。在过去50年中，世界水产品供应量的增速已超过人口增速，如今水产品已经成为世界众多人口摄取营养和动物性蛋白的一个重要来源。捕捞渔业和水产养殖业2010年全球产量约为1.48亿吨（总价值为2 175亿美元），其中约1.28亿吨供人类食用。而2011年的初步数据表明，产量已增加至1.54亿吨，其中1.31亿吨供人类食用。随着水产品产量持续增加和销售渠道不断改善，全球食用水产品供应在过去50年中出现了大幅增加，1961—2009年间的年均增长率为3.2%，高于同期世界人口年均1.7%的增长率。

在养殖业方面，1980—2010年，全世界供食用的水产养殖产量已增长了近12倍，年均增长率为8.8%。全球水产养殖总产量一直持续增长，尽管比起上世纪80和90年代增长速度已有所放慢。世界水产养殖产量在2010年再次创出新高，达到6 000万吨（不包括水生植物及非食用产品），总价值估计为1 190亿美元。如将人工养殖的水生植物及非食用产品包括在内，2010 年的世界水产养殖产量则为 7 900 万吨，价值 1 250 亿美元。其中，中国的水产品产量在大幅增加，特别是水产养殖产量，中国的水产品产量占世界总量的比重已从 1961 年的 7% 上升为 2010 年的 35%。

中国是一个发展中的海洋大国，同时拥有悠久的海洋渔业发展史。根据国务院新闻办公室发布的《中国海洋事业的发展》报告，我国海域海洋生物物种繁多，已鉴定的达 20 278 种。中国海域已经开发的渔场面积达 81.8 万平方海里，浅海、滩涂总面积约 1 333 万公顷，按现有的科学水平，可进行人工养殖的水面有 260 万公顷，已经开发利用的有 93.8 万公顷。20 世纪 80 年代中期以来，中国的海水养殖业迅速发展，养殖的种类增多，区域扩大。海水养殖产量从 1987 年的 192.6 万吨增加到 1997 年的 791 万吨，占海洋渔业产量的比重从 27% 上升到 36%，海洋渔业在国民经济中的比重不断增加。

随着渔业经济的不断发展，根据中国农业部发布的《2012 年全国渔业经济统计公报》，截至 2012 年底，我国各类海洋捕捞渔船超过 100 万艘，从业渔民超过 2 000 万人。然而我国也属于海洋灾害较多的国家，根据国家海洋局发布的《2012 年中国海洋灾害公报》统计，在 2000—2010 年期间，我国渔船沉损累计超过 5 万艘，养殖面积累计损失超过 100 万公顷，直接经济损失超过 1 400 亿元。

因此，如何保障广大渔民的海上生产安全，保证海洋经济快速发展，成为国家各级海洋管理和预报部门需要解决的一个重要问题。在国家海洋局的指挥领导下，成立了以国家海洋环境预报中心为牵头单位，北海、东海、南海海区预报中心以及辽宁、山东、江苏、浙江、福建、广东、海南等省级预报和渔政指挥部门为承建单位，共同建设了一套覆盖国家、海区、省三级体系的全国海洋渔业生产安全环境保障服务系统，为渔民海上作业提供预报服务和避险对策建议，为相关防灾减灾管理部门提供技术支撑和辅助决策支持，为渔业生产中的人员生命和财产安全保驾护航，为我国海洋防灾减灾事业和海洋经济快速发展提供保障。

1.1 海洋渔业发展与海洋防灾减灾的需求牵引

1.1.1 渔业发展现状

随着海洋科学和海洋工程的发展，沿海各国开发和利用海洋的规模日益扩大。美国在 80 年代投资 1 000 亿美元开发海洋，到 80 年代中期，海洋开发利用的收益就由 70 年代的 30 亿美元增加到 3 400 亿美元。挪威目前 70% 的国家财政来自海洋经济。日本海洋经济占 GDP 的 14%。海洋经济已经成为沿海国家经济发展的支柱，并成为备受关注的新的经济增长点。

我国是一个海洋大国，同时也是海洋渔业大国，海洋渔业作为海洋三大产业之首在我国海洋经济中占有重要位置。根据中国农业部发布的《2012 年全国渔业经济统计公报》，全国共有各类海洋捕捞渔船约 106.99 万艘，从业渔民达 2 073.81 万人，渔业养殖面积 808.84 万公顷，渔业经济总产值 17 321.88 亿元，进出口总额 269.81 亿美元，人均渔民纯收入 11 256 元。

在全社会渔业经济总产值和增加值方面，2012 年全社会渔业经济总产值 17 321.88亿元，实现增加值 7 915.22 亿元，同比分别增长 15.44% 和 15.02%。其中渔业产值 9 048.75 亿元，实现增加值 5 077.95 亿元，同比分别增长 14.77% 和 14.87%；渔业流通和服务业产值 4 145.94 亿元，实现增加值 1 400.70 亿元，同比分别增长 15.35% 和 15.49%。

在渔业人口和渔业从业人员方面，2012 年渔业人口 2 073.81 万人，比上年增加 13.12 万人、增长 0.64%，渔业人口中传统渔民为 723.58 万人，渔业从业人员 1 444.05万人。在渔民人均纯收入方面，对全国 1 万户渔民家庭当年收支情况抽样调查，全国渔民人均纯收入 11 256 元，比上年增加 1 244.44 元、增长 12.43%。

在渔船拥有量方面，2012 年末渔船总数 106.99 万艘、总吨位 1 009.85 万吨、总功率 2 173.57 万千瓦。其中，机动渔船 69.56 万艘、总吨位 954.23 万吨、总功率 2 173.57 万千瓦；非机动渔船 37.44 万艘、总吨位为 55.62 万吨。

在水产品产量及人均占有量方面，2012 年全国水产品总产量 5 907.68 万吨，比上年增长 5.43%。其中，养殖产量 4 288.36 万吨，同比增长 6.59%，捕捞产量 1 619.32万吨，同比增长 2.49%。养殖产品和捕捞产品的比重为 73∶27。海水产品产量 3 033.34 万吨，同比增长 4.31%；淡水产品产量 2 874.33 万吨，同比增长 6.65%。

在水产养殖面积方面，2012 年全国水产养殖面积 808.84 万公顷，同比增长 3.23%。其中，海水养殖面积 218.093 万公顷，占水产养殖总面积的 26.96%，同比增长 3.54%；淡水养殖面积 590.748 万公顷，占水产养殖总面积的 73.04%，同比增长 3.12%。

在水产品进出口情况方面，据海关统计，2012 年我国水产品进出口总量 792.5 万吨，总额 269.81 亿美元。其中出口量 380.12 万吨，出口额 189.83 亿美元，同比增长 6.69%。进口量 412.38 万吨，进口额 79.98 亿美元。

综上所述，海洋渔业在国民经济发展中具有重要地位，解决了大量人民群众就业问题，促进了我国经济快速发展，同时为社会提供了重要的食物来源。随着国民经济和社会发展，我国已跃升为全球第二大经济体，渔船吨位不断增加，捕捞和养殖技术日益先进，海洋渔业发展不断加快，渔业生产活动的重要性日益增强，海洋渔业经济将成为我国海洋经济持续健康有序发展的重要支柱。

1.1.2 海洋灾害情况

根据《2012年全国渔业经济统计公报》，2012年度由于渔业灾情造成水产品受灾养殖面积108.778万公顷，水产品产量损失138.54万吨，受灾沉船874艘，死亡、失踪和重伤人数164人，直接经济损失237.39亿元。

根据《中国海洋灾害公报》统计，在2000—2010年期间，我国渔船沉损累计达56 000余艘，养殖面积累计损失近130万公顷，直接经济损失1 498亿元。在2012年，共发生138次风暴潮、海浪和赤潮过程，各类海洋灾害（含海冰、绿潮等）造成直接经济损失155.25亿元，死亡（含失踪）68人。

在2003—2012年期间，海洋灾害直接经济损失和死亡（含失踪）人数如图1.1所示。其中，每年死亡人数超过50人，2006年死亡人数最多达到492人；每年直接经济损失达几十亿元，2005年的经济损失最高达到332亿元。

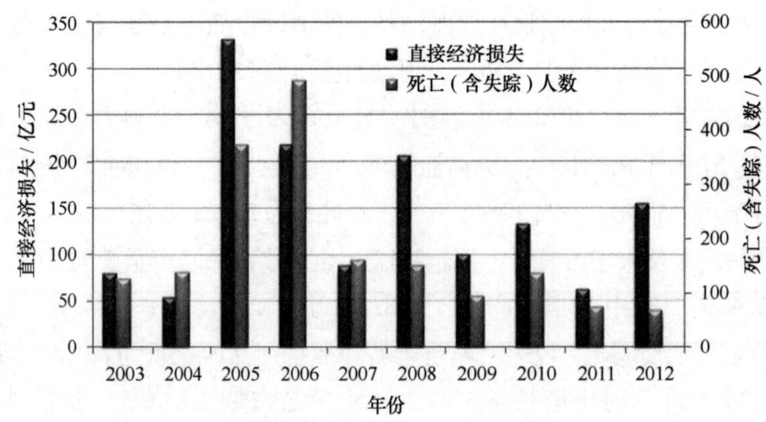

图1.1 2003—2012年海洋灾害直接经济损失和死亡（含失踪）人数

2012年各类海洋灾害中，造成直接经济损失最严重的是风暴潮灾害，占全部直接经济损失的81%；死亡（含失踪）人数最多的是海浪灾害，占总死亡（含失踪）人数的87%。单次过程直接经济损失最严重的是1211“海葵”台风风暴潮灾害，为42.38亿元。2012年赤潮灾害直接经济损失20.15亿元，是近20年来最为严重的一年。2012年海洋灾害分灾种损失统计如表1.1所示。

表1.1 2012年海洋灾害分灾种损失统计

灾害种类	死亡（含失踪）人数/人	直接经济损失/亿元
风暴潮	9	126.29
海浪	59	6.96

续表

灾害种类	死亡（含失踪）人数/人	直接经济损失/亿元
海冰	0	1.55
海啸	0	0
赤潮	0	20.15
绿潮	0	0.30
海平面变化	0	—
海岸侵蚀	0	—
海水入侵与土壤盐渍化	0	—
咸潮入侵	0	—
合计	68	155.25

2012 年，海洋灾害直接经济损失最严重的省份是浙江省，因灾直接经济损失 42.67 亿元；较严重的省份是山东省、福建省、河北省和广东省，因灾直接经济损失分别为 34.92 亿元、22.76 亿元、20.44 亿元和 17.47 亿元。2012 年沿海各省（自治区、直辖市）主要海洋灾害损失统计如表 1.2 所示。

表 1.2　2012 年沿海各省（自治区、直辖市）主要海洋灾害损失统计

省（自治区、直辖市）	致灾原因	死亡（含失踪）人数/人	直接经济损失/亿元
辽宁	海浪、海冰	0	4.49
河北	风暴潮	0	20.44
天津	风暴潮	0	0.04
山东	风暴潮、海浪、海冰、绿潮	0	34.92
江苏	风暴潮、海浪	0	6.24
上海	风暴潮	0	0.06
浙江	风暴潮、海浪、赤潮	13	42.67
福建	风暴潮、海浪、赤潮	11	22.76
广东	风暴潮、海浪	21	17.47
广西	风暴潮	0	5.33
海南	海浪	23	0.83
合计		68	155.25

由于我国海洋灾害较频繁，且渔船大部分的功率、吨位较小，抗风浪能力差，

容易受到海洋灾害的影响，2000—2010 年渔船沉损数量统计如图 1. 2 所示。

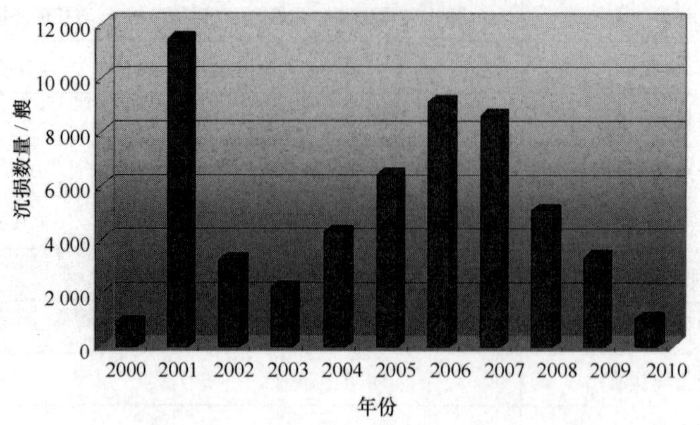

图 1. 2　2000—2010 年渔船沉损数量统计

2004 年第 14 号台风“云娜”正面袭击了浙江省台州市，在此次台风中共有 2 563艘渔船受损，其中 284 艘渔船沉没，2 000 余艘渔船搁浅，直接经济损失近 1 亿元。2006 年，台风“桑美”，造成渔船沉没 1 003 艘，受损 1 153 艘，死亡失踪 326 人，直接经济损失超过 70 亿元；2008 年，台风“森拉克”，造成船只沉没和受损 320 艘，其中大部分为渔船；2009 年，台风“莫拉克”，造成渔船沉没和受损达 2 000余艘。部分渔船受损实况如图 1. 3 和图 1. 4 所示。

图 1. 3　台风“云娜”造成的渔船沉损（左图引自人民网，右图引自台州网）

海洋灾害同时对养殖业带来重大危害，2000—2010 年养殖损失面积统计如图 1. 5 所示。其中，2009 年第 15 号台风“巨爵”在广东省台山市登陆，造成水产养殖损失面积 7 378 公顷，直接经济损失超过 2. 8 亿元。

2013 年第 23 号强台风“菲特”在福建省福鼎市登陆，登陆时近中心最大风力达到 14 级，造成 7 000 公顷养殖面积损失，直接经济损失超过 7 200 万元。台风过后，养殖区破坏情况如图 1. 6 所示。

图 1.4　台风“桑美”造成的渔船沉损
（左图引自中国林业网，右图引自东南在线）

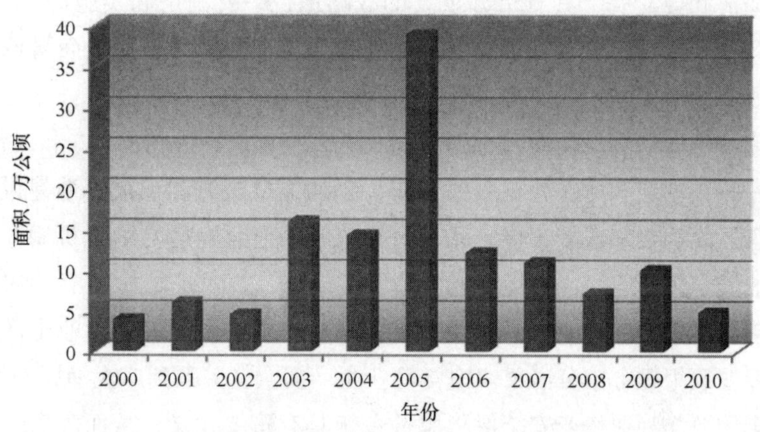

图 1.5　2000—2010 年养殖损失面积统计

图 1.6　台风“菲特”引起的养殖区损失（引自新华网）

1.1.3 加强渔业生产安全环境保障的意义

随着海洋经济在我国国民经济中所占的比重越来越大，党和国家越来越重视发展海洋事业。党中央高度重视沿海区域经济发展战略，党的十七届五中全会首次将“发展海洋经济”写入会议公报，我国海洋事业进入历史上最好的发展时期。

海洋灾害频发阻碍了海洋经济的快速发展，因此，党中央和国务院十分重视防灾减灾工作，将防灾减灾作为政府公共服务和社会管理的重要组成部分并纳入经济和社会发展规划，将减轻灾害风险列为政府工作的优先事项。党的十七届五中全会提出，要坚持兴利除害结合、防灾减灾并重、治标治本兼顾、政府社会协同，提高对自然灾害的综合防范和抵御能力。

李克强副总理在接见全国海洋系统先进集体和先进工作者代表时指出，海洋事业在我国经济社会发展中具有十分重要的战略地位，要制定和实施海洋发展战略，提高海洋开发、控制和综合管理能力，促进海洋经济和海洋事业全面协调可持续发展。

前国家海洋局刘赐贵局长在全国厅局长工作会议讲话中指出，“十二五”期间，要着力做好科技创新和海洋公益服务工作，要加强全国海洋预报体系建设，积极开展海洋灾害风险调查和区划工作，完善海洋灾害的应急响应与处置机制，推进大洋航线、渔业安全生产等海洋环境专题保障服务。

为了确保渔民提前避险，减少灾难发生和经济损失，开展为渔业生产安全提供海洋环境专题预报服务十分必要。海洋渔业生产安全，关系到广大渔民的切身利益，建立一套全国海洋渔业生产安全保障服务系统具有重要意义，从而为广大渔民提供安全保障服务，推动全国经济和社会和谐快速发展。

1.2 海洋预报技术发展对渔业保障的支撑

1.2.1 国外发展情况

世界各国为做好海洋气象预报都建有专业的服务机构。比如，美国的海洋预报业务由国家环境预报中心（NCEP）下属的海洋预报中心（OPC）、国家飓风中心（NHC）和中太平洋飓风中心（CPHC）负责，英国的海洋气象服务工作由英国气象局（MO）、英国交通部下属的海上与海岸警备机构（MCA），以及位于英国北部阿伯丁（Aberdeen）的海洋中心共同负责，日本的海洋气象服务业务由日本气象厅下的4个海洋气象台负责。

总体来看，世界各国的海洋气象业务机构承担的海洋气象预报业务不是单一的海洋气象预报，而是涵盖了海洋水文预报在内的综合性海洋气象预报业务。世界各国在做好本国海洋气象服务的同时，还根据 WMO 划分的职责承担着公海海洋气象预报业务。

1.2.1.1　海洋观测技术

海洋气象监测系统中，卫星遥感观测技术的发展是对海洋气象观测的一大贡献，卫星遥感观测弥补了海洋地基观测的不足，不但能够提供高精度的全球范围的观测资料，而且能够提供长期稳定可靠的连续资料。在海洋气象预报业务中，尤其是在热带气旋、温带气旋、海雾和海冰的监测方面，卫星遥感观测都是做好预报不可缺少的手段之一。美国在 1978 年发射了世界上第一颗海洋卫星 SEASAT 21，后来欧洲、加拿大、日本、中国、印度等国家和地区都陆续发射了各类型海洋和气象卫星。目前全球在轨运行的涉海卫星约有 30 颗，按用途分，海洋卫星可分为海洋水色卫星、海洋动力环境卫星和海洋综合探测卫星。不同用途的海洋卫星用于得到不同海洋遥感产品，而海洋水文、气象要素的获得主要是依靠动力环境卫星和综合探测卫星。

目前遥感技术已应用于海洋学各分支学科的各个方面。海洋遥感技术的应用，使得内波、中尺度涡、大洋潮汐、极地海冰观测、海 - 气相互作用等的研究取得了新的进展。如气象卫星红外图像，直接记录了海面温度的分布，海流和中尺度涡漩的边界在红外图像上非常清晰。利用这种图像可直接监测到这些海洋现象的位置和水平尺度，进行时间系列分析和动力学研究。海洋遥感卫星监测结果如图 1.7 所示。

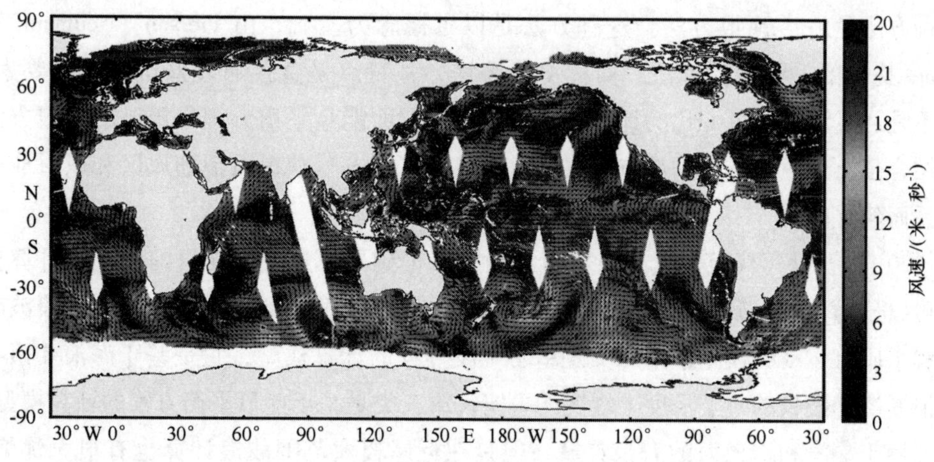

图 1.7　HY - 2 卫星微波散射计海面风场（引自国家卫星海洋应用中心网站）

1.2.1.2 海雾数值预报模式

美国于1989年初步建立了能见度数值预报系统，用来为预报员提供客观指导产品。系统提供4—9月的北太平洋和北大西洋的雾和能见度12小时间隔的72小时预报，当时的预报产品还不适用于沿岸地区。1998年新的预报系统在全球预报模式（GFS）里嵌入了云模式，并使用了Stolinga和Warner 1998年开发的一个算子。目前版本的预报系统（NCEP MMAB GlobalVisibility System，2006年）是建立在GFS模式输出结果基础上，使用了修订版的Stolinga和Warner开发的算子。输出结果为能见度，范围为0~20 000米，预报时效为168小时，预报间隔3小时，每天起报4次。

1.2.1.3 海浪数值预报模式

海浪的预报方法分为人工预报方法和数值预报方法。人工预报方法包含由风资料计算海浪要素的预报方法、海浪经验统计预报方法和半经验半理论预报方法。海浪经验统计预报方法包括Bretschneider经验预报方法、Wilson经验预报方法、井岛经验预报方法、宇野木经验预报方法等。半经验半理论预报方法包含有效波预报方法，此方法是由Sverdrup和Munk最先提出的一种较系统的海浪预报方法，包括深水和浅水风浪与涌浪预报，后经Bretscheider修正，所以简称为SMB方法。这种方法的风浪大小和周期预报是由风速、风时和风区决定的，绘制了风时、风区预报图，把有效波高和周期作为海面复杂海浪状态的参数，从海浪能量的方程中求解。还有一种方法是波谱预报方法，这种方法是以谱概念为基础，由Pierson，Neumann和James提出的一种预报方法，简称PNJ方法，其特点是直接通过谱得到海浪要素，而不是通过海浪能量变化的计算求得海浪要素。而能量平衡方程导出谱的预报方法是结合了上述两种方法的优点，将谱引入能量平衡方程获得风浪随风区和风时成长关系而建立的。

20世纪50年代至今，海浪数值预报模式得到了迅速发展。目前的主要计算模型可以分为三类：第一类是基于Boussinesq方程的计算模型，它直接描述海浪波动过程水质点运动的模型；第二类是基于缓波方程的计算模型，它是基于海浪要素在海浪周期和波长的时空尺度上缓变的事实；第三类是基于能量平衡方程的计算模型，主要用于深海和陆架海的海浪计算，但是在近岸较大范围波浪计算也有很大优势。总体来看，海浪数值预报技术的发展过程可以分为三个阶段。第一阶段的典型代表是Phillips平衡域谱、PM谱和第一代海浪模式，其特点是海浪谱各分量独立传播和成长，海浪谱不会无限成长，存在一个人为设定的限制状态。1957年法国Gelci基于微分波谱能量平衡方程，完成了DSA海浪模式。这也是海浪数值预报的一个开创性的工作，成为第一代海浪模式的典型代表。

第二个阶段的典型代表是JONSWAP谱和第二代海浪模式，其主要特点是在能量平衡方程源项中考虑了波波非线性相互作用，并用较为简单的参数化方案考虑了该非线性项。美国国家环境预报中心（NCEP）第一个用作业务化的海浪谱模式是Cardone和Ross发展的第二代的SAIL模式。20世纪80年代中期，由美国、日本、英国、德国、荷兰等国的海洋专家组成的海浪模拟计划（SWAMP）研究组对第一代和第二代模式进行了全面的比较，发现所有第二代海浪模式的非线性能量转换的参数化方法都具有明显的局限性，尤其当风、浪的条件迅速改变时，SAIL等第二代海浪模式未能给出令人满意的结果。

第三个阶段即第三代海浪模式的研究和业务化应用。1983—1986年，德国、荷兰、英国、法国、挪威等西欧国家40多名海洋专家研究发展了适用于全球深水和浅水的海浪数值计算模式。它采用当今各种海浪理论研究和海浪观测新成果，应用了物理上较合理、计算上较精确的源函数，在计算时对算法进行优化，使它成为代表当今海浪预报技术世界水平的海浪数值计算模式。第三代海浪模式的特征是直接计算波波非线性相互作用，将海浪模拟归结为各源函数的计算。目前应用较为广泛的第三代海浪模式主要有WAM模式、SWAN模式和WAVEWATCH模式等。

1.2.1.4 风暴潮数值预报模式

风暴潮的预报方法很多，总体分为两大类：经验统计预报方法和数值预报方法。经验统计预报方法主要是基于长期的历史资料，用数理统计的方法建立气象要素与特定地点的风暴潮之间的经验函数关系。该方法主要包含相似型预报法和单站经验统计方法。相似型预报法的思路就是当预报热带气旋的路径、强度、移速等与历史某次热带气旋相似时，参考历史热带气旋的增水值来做风暴潮预报。单站经验统计方法是指利用单站的长期历史观测资料，建立该站点的气压、风速等要素与增水之间的关系来预报风暴增水的方法。

随着计算机技术的不断进步，数值预报方法已经成为世界各国进行风暴潮预报采用的主要方法，风暴潮的数值计算始于20世纪50年代，70年代达到昌盛时期。进入21世纪，风暴潮模式的研究主要集中于近岸浪－风暴潮－潮汐和洪水的多向耦合数值预报研究、风暴潮漫堤漫滩风险预报研究，以及应用这些模式进行沿海重要区域和城市的风暴潮灾害风险评估和区划工作。在美国，Jelesnianski进行了不考虑和考虑底摩擦的风暴潮数值计算，并于1972年建立了著名的SPLASH模式。进入20世纪80年代，美国在SPLASH模式的基础上又进行了SLOSH模式的研究，这个模式能预报海上、陆地以及大湖区的热带气旋风暴潮，在风暴潮防灾减灾中发挥了较大作用，该模式在全世界广泛使用，并于20世纪80年代末由国家海洋环境预报中心（以下简称：国家中心）引入中国。英国的自动化温带风暴潮预报模式“海模式”（Sea Model）于20世纪70年代问世，“海模式”是Bidston海洋研究所在Heaps的二维线性模式的基础上发展起来的。日本气象厅于1998年开始业务化运行热带气旋风暴潮数值预报，并在风暴增水中耦合了天文潮预报。近几年，日本气象厅发展了基于多热带气旋路径的风暴潮集合预报系统并投入业务化运行。

1.2.1.5 海上大风预报技术

海上大风是造成海上灾难的最主要原因之一，据中国渔船安全分析报告指出，1999—2005年7年间各类事故造成渔船全损704艘次，风灾事故占渔船全损事故的51.85%，可见，风灾是造成渔船发生全损事故的最主要因素。

海上大风是发生在大气边界层下界的常见天气现象。回顾海上大风的预报方法，20世纪50—60年代主要是纯天气学方法，这种方法着重于天气分型和预报指标的做法。到了20世纪70年代，计算机技术虽然有一定程度的发展，但是由于对大气边界层物理过程的认识不足，数值模式无法预报诸如地表风、最高最低温度、水平能见度等地面要素，这种缺陷在一定程度上促进了动力统计（stochastic - dynamic）预报技术的发展，PP（Perfect Prognostic method）方法和MOS（Model Output Statistics）方法应运而生。

PP方法是建立在观测的基础上，即利用统计方法或其他方法（比如神经元网络方法）建立待预报要素与其他观测要素或再分析数据诊断变量之间的关系，再将模式预报变量带入此关系得到待预报要素的方法。

20世纪70年代，基于Subsynoptic Advection Model（SAM）模式，美国国家气象局的Glahn等将此方法应用于定点的降水概率、地面风、日最高温度、云量等要素的预报之中，经与美国国家气象局的主观预报结果比较，风向的预报两者相当，而风速的预报要好于主观预报。实践证明，MOS方法能够有效地消除模式的系统误差，时至今天，仍在美国的气象预报中发挥着重要的作用，经美国国家气象局统计，采用MOS方法后获得的结果与预报员主观预报结果相当。

1.2.2 国内发展情况

我国海洋气象预报业务主要由国家海洋局和中国气象局承担，国家海洋局的国家海洋环境预报中心负责海洋水文预报，中国气象局主要负责海洋气象预报。20世纪80年代以来，国家海洋局在风暴潮、赤潮、灾害性海浪、海冰等主要海洋灾害的监视、监测、调查研究、分析预报及警报技术系统的建设方面都做了许多工作，国家海洋环境预报中心发布的产品如彩图1、图1.8至图1.12所示。目前，我国已成功建成较发达的海洋监测监视网络，并且海洋管理系统，海洋资料服务系统以及海洋环境预报系统也正逐步迈向世界先进水平。

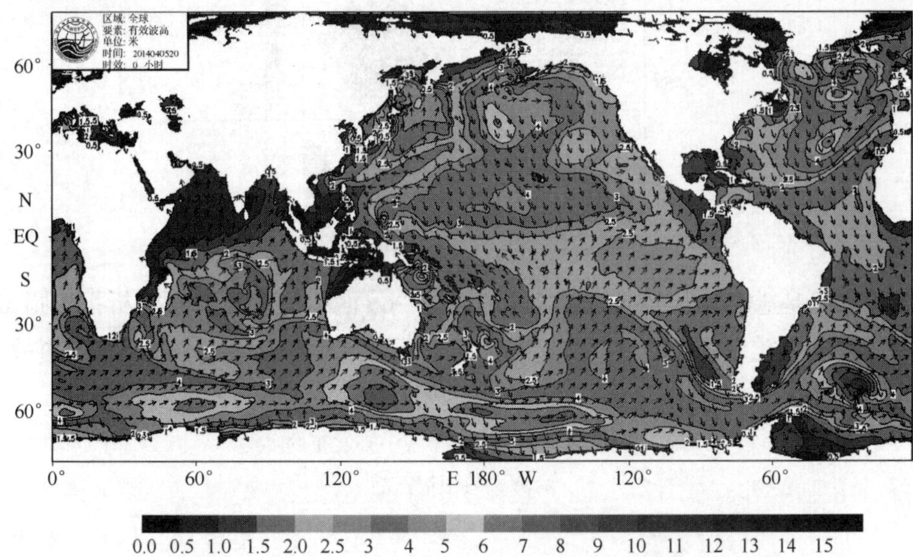

图 1.8　国家海洋环境预报中心发布的全球海浪数值预报产品

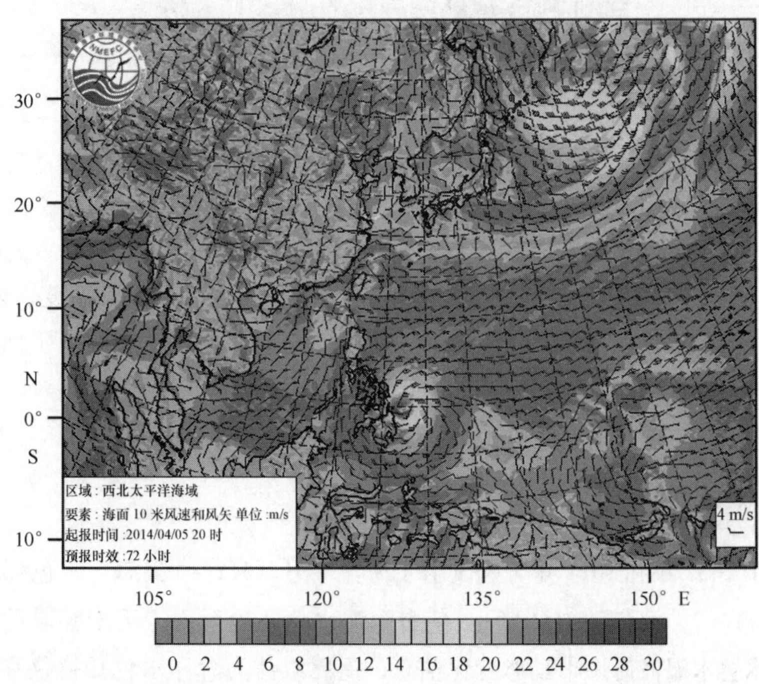

图 1.9　国家海洋环境预报中心发布的西北太平洋风场数值预报产品

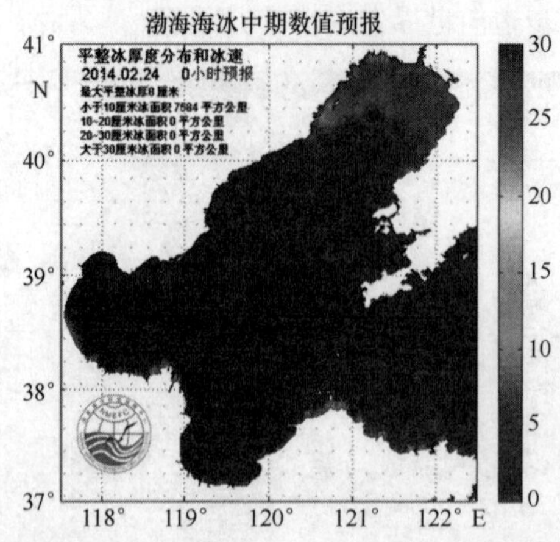

图1.10 国家海洋环境预报中心发布的渤海海冰数值预报产品

图1.11 国家海洋环境预报中心发布的海温预报产品

1.2.2.1 海洋卫星观测系统

我国于2002年和2011年分别发射了海洋一号（HY－1，海洋水色环境）和海洋二号（HY－2，海洋动力环境），前者海洋水色环境系列，用于获取我国近海和全球海洋水色水温及海岸带动态变化信息，遥感载荷为海洋水色扫描仪和海岸带成像仪；后者为海洋动力环境系列，用于全天时、全天候获取我国近海和全球范围的海面风场、海面高度、有效波高与海面温度等海洋动力环境信息，遥感载荷包括微波散射计、雷达高度计和微波辐射计等。预计未来的海洋卫星（海洋三号，HY－3）卫星系列用于全天时、全天候监视海岛、海岸带、海上目标，并获取海浪场、

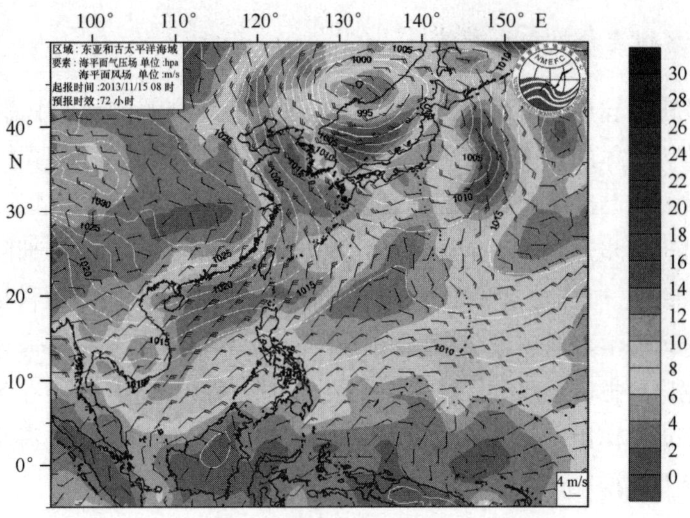

图 1.12　国家海洋环境预报中心发布的台风数值预报产品

风暴潮漫滩、内波、海冰和溢油等信息，遥感载荷为多极化多模式合成孔径雷达。海洋二号卫星获取台风风场情况如图 1.13 所示。

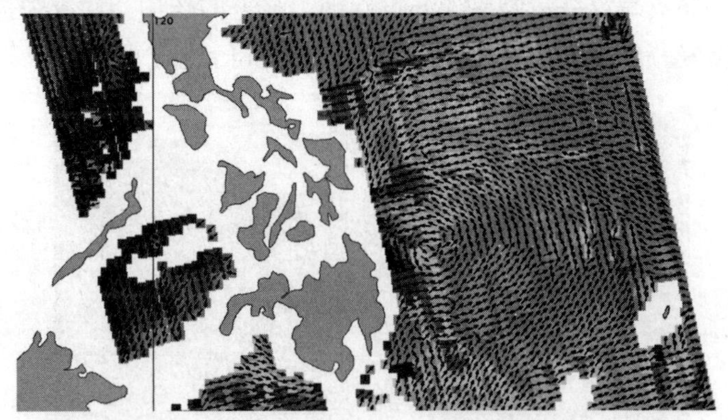

图 1.13　HY－2 反演 1120 号“榕树”台风风场情况

1.2.2.2　海洋预报观测系统

现已组建起由海洋站网、海洋资料浮标网、海洋断面监测、船舶和平台辅助观测、沿岸雷达站、航空遥感飞机、海洋卫星等多种遥感系统组成的海洋观测网，观测要素涵盖中国近岸和近海海域的海水温度、盐度、潮位、气温、气压、风向风速、能见度和二氧化碳等，基本实现了立体观测，成为全球海洋观测系统的重要组成部分。

1.2.2.3 三级海洋预报和预警体系

目前，我国已建成了以国家海洋环境预报中心、3 个海区预报中心和 11 个省级海洋预报机构为主体的三级海洋预报体系，拥有高性能计算机、卫星接收系统、数据传输网系统和产品制作发布系统等设施条件。通过遍布沿海省（区、市）的海洋环境预报台站，逐步建立了一个从中央到地方、从近海到远海、多部门联合的海洋灾害预报预警系统。目前，我国海洋环境预报部门自主开发的多项科技成果，主要预报产品有全球海浪数值预报、中国海风暴潮、海浪、海啸预报、海冰预报、赤潮预报、厄尔尼诺预报以及部分区域精细化浪潮流数值预报等，已经在各种海洋灾害防御中发挥了重要作用。除为公众提供海洋预警报服务外，还提供海难搜救、海上工程建设、渔业捕捞等专项服务。

1.2.2.4 全国海洋预警报远程视频会商系统

在国家海洋局的统一部署下，沿海各级海洋部门建设完成了全国海洋预警报远程视频会商系统。借助先进的通讯设备，实现了各部门的海洋预报结果实时会商，并对海洋灾害的防灾减灾决策能力提升也起到了显著的作用。国家海洋环境预报中心部署的全国海洋预警报远程视频会商系统如图 1.14 所示。

图 1.14 全国海洋预警报远程视频会商系统

1.3 渔业生产安全保障现状与需求调研

1.3.1 各省渔业救助系统建设情况

浙江、福建、广东、海南、辽宁、山东、江苏沿海 7 个“海 + 渔”模式的省份已经初步建立了海上渔船安全应急指挥系统，基本实现了对渔船的船位监控、报警响应、轨迹回放、渔船管理和统一指挥调度，但缺乏对渔船的生产作业、安全避险的有效指导。

部分沿海省市投入了大量资金进行标准渔港的建设和改造，提升了渔港的容量、灾害防护、渔船保护等能力。据不完全统计，“十一五”期间沿海投资新建的一级以上渔港就有 40 余个，全国沿海一级以上渔港总数达到 111 个。渔港数量增长迅速，但针对渔港海洋环境保障方面的工作基本处于空白阶段，缺少相关方面的海洋预警报产品。

随着海洋经济的快速发展，海洋水产养殖发展迅猛，在各沿海省市的海域使用中占有较大的份额。但是，针对养殖的海洋环境保障方面的工作基本处于空白阶段，缺少相关方面的预警报产品。

（1）浙江省

浙江共有海洋机动渔船约 4 万余艘，其中 60 马力以上渔船近 2 万艘，185 马力以上渔船 1.6 万余艘。浙江省的渔船安全救助信息系统建设开始于 2008 年，并于 2009 年投入业务化运行。渔船终端安装数量基本覆盖 60 马力以上大中型渔船，计划下一步向 60 马力以下渔船延伸。

① 系统基本情况

设备方面，浙江省使用的终端类型主要包括 AIS 终端、北斗卫星终端、渔用超短波对讲机、短波单边带电台和海事卫星电话。其中 CDMA 手机、AIS 和北斗卫星终端具有定位功能。目前，浙江省已有 19 403 艘 60 马力以上渔船上安装了 AIS 终端设备，16 081艘 185 马力以上渔船安装了卫星船位信息终端设备。

体系方面，浙江建立了省、市、县（区）三级共 30 个监控指挥平台。浙江省渔船安全救助信息中心负责系统运行，暂定正式编制 8 名，实际工作人员 10 名。

② 系统主要功能

电子海图由交通运输部海事局提供，符合 S57 和 S52 标准，比例尺从 1∶4 000 到1∶50 万，海图刷新速率不大于 2 秒，终端数据源图例符合农业部技术规范。

系统主要包括渔船动态监管、渔船报警、渔船防碰撞、渔船通信、渔船指挥救援、事件记录等功能，还可调用宁波市 38 个渔港视频监控画面。

系统可收发卫星短信，船对船、船对 GSM 手机可双向通短信，各级指挥平台与渔船互通短信。

系统共有渔业图层和预警报图层。预警报图层有渔船报警和热带气旋路径预报，无海洋环境实况和预警报内容。

系统采用 Oracle 数据库，数据全部保存在省级数据中心。系统设计容量 3 万艘渔船，省中心与地方专线带宽 2M。

船舶定位数据存储时间不少于 1 年，硬件主要包括 IBM P520，P550 服务器，共

5台。

（2）福建省

福建共有海洋捕捞渔船3万多艘，其中60马力以上渔船超过8 500艘。福建省的渔船安全应急指挥系统建设开始于2007年，并于2010年投入业务化运行。渔船终端基本覆盖所有捕捞渔船，但刷新速度较慢。

① 系统基本情况

设备方面，福建使用的终端类型主要包括CDMA手机、公众通信网终端机、超短波数传电台、短波电台和少数卫星通信终端，全部具有定位功能。目前，福建省已有24 508艘渔船安装了CDMA手机，下一步计划在8 529艘60马力以上的渔船安装AIS防避碰终端。

体系方面，福建在省、沿海6市、18个重点县建设了三级指挥中心，省级指挥中心配备4名人员24小时值班。

② 系统主要功能

电子海图由交通运输部海事局提供，符合S57和S52标准，比例尺从1∶2 000到1∶10万，海图刷新速度小于3秒，自行设计了终端显示图例。

系统主要包括渔船动态监管、渔船报警、渔船防碰撞、渔船通信、渔船指挥救援、事件记录等功能，还可调用46个渔港视频监控画面。

系统可收发卫星短信，船对船、船对手机可双向通短信，各级指挥平台也可与渔船终端互通短信。

系统共有渔业图层和预警报图层。预警报图层有渔船报警和热带气旋路径预报，无海洋环境实况和预警报内容。

系统采用Oracle数据库，数据全部保存在省级数据中心。系统设计容量7万艘渔船，省中心与地方专线带宽10M。

船舶定位数据目前全部永久性保存，硬件主要包括IBM P570，HP，DELL服务器，共12台。

（3）广东省

广东共有海洋机动渔船4.7万艘，其中60马力以上机动渔船近1.2万艘。广东省渔业安全生产通讯指挥系统于2008年10月立项建设，2010年9月投入使用，但配备的渔船终端较少，需要进一步建设完善。

① 系统基本情况

设备方面，广东使用的终端类型主要包括移动通信终端、AIS终端、卫星终端。所有终端都具有卫星定位功能。截至目前，广东省共有5 000艘渔船安装了终端。其中移动通信终端超过2 000部、AIS超过2 000部，卫星监控配置超过200部。

体系方面，广东省目前在省、沿海9市、16个县建设了三级指挥中心，计划继续建设 5 个市级节点、30 个县级节点。目前，系统由省渔政总队指挥处负责维护运行，总值班室配备 6 名人员 24 小时值班。

② 系统主要功能

电子海图从广东省海事局海测大队购买，符合 S57 和 S52 标准，比例尺为 1∶1 万到 1∶700 万，海图刷新速度小于 2 秒，自行设计了终端显示图例。

系统主要包括渔船动态监管、渔船报警、渔船防碰撞、渔船通信、渔船指挥救援、事件记录等功能，还可调用 19 个渔港视频监控画面。

系统可收发卫星短信，AIS 报文，船和手机可双向通短信，各级指挥平台也可与渔船终端互通短信。

系统设计共有渔业图层和预警报图层。预警报图层设计有渔船报警、热带气旋路径预报、海洋环境实况和预警报内容，但目前暂无建设和数据。

系统采用 IBM DB2 数据库，数据以渔业归属地的原则进行管理。系统设计容量 10 万艘渔船，省中心与地方专线带宽 2M。

船舶定位数据存储时间不少于 6 个月，硬件主要包括 IBM P560，P570 服务器 4 台，IBM HS21 刀片服务器 12 片。

（4）海南省

海南省共有海洋机动渔船 2. 5 万艘，2010 年初，海南省开始筹建海洋渔业安全通信系统，目前整个系统正在建设中。

① 系统基本情况

设备方面，海南省渔船使用的终端类型主要包括短波单边带电台、超短波对讲机、CDMA 手机、北斗卫星导航通信终端。其中 CDMA 手机和北斗卫星导航终端具有定位功能。截至目前，海南省配有短波单边带电台的渔船 2 000 余艘，配有超短波对讲机的渔船超过 5 000 艘，船用 CDMA 手机超过 1 万部，已配备北斗终端渔船超过 1 500 艘。

体系方面，渔业船舶管理数据库还未完善，尚未纳入农业部数据库管理；省级指挥中心筹建计划尚未出台，渔业安全通信由省渔业监察总队负责管理，配备人员 24 小时值班，沿海 13 个市县设立有值班电台。

② 系统主要功能

电子海图由海军航保部及海事局提供，电子海图具有经纬网格显示、海图显示、航道显示、浮标显示等 S57 海图要素的显示，比例尺从 1∶1 000 到 1∶1 000 万，海图刷新速度小于 2 秒，电子海图具有平移、漫游、放大、缩小等矢量操作功能。

系统主要包括渔船动态监管、渔船报警、渔船通信、渔船指挥救援、事件记录等功能。

系统可实现船岸之间、船对船、船对手机的北斗信息互发。

系统共有渔业图层和预警报图层。预警报图层有渔船报警，无海洋环境实况和预警报内容。

系统采用Oracle数据库。数据集中保存在北斗星通公司，系统设计容量为10万艘渔船，省中心与地方专线带宽不低于2M。

船舶定位数据存储时间为12个月，硬件主要由北斗星通公司提供保障。

（5）辽宁省

辽宁省现有渔业机动船舶近4万艘，其中60马力以上渔船约1万艘。辽宁省渔船安全保障管理系统于2005年开始建设，2010年建设基本完成，但目前渔船终端安装较少，计划进一步扩大终端安装，将中心移植到沈阳。

① 系统基本情况

系统集成商为海南北斗星通公司。

设备方面，辽宁省使用的终端类型主要包括CDMA手机、渔业船舶专用对讲机、北斗测试终端和AIS测试终端。上述终端设备均具有定位功能。目前，辽宁省共安装渔业船舶专用对讲机4 000部、CDMA终端3 500余部，北斗测试终端约100部，AIS测试终端800余部。

体系方面，辽宁省已建成省、市两级通信中心，全省共设省级通信中心1个（位于大连），沿海各市通信中心及重点县区通信分中心8个。

投资情况，数据不详。

② 系统主要功能

电子海图从海军航保部及海事局系统购买，符合S57标准，比例尺从1∶1 000到1∶1 000万，海图刷新速率小于2秒，设计的12种终端数据源图例符合农业部技术规范。

系统主要包括渔船动态监管、渔船报警、渔船防碰撞、渔船通信、渔船指挥救援、事件记录等功能，待系统完全建成后，还可调用43个渔港视频监控画面。

系统能实现船岸之间、船对船、船对手机的信息互发。

系统共有渔业图层和预警报图层。预警报图层有渔船报警和热带气旋路径预报，无海洋环境实况和预警报内容。

系统采用Oracle 10G数据库。数据按照每个地市分区存储，采用双机热备机制。系统设计容量10万艘渔船，省中心与地方专线带宽不低于2M。

船舶定位数据存储时间为12个月，硬件主要包括IBM 5504服务器。

（6）山东省

山东省目前共有海洋捕捞渔船超过24 300艘。其海洋渔业定位救助系统于2006年开始建设，2007年投入业务化运行。

① 系统基本情况

系统集成商为山东天地通数码科技有限公司。

设备方面，山东使用的终端类型主要包括 CDMA 终端、AIS 终端、北斗卫星终端，均具有定位功能。目前，山东省共安装有 CDMA 终端 13 287 个、AIS 终端 7 000 个、北斗终端 348 个。下一步计划在所有 60 马力以上船舶安装 AIS 终端，185 马力以上船舶安装北斗终端。

体系方面，山东已实现省、市、县三级系统部署。托管给公司进行维护及 24 小时渔业报警服务，配备设备维护人员 2 名，值班人员 8 名。

② 系统主要功能

电子海图采用海军航保部免费提供的 MapInfo 数据格式，不是 S57 格式，比例尺为 1∶25 万。终端数据源图例符合农业部技术规范。

系统主要包括渔船动态监管、渔船报警、渔船防碰撞、渔船通信、渔船指挥救援、事件记录等功能，待系统建成后可调用 86 个渔港视频监控画面。

系统只能收发 CDMA 手机短信，计划支持北斗短信收发和 AIS 信息发送。

系统共有渔业图层和预警报图层。预警报图层有渔船报警，无海洋环境实况和预警报内容。

系统采用 Oracle 10G 数据库。备份方式为冷备，容灾能力差。数据全部保存在省级数据中心，专线带宽 100M。

渔船终端中 CDMA 手机 10 天定位一次，AIS 每 10 分钟定位一次，北斗每 3 分钟定位 1 次。硬件主要包括浪潮服务器等共 9 台。

(7) 江苏省

江苏省现有各类海洋渔船 10 166 艘。江苏省海洋渔业安全救助信息系统是在各市、县自建的通信网络基础上整合而成，市、县级网络目前已基本建设完成，省级项目正在建设，预计 2011 年 3 月份完成，目前已投资 10 120 万元。

① 系统基本情况

系统集成商为海南北斗星通公司。

设备方面，江苏省共计划配备 4 470 台 CDMA 手机、4 430 部 GPS 模块电台、3 554部 AIS 双模电台、4 133 部 AIS 船载信息终端、2 435 部北斗终端，以上终端均具有定位功能。目前已经有 9 352 艘渔船安装了监控船载信息终端，船载终端覆盖率已达到 92% 。

体系方面，江苏计划建设包括 1 个省级中心和 2 个省级附属中心、4 个市级中心及 19 个县级中心在内的省、市、县三级指挥中心。

② 系统主要功能

电子海图从海军航保部和交通运输部海事局购买，比例尺从 1∶1 000 到 1∶1 000 万，海图显示符合 S57 标准，海图刷新速率小于 2 秒，设计的 12 种终端数据源图例符合农业部技术规范。

系统主要包括渔船动态监管、渔船报警、渔船防碰撞、渔船通信、渔船指挥救援、事件记录等功能，待系统建成后可调用6个渔港视频监控画面。

系统可实现船岸之间、船对船、船对手机的北斗信息互发。

系统共有渔业图层和预警报图层。预警报图层有渔船报警，无海洋环境实况和预警报内容。

系统采用 Oracle 11G 数据库。数据集中保存在省级数据中心。系统设计容量为10万艘渔船，省中心与地方专线带宽10M。

船舶定位数据存储时间为12个月，硬件主要包括2台惠普7420服务器，存储器容量8TB。

1.3.2 各省渔业救助系统存在的问题与对策

目前各省系统存在的问题如下：

（1）缺乏国家有效整合，各省系统五花八门

虽然农业部2010年8月份发布了《渔船动态监管信息系统平台技术规范（试行）》，但是，由于大部分省份在技术规范发布前完成了系统建设，因此各省在系统集成、建设标准、二次开发平台、数据格式、数据内容、安全管理、接口规范、图示图例等方面存在着较大差异性。有些关键性的系统功能，实现方法也不相同，例如，以CMDA方式进行船舶定位功能方面，有的省份每10分钟获取一个船位信息，而有的省份由于技术方案不同，则采用10天定位一次。因此，这些问题最终将导致在国家级别上集成时的数据交换与共享方面的困难，在今后需要专门加以研究并制定合适的标准规范。

（2）渔船终端覆盖面不够广，开机率低

根据目前统计数据，沿海这7个“海+渔”省份已配置定位终端的渔船数量不足9万艘，个别省份的渔船终端覆盖面明显不足。在实际管理工作中，部分渔民因操作不当意外关机的现象比比皆是。再加上渔民普遍由于担心渔业部门运用该系统查处自己违禁偷捕，或为了保护自己生产的渔场资源而故意关机，渔业部门对此缺乏有效的管理手段，因此系统平台上并不能完全显示渔船定位信息。例如，江苏省开机率未达到50%。初步估计，目前全国沿海各省市渔船累计同时在线数量不到3万，会对实际的防灾减灾决策工作造成一定影响。

（3）缺少相关的海洋环境背景信息和预警报产品

目前这7个省份建立的渔船安全指挥系统功能主要体现在渔船动态监管和调度指挥方面，预警报图层也大多限于热带气旋路径显示，在海洋预警报产品发布方面应用很少。广东省虽设计了要包含海洋环境场预警报功能，但还未有实际建设和应用。实际上，风、浪、流、潮、雾、温等海洋环境要素的背景信息和预警报产品对

于渔船安全生产和搜救都十分重要，有必要在省级指挥中使用这些海洋要素，开发相关辅助决策模型，以便更好地服务渔船防灾减灾。

（4）海洋预警报产品发布内容和形式单一

短信服务功能在渔船安全服务方面发挥了较好作用，可以及时发布的海洋环境预警报和海洋天气预报等信息，方便了渔民安全生产。但是，目前的短信形式大多仅限于海浪、冷空气等简单的文字短信预警报，不够直观和形象。另外，短信服务功能还是处于初级阶段，既没有对短信进行分类分级，也没有对接收短信的对象进行分类分级。各省在工作中只是简单地群发短信，导致没有在外作业的渔船也收到不必要的信息，如在黄海作业的船收到的是东海信息，造成渔民的误解。因此，今后在短信服务方面，需要充分利用渔场空间定位信息，针对不同作业区域发送针对性更强的服务信息，让渔民体会短信功能在渔船作业时不可或缺。

（5）缺乏相关辅助决策信息

目前各省市系统配备的电子海图一般只是显示当前船位信息及航迹等船舶信息，缺乏相关的近岸陆域基础地理信息，且比例尺大小不一，格式不同。同时受到管辖区域的限制，各省系统中查询到的船只也仅仅限于本省船只，在本省的渔船海上报警出险时，虽然附近有邻省的渔船可以施救，但也无法进行查询和通知。因此，在全国范围内建立一个统一的数据管理平台和各省数据共享机制十分必要。

（6）渔船终端功能单一

目前各省配置的渔船终端大多只能接收周围一定范围的渔船坐标信息和文字短信、语音通话功能，缺少预警报图层显示功能，且价格昂贵、故障率高。未来需要开发经济、可靠、针对性强的终端产品，满足海洋渔业生产的需要。

根据以上存在问题，提出以下对策：

① 借助于网络技术与信息管理技术，实现全国一盘棋，加强渔业生产的统一管理，开展信息资料整合；

② 将预报产品推送给渔业管理部门和渔民，达到提前预警，达到灾前防范的功能。为此，需要建立一套能业务化运行的有效的服务体系。

1.4　我国海洋渔业生产安全环境保障展望

1.4.1　全国渔业系统建设必要性

近年来沿海各省日益加大渔业生产的投入，渔船、渔港的数量和海水养殖面积均大大增加，然而海洋灾害的频发对渔民的安全生产造成了巨大的损害，对渔业安全生产服务保障提出了更高要求。各省原有的渔船监管系统功能单一，主要体现在渔船动态监管和调度指挥方面，不能满足日益增长的渔业经济对安全生产服务保障的需求。

各省相继建立的渔船应急指挥系统在系统集成、建设标准、二次平台开发、数据格式、数据内容、安全管理、接口规范、图示图例等方面存在着较大差异，现有资源没有得到充分共享和合理利用，这些因素制约了我国海洋渔业安全生产管理和渔船灾难事故应急指挥的时效性和科学性。

1.4.2 全国渔业系统集成优势

通过海洋渔业生产安全环境保障服务系统建设，实现现有资源有效整合与优化，发挥海洋环境业务预报部门的优势，促进资源合理配置，将公众的预报服务扩展到以渔船、渔港、海水养殖为服务对象的专题预警报，建立针对渔船、渔港和海水养殖的海洋渔业环境保障系统，将监管、观测、预警、应急和生产调度等综合在一起，为渔业生产提供及时的预警报服务和有效的辅助决策信息。

在海浪、风暴潮、热带气旋、海冰、赤潮、海雾等灾害发生前，各级预报机构通过网站、微博、传真、短信平台等媒介向社会发布预警报产品，为广大渔民提供预警报产品短信，为渔港、养殖区提供预警报信息，发挥灾前预报服务作用。在海洋灾害发生后，及时向社会和渔民发布预警报产品，为决策部门提供灾害评估和辅助决策服务，指导和帮助灾后人员和船只救助，减轻灾害造成的人员伤亡和经济损失，实现灾前预报和灾后救助统一，保障广大渔民海上作业安全。

1.4.3 全国渔业系统建成展望

在各省市已有的渔船安全指挥调度系统基础上，整合现有资源，融合海洋预警报信息，拓展海洋服务功能，建设一个以国家海洋环境预报中心、海区中心、沿海省市三级节点的现代化海洋渔业环境服务保障体系，实现渔船、渔港、养殖区的动态监控、海洋环境保障服务、海洋渔业生产辅助决策等功能，有效整合全国预报力量，为处在危险海域的渔船发布有针对性的、精细化的预警报短信信息，全面提升我国海洋渔业环境综合保障能力，有效减轻渔业生产中的经济和人员损失，显著提高预报服务水平，促进我国海洋渔业经济发展。

1.5 我国海洋渔业生产安全环境系统建设概述

全国海洋渔业生产安全环境保障服务系统的建设目标是以渔业生产安全需求为牵引，以海洋预报服务于海洋渔业生产为主线，建立连接国家中心、海区和省三级节点的全国海洋渔业生产安全环境保障服务系统，在目前各级海洋预报机构现有的大面预报基础上，面向各级渔业安全管理部门和广大渔民，开发和制作基于每个渔区、重点渔港、重点养殖区的精细化风、浪、流、潮、雾等预警报产品，并开展渔船抗海况分析、就近避险路线分析、遇险渔船施救最优方案设计等工作，全面提升海洋渔业生产安全的环境保障能力。

1.5.1 系统总体框架

全国海洋渔业生产安全环境保障服务系统建设是以渔业生产安全环境信息采集为基础，以海洋环境预警报信息网络为依托，以基础数据库为核心，以满足渔业生产安全环境需求为主线，提高安全生产保障业务的效率和效能，形成可持续改进的全国海洋渔业生产安全环境保障服务系统。

全国海洋渔业生产安全环境保障服务系统总体框架由系统基础设施、业务应用系统、系统建设保障环境3部分构成。系统基础设施主要包括海洋环境信息采集系统、数据处理系统、数据中心、应用支撑平台；业务应用系统包括海浪预警报、海面风预警报、台风预警报、渔场环境综合预警报、预警报信息发布、渔船风险分析、渔船监控管理、灾（险）情信息发布、综合信息管理等功能。以上两部分由标准化协议与接口结合为一个有机整体。系统建设保障环境包括标准规范、安全体系、规章制度、人才队伍建设、资金投入、安全体系等内容。全国海洋渔业生产安全环境保障服务系统总体框架如图1.15所示。

从技术层面来看国家中心、海区、省三级节点都具有相似的结构，各级节点均通过数据集成、数据传输、数据库建设、中间件开发、预警报产品研发、集成显示、应用程序开发、运行监控等技术实现。但各级节点在功能上有所侧重，国家级节点在于整体系统集成，负责三级节点的传输网络建设，保障系统中省、海区、国家中心之间的数据传输畅通，并将各节点的预报、船位等信息收集整合成为一个综合数据库平台，通过权限设置提供全国数据共享。海区级节点主要负责指导产品的制作，在数据库建设中作为每个海区级节点成为国家级中心的部分冗余备份，3个海区级节点构成为国家中心的全部冗灾异地备份。省节点主要功能是制作与发布渔业生产安全环境保障服务产品，做好与原有渔船救助系统之间的集成与衔接，实现两个主要功能，第一，将动态船位获取并及时推送到海区、国家中心，第二，将针对渔船的预警报产品，以短信形式推送到渔船救助系统，并通过它发送至海上作业渔船的接收终端。

1.5.2 接口与协议框架

为实现资源共享，减少重复开发，按照系统体系结构，将业务应用系统涉及的各类资源整合为统一的4个层次：应用层次、平台层次、网络层次、信息采集层次。各个层次间的关系由接口定义，而层内各子系统间的关系由协议规范。其基本原则是：采集层次与平台层次间通过网络相连，而用户应用系统则基于平台层次实现信

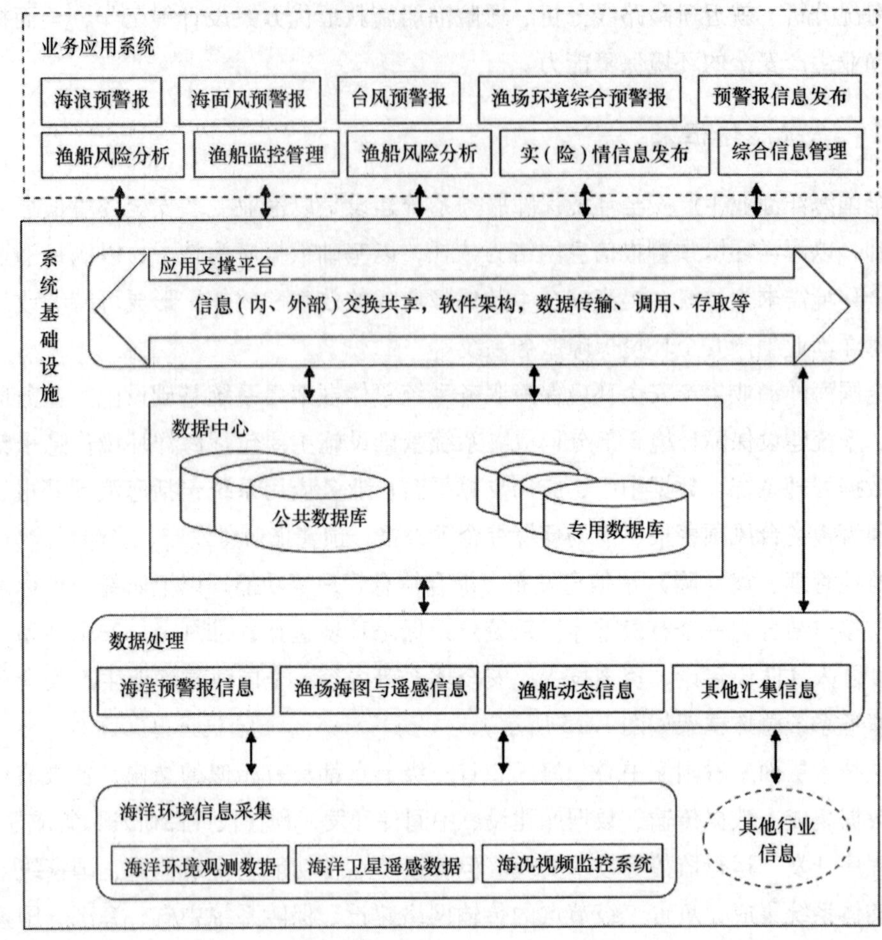

图 1.15　全国海洋渔业生产安全环境保障服务系统总体框架

息及软件资源的共享，这就要求业务应用需要与数据保持相对独立，减少应用系统各功能模块间的依赖关系，通过定义良好的接口与协议形成松散耦合型系统。

全国海洋渔业生产安全环境保障服务系统分布在国家中心、海区、省 3 个层次，为保障系统整体目标的实现，必须解决由此划分对系统整体性的影响。因此，系统不但要引用或制定接口标准来支撑各部分内部的控制流和信息流，还需要引用或制定各类相互操作（协同）协议来保障信息资源和软件资源共享的实现如图 1.16 所示。

数据资源类的协议与接口标准在整个系统范围内实现信息共享的基础，业务处理和集成类协议与接口标准主要规范系统内各业务应用系统间的软禁资源共享，安全管理类协议与接口标准支撑系统安全与管理体系的建立。

1.5.3　系统主要功能

按照国家、海区、省三级节点划分，国家中心建设综合信息管理平台、海洋预

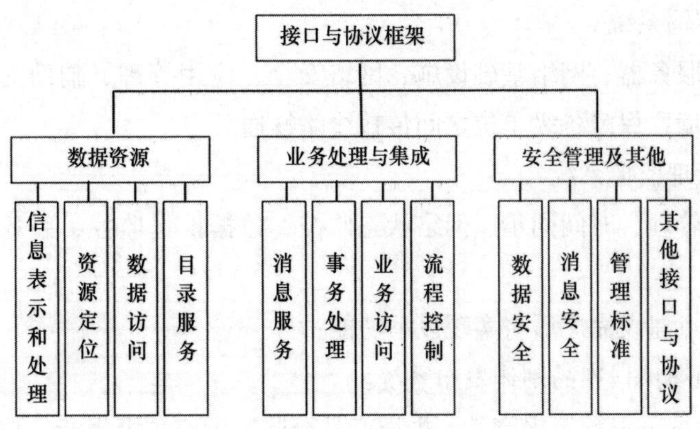

图 1.16　接口与协议框架的结构

警报产品制作发布系统、数据库系统、数据传输系统、运行管理监控系统；海区级节点建设海区精细化渔区预报产品制作发布系统；省级节点建设省级综合信息管理系统、省级海洋预警报产品制作系统、省级海洋预警报产品发布系统、省级数据库系统、中间件、运行管理监控系统。同时采用基于 3S 技术的遥感影像、矢量地图、动态船位（GPS 定位信息）一体化显示，实现多种显示比例尺下的空间数据和预警报产品叠加显示，局部放大、漫游、查询、轨迹回放显示功能；利用预警报产品和渔船动态船位信息的自动传输与归档入库技术，实现全国范围内预警报产品数据库共享查询功能；通过符号库设计方法实现了预警报产品的点、线、面图层叠加显示；扩展 GIS 空间分析功能，实现在预报风险区域内的渔船统计分析；实施入库数据统计、入库操作状态监控、硬件服务器资源监控、网络状态监控等自动报警功能；建立数据库备份与恢复机制。

国家中心建设完成后实现以下系统功能：

① 综合信息管理系统

管理显示 35 万艘渔船，每艘船数据采集频度为 5 分钟计算，船舶资料静态信息可永久保存，实时动态数据保存 7 天，延时动态数据保存 3 个月，历史动态数据保存 10 年。同时实现系统管理、海图显示、船位监控、预警报影响分析、船舶管理、查询统计等功能。

② 海洋预警报产品制作发布系统

制作大面风浪预警报产品、渔场风浪预报产品，并将渔场预报产品通过 WebGIS 和手机平台发布。

③ 数据库系统

包括渔船基础信息数据库、渔船动态信息数据库、基础地理信息数据库、预警报产品信息数据库，实现数据统一存储与管理。

④ 数据传输系统

搭建包括服务器、网络基础设施、网络安全、应用管理、辅助支撑在内的完备的系统应用环境，保障各级单位之间传输线路畅通。

⑤ 运行管理监控系统

实现用户管理、时间同步、网络状态监控、数据推送监控、服务指令执行等功能。

海区级节点建设完成后将实现以下功能：

① 海区渔场预报产品制作发布系统。

② 制作渔场风浪预警报产品，推送产品至国家中心预警报产品数据库。

省级节点建设完成后实现以下系统功能：

① 省级综合信息管理系统

管理显示5万艘渔船，每艘船数据采集频度为5分钟计算，船舶资料静态信息可永久保存，实时动态数据保存7天，延时动态数据保存3个月。同时实现系统管理、海图显示、船位监控、预警报影响分析、船舶管理、查询统计等功能。

② 省级海洋预警报产品制作系统

制作省级渔场风浪预警报产品，推送产品至国家中心预警报产品数据库。

③ 省级海洋预警报产品发布系统

从国家中心的预警报产品数据库读取国家、海区预警报产品，根据各渔场风、浪预警报产品影响分析结果，自动向在危险区域活动的渔船生成和发布预警报短信，也可手动添加渔船和编辑发布预警报短信。

④ 省级数据库系统

包括渔船基础信息数据库、渔船动态信息数据库、基础地理信息数据库、预警报产品信息数据库，实现数据同步存储与管理。

⑤ 中间件

开发数据传输软件（中间件），根据统一的格式标准和协议，将船舶资料和动态船位等信息按照系统所需的数据标准推送至国家中心。

⑥ 运行管理监控系统

实现用户管理、时间同步、网络状态监控、数据推送监控、服务指令执行等功能。

1.5.4　系统部署业务化运行

2011年，在国家海洋环境预报中心建立1个国家级节点；在3个海区分局的海区预报中心建立3个海区级节点；在辽宁、山东、江苏、浙江、福建、广东和海南7个省份的海洋预报机构建立7个省级节点。为保障国家海洋环境预报中心、3个海区预报中心和 7 个省海洋预报机构的系统互联和信息共享，由国家海洋环境预报中心和 3 个海区分局分别在现有的会商视频网络专线基础上进行改造扩容，建立网络连接。同时，辽宁、山东、江苏、浙江、福建、广东和海南 7 个省份的海洋预报机构还要与本省的海洋渔业安全管理部门建立网络连接，实现数据的双向传输。全国海洋渔业生产安全环境保障服务系统一期工程各级节点部署如图 1.17 所示，图中虚线框内最下方的单位为各省原有的渔船安全应急指挥系统节点，虚线框上方的国家海洋环境预报中心、北海预报中心、东海预报中心和南海预报中心等 4 个单位为系统新建节点，两者通过网络进行系统对接，实现资源共享。

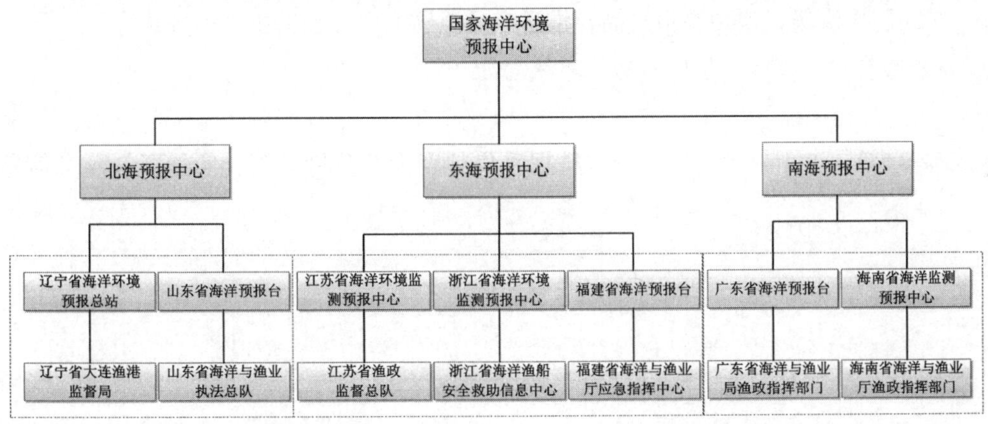

图 1.17 全国海洋渔业生产安全环境保障服务系统一期工程的系统部署示意图

确定各级机构的业务化运行要求，其中：

国家海洋环境预报中心：制定全国海洋渔业生产安全环境保障服务系统 2011 年度建设工作方案和系统建设技术规范，并对三个海区分局和沿海各省厅（局）的系统建设工作进行技术指导。负责国家级节点的软硬件及网络建设，建立国家海洋环境预报中心与海区预报中心、省级海洋预报机构的网络连接。制作全国近海海域的大面风、浪预警报产品，并将产品分发至海区和省级海洋预报机构。对海区中心和省级海洋预报机构的精细化风、浪预警报产品制作工作进行技术指导，在海洋灾害发生时，组织开展海洋预警报视频会商，提出危险区域的渔船安全避险对策建议。

3 个海区分局：按照统一的系统建设技术规范，制定海区级节点系统建设的实施方案。负责海区级节点的软硬件及网络建设，建立海区预报中心和省级海洋预报机构间的网络连接。根据国家海洋环境预报中心制作的预警报指导产品，制作精细化的风、浪预警报产品，并将相关产品传输至国家海洋环境预报中心和省级海洋预报机构。对本海区省级海洋预报机构的精细化风、浪预警报产品制作工作进行技术指导，在海洋灾害发生时，参加国家海洋环境预报中心组织的海洋预警报视频会商，提出危险区域的渔船安全避险对策建议。

7个省级海洋与渔业部门：按照统一的系统建设技术规范，制定省级节点系统建设的实施方案。负责省级节点的软硬件及网络建设，建立本省海洋预报机构和渔业安全指挥部门间的网络连接。根据国家海洋环境预报中心和海区预报中心制作的预警报指导产品，制作精细化的风、浪预警报产品，并将相关产品发布给渔船。按照统一的系统建设技术规范，开发省级节点和国家级节点、海区级节点数据交换与共享的中间件，将本省的渔船基础数据、渔船动态定位数据和预警报产品传输至国家和海区级节点。在海洋灾害发生时，参加国家海洋环境预报中心和海区预报中心组织的海洋预警报视频会商，提出危险区域的渔船安全避险对策建议。

第 2 章　数据处理与集成

全国海洋渔业生产安全环境保障服务系统中数据主要由基础空间数据和业务数据组成。

基础空间数据包括：以重点渔港区域为主的高分辨率的遥感数据；以行政区界、海岸线、岛屿、渔船区域、中日韩协定渔区等为主的矢量数据；以水深线、障碍物为主的标准航海海图数据。

业务类数据包括：渔船基础信息数据、渔船动态信息数据、渔港属性数据以及保障渔船海洋环境预警报产品信息数据等，以支撑系统业务化运行。

本系统自国家中心、海区、省三级节点自上而下进行部署，国家中心的业务数据需要从省级相关部门进行调取。由于各省的业务数据结构不尽相同，因此本系统的数据集成是在网络集成的基础上，通过设计和开发数据共享的中间件实现的，把不同来源、格式、特点性质的数据在逻辑上或物理上有机地集中。具体是将省节点的渔船基本资料、船位动态信息、预警报产品和预警报产品统计信息等传输至国家与海区级节点，同时接收上级节点应用程序发出的远程执行指令，在省级节点完成一些特殊的信息查询任务。通过中间件数据集成技术，实现各级海洋部门的数据共享。

2.1　遥感数据处理

遥感影像可以直观地反映近岸区域的地形地貌特征，系统中使用 30 米分辨率遥感数据，在数据处理过程中涉及色调均衡、几何纠正、地理定位配准。

数据内容：遥感数据以重点渔港区域的高分辨率的卫片和航片为主。

使用方式：遥感数据在本系统中作为重点渔港的背景信息，以 TIF、ECW 等文件方式保存，同时提供图像的空间定位信息。

处理方式：经过辐射校正、几何纠正和投影变换，统一转换到 WGS－84 坐标系下。

数据管理与更新：由省级节点整理现有遥感数据，并以光盘方式复制到国家海洋环境预报中心。若省级节点无数据，则提出数据需求，由国家海洋环境预报中心统一进行数据采购，并在完成数据处理之后按照规定格式以光盘文件下发到省级节点。

2.1.1　遥感数据收集

系统中将收集 95°～145°E，2°～47°N 的 600 多景 TM/ETM 数据，时相在 2006—2010 年。图 2.1 为研究区遥感图像分布的示意图，方块点为 TM/ETM 景中心所在的位置。

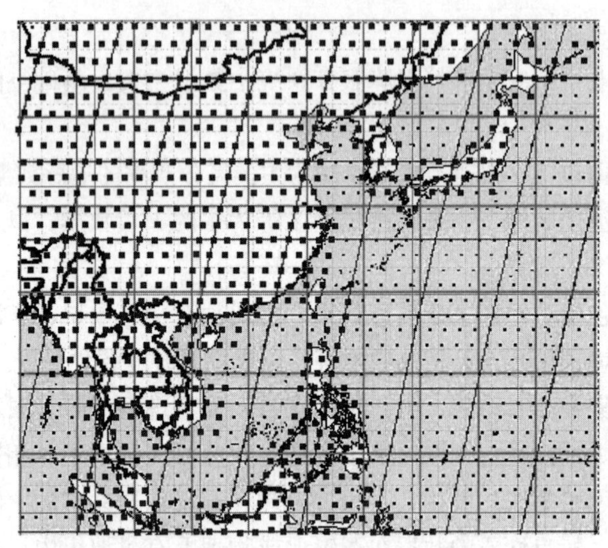

图 2.1　研究区遥感图像分布

2.1.2　遥感数据技术处理

遥感数据技术处理包括正射校正、图像镶嵌、地图投影变换、图像增强和图像分幅等处理，其技术流程如图 2.2。

2.1.3　图像正射校正

利用地面控制点和数字高程模型（DEM）对经过系统辐射校正和系统几何校正后的美国陆地卫星 5/7 号标准景数据进行处理，生成标准景正射影像产品，建立相应数据集和数据库，为大区域镶嵌做准备。正射校正的平均误差在 2 个像元以内。

为了确保正射产品数据的正确性和可用性，在进行数据镶嵌工作之前，必须经过产品的质量检查。图 2.3 为正射产品生产技术流程图。

2.1.4　图像镶嵌

工作区涉及 600 多景 TM/ETM 数据，它们的成像时间不同，地表覆盖状况也存在较大差异。因此，图像镶嵌是一项具有挑战性的工作。镶嵌的目的就是使结果图

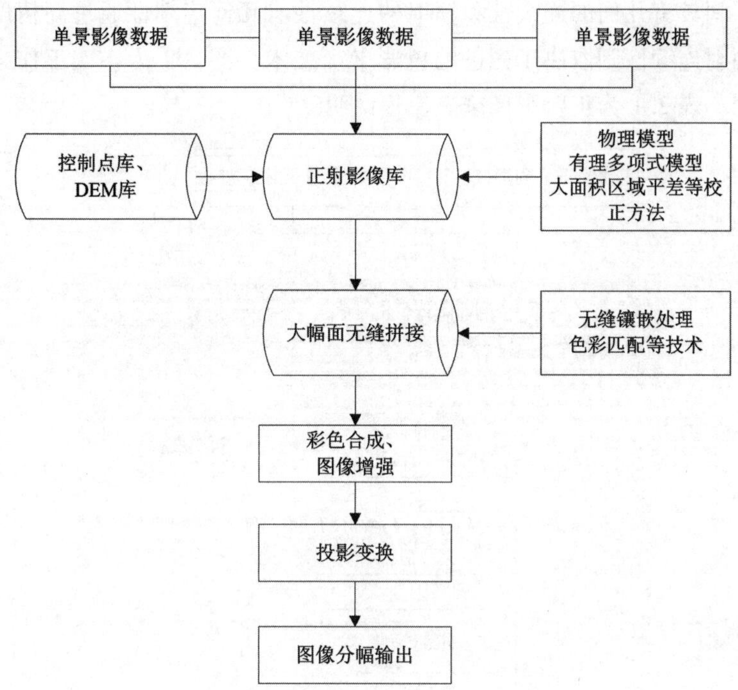

图 2. 2　遥感影像底图处理技术流程

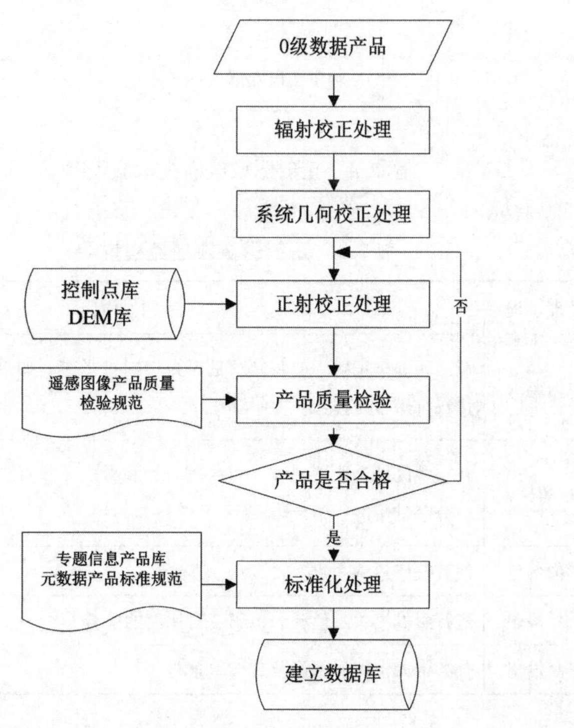

图 2. 3　正射产品生产技术流程

像不同景之间具有几何的连续性和辐射的连续性。几何连续性通过高精度的正射校正实现，辐射连续性则取决于先进的色彩平衡技术。图 2.4 为本次工作采取的镶嵌技术流程图。表2.1 为正射影像镶嵌流程说明。

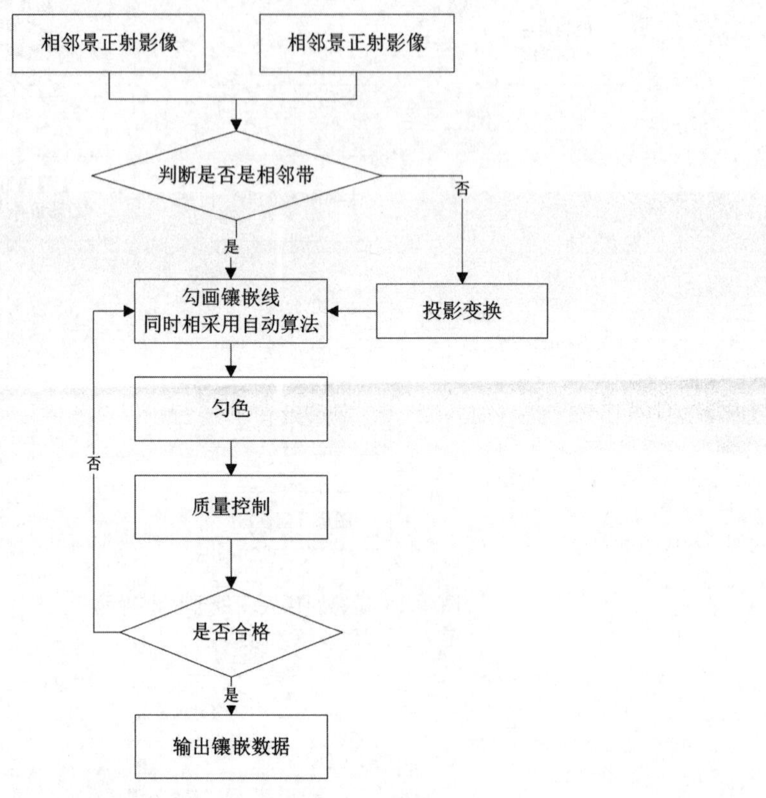

图2.4　正射影像镶嵌技术流程图

表 2.1　正射影像镶嵌流程说明

功能序号	处理过程	主要内容
1	数据调入	调入相邻景正射影像并判断是否为相同投影带，如果是进入下一步；如果不是，进行投影带转换
2	选取镶嵌线	在重叠区域选取镶嵌线（可采用自动和人机交互相结合的方法），按照地图投影带分条带镶嵌、匀色
3	影像匀色	使其整体色调一致
4	质量检验	进行影像接边及色调、色彩、对比度的检查
5	产品输出	分条带输出镶嵌影像及其残差报告

2.1.5　地图投影与图像增强

遥感影像包含 2 种地图投影格式的数据，即经纬度坐标和 Mecator 投影变换。Mecator 投影采用 WGS84 空间坐标系，中央子午线为 117°E，标准纬线为 30°N。

为了使结果图像具有更好的目视效果，系统采取了 5、4、3 波段进行红、绿、蓝模拟真彩色合成，并进行了分段线性增强。在结果图中，植被为绿色，水体为蓝色，居民点为蓝灰色。图 2.5 分别为镶嵌后增强结果的子区图。

图 2.5　增强结果的子区 1（左）增强结果的子区 2（右）

2.1.6　图像分幅

图像大小进行分块输出子图和相关地理定位信息，包括两种格式，一种是以经纬度坐标为基准的子图集，每块子图大小 300M（10 000 × 10 000 像素），子图与子图之间重叠 30 个像素；另一种是以 Mecator 投影变换为基准的子图集，每块子图大小 300M（10 000 × 10 000 像素），子图与子图之间重叠 30 像素。

遥感影像共 306 个文件，文件大小为 10 000（行）× 10 000（列）的 TIF、BMP 格式文件（符合 ARCGIS 的空间定位辅助文件）。遥感影像数据除了以经纬度为空间定位的数据外，还提供经过 Mercator 地图投影变换后的数据，投影参数为中央经线 117°，标准纬线 30°。遥感影像文件数据量总数约为 332GB。

2.1.7　遥感影像成果

通过遥感数据的正射纠正、几何纠正、图像拼接等处理，完成了中国近海海域的地面分辨率 30 米的真彩色遥感影像底图，如图 2.6 所示。

2.2　矢量数据处理

基础地理信息是指矢量格式的基础地图，涉及整个中国海域及沿海地区，包括

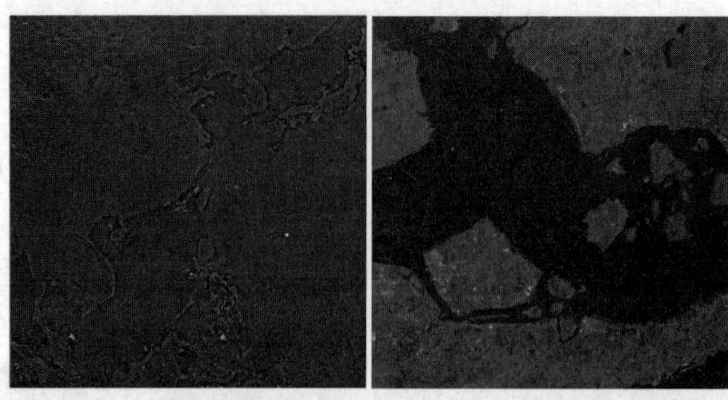

图 2.6 左图为中国近海海域 30 米遥感影像镶嵌图，右图为局部放大（宁波港）效果图

多种比例尺数据的集成、投影变换等，系统约定矢量数据采用 WGS－84 坐标系，地图投影为墨卡托投影。

系统建设中基础地理数据采用公开发行的小比例尺地图数据 1∶400 万地图作为最基本的轮廓数据，在此基础上加上 1∶100 万比例尺的全国海图数据（中国海区），局部区域采用 1∶25 万海图数据来补充。其中海洋渔业管理数据、领海基点数据、协作渔区数据、渔场数据，均来自国家出版发行资料中整编而成标准的 SHAPE 地理信息系统图层数据。

矢量地图数据处理时，坐标变换采用数字海洋中 BJ54 转 WGS84 软件包，坐标转换精度在沿海海岸带地区保证精度 1 米，投影变换和地图合并处理利用 ARCGIS 软件中工具包完成。共完成功 20 个矢量图层的整编，定义了图层名称和图层属性。矢量文件共 20 个图层，其中有 3 个图层为 1∶400 万比例尺的全区图，其他为 1∶25 万比例尺的要素图层，其中海界九段线、渔区、渔场等数据为本次项目定义的数据。矢量文件为 SHAPE 格式，总文件大小约为 210MB。

渔业管理数据，包括禁渔区、协定合作渔区、水域线等由国家海洋环境预报中心统一制作与管理，存储到文件服务器固定位置，国家海洋环境预报中心建立渔业管理数据服务端提供 FTP 文件共享服务，国家、海区和省中心客户端可自动更新渔业管理数据。

2.3 海图数据处理

数据内容：海图数据文件要求符合国际通用的 IHO S－57 标准或者国家海图数据格式标准等。中国海及邻近海域有 477 幅海图，各比例尺下图幅数量及数据命名规则如表 2.2 所示。图 2.7 和图 2.8 为各比例尺的海图覆盖范围。

电子海图中的设计海洋要素及陆地要素，海洋要素包括：海岸、海底地形、航行障碍物、区界线和管线、海洋水文、助航等要素信息；陆地要素包括居民地、道路、陆地水系、陆地地貌及土质、界线等要素。具体要素内容如表 2.3 所示。

使用方式：海图数据在本系统中作为基础空间数据使用，以文件方式保存。

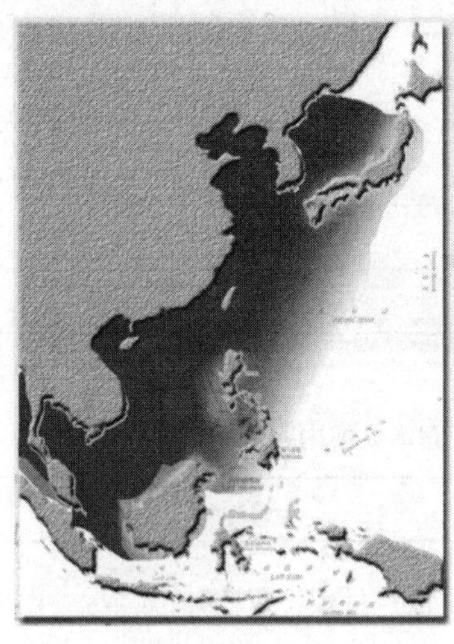
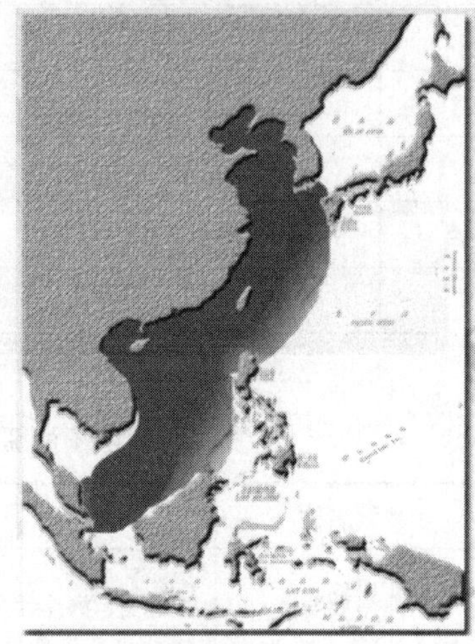

图 2.7　1∶50 万～1∶99 万海图覆盖区域（左）
1∶20 万～1∶49 万海图覆盖区域（右）

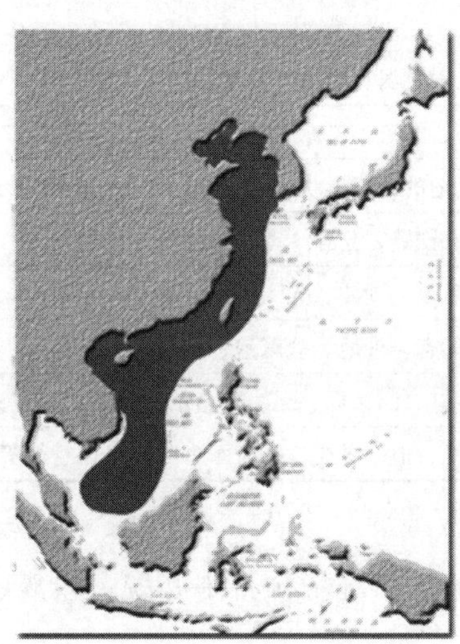
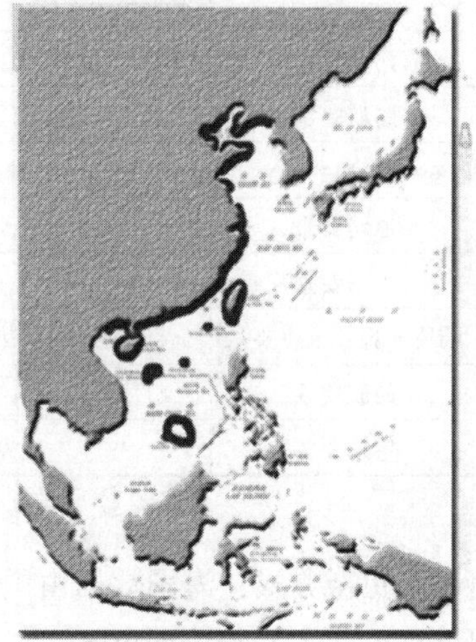

图 2.8　1∶10 万～1∶19 万海图覆盖区域（左）
大于 1∶10 万海图覆盖区域（右）

表 2.2　比例尺范围内的海图信息表

种类	比例尺	图幅数量（幅）	数据形式表述
总图	≤1∶230 万	4	C11＊＊＊＊＊＊
一般图	1∶229 万～1∶100 万	11	C12＊＊＊＊＊＊

续表

种类	比例尺	图幅数量（幅）	数据形式表述
沿海图	1:99 万～1:20 万	56	C13 * * * * * *
近岸图	1:19 万～1:10 万	56	C14 * * * * * *
港湾图	1:9 万～1.6 万	223	C15 * * * * * *
泊位图	≥1:1.5 万	127	C16 * * * * * *
共计	477		

表 2.3　电子海图的基本要素内容表

	要素名称	内容
海部要素	海岸要素	海岸线、海岸性质、港区（码头、防洪堤、船坞）、干出滩等
	海底地形要素	水深、等深线、海底底质等
	航行障碍物要素	礁石、沉船、捕鱼设备、海中碍航物及其他障碍物
	区界线和管线要素	扫海区、疏浚区、水雷区、禁区、领海界、港界、一般区界、海底电缆、海中管线
	海洋水文要素	潮汐、海流、急流、漩涡、海水的温度、盐度、密度等
	助航要素	航道、锚地、灯塔、灯桩、浮标、灯船、水中立标等
陆部要素	居民地要素	居民地的轮廓形状、人口数量和行政等级等
	道路要素	铁路、公路、道路的附属设施等
	水系要素	河流、湖波、人工水渠、水井、泉等
	陆地地貌及土质要素	陆地的起伏形态、沙地、盐碱地、陡石山、干河床、岩峰等
	助航要素	灯塔、灯桩、导灯、测速标、无线电指示标、有航海意义的地物等
	界线要素	国界线、地区界线、临时军事分界区、管线等

数据管理与更新方式：海图数据由国家海洋环境预报中心统一收集、加工、处理，以光盘文件方式下发和定期更新。

2.4　船位数据处理

目前，沿海各省市的渔船数据终端包括 CDMA 手机终端、AIS 海事终端、北斗卫星终端、渔用超短波对讲机、短波单边带电台和海事卫星电话等多种类型。

渔船基本信息数据包括渔船的船名、船舶类型、作业类型、船东、归属省份、登记号码、总吨位、净吨位、船长、船高、船深、主机功率、最大吃水、安全航速等渔船基本信息基础数据。为系统提供有关渔船的静态基础信息，由各省渔业指挥中心负责录入、修改、删除，国家海洋环境预报中心依据省级节点发送的渔船基础信息数据库增加、修改、删除操作的记录文件，进行数据库记录的更新。国家、海区和省预报中心通过中间件进行数据同步，与省渔业指挥中心渔船基本信息保持一致。

渔船动态信息数据库储存内容包括渔船编号、船籍、定位时间、经纬度、船向、航速等基本信息。为显示平台显示船位、判断其所属渔区、发送预警报产品类型等提供基础数据。渔船动态定位信息分别来自于沿海各省已经建成的渔船安全指挥系统。海上作业的渔船通过船上的地理定位终端（如北斗定位终端）实时地将定位信息发送到安全指挥系统，安全指挥系统每隔5分钟将所有渔船的定位信息，通过打包发送到渔业生产安全指挥系统，系统解包后将渔船动态信息写入数据库。国家海洋环境预报中心依据数据文件记录将动态数据入库，持久化保存。其数据格式定义在数据库系统中有详细说明。

同时，将定位终端与渔船基本信息表中的渔船编号建设对应关系，形成完整的渔船基本信息。总体来讲，系统相关的船位数据处理量大，在动态数据处理方面，系统中目前拥有16万条渔船基本信息记录，每日渔船定位的动态记录数据一般在几十万条记录以上。

2.5　预警报产品数据处理

针对海洋渔业生产安全的保障服务需求，结合海洋预报技术，确定海洋渔业专题预报产品的预报要素以及制定数据格式、格式化表达、产品使用等方面的要求以及产品发布规范。预警报产品的制作主要包括风、海浪的综合预警报产品的制作规范。

2.5.1　预警报产品的文件命名规则

预警报产品都将会涉及预报单位、起报时间、预警报要素等信息，当将预警报产品以电子数据文件保存时，需要将上述信息编码，形成一个相对统一的数据文件名称体系。在本文件规定的预警报产品中，一般有3种数据格式，第一种基于GIS的地理信息图层，采用SHAPE文件，第二种是数据预报值，以表格形式表达，建议采用EXCEL文件，或者是带制表符的文本文件，第三种为图像文件，建议以BMP格式表达。所有这些文件，在命名上遵循以下规则，而文件的扩展名为了方便，不再重新定义，但应具有大众意义，如表2.4所示。

表 2.4　文件命名说明

序号	文件命名的编码意义	示例说明
1	用两个字母来编码预报单位，一般情况下编码采用单位名称的拼音前两个字母，覆盖全国沿海省台和区台，编码保持唯一性。当单位名称的拼音前两个字母有相同时，为保持唯一性，可以采用其他字母来代替	GJ：国家海洋环境预报总台；BH：北海区台；DH：东海区台；NH：南海区台；LN：辽宁省台；SD：山东省台等
2	用来定义产品的性质，即预报和警报，采用一个字母编码	目前为二种类型，即 F 和 W，以后可以扩展。在这里取英文首字母，预报：Forecasting，警报：Warning
3	预警报要素，用两个字母定义，目前为海浪和风场两个要素。编码采用英文字母的首字母	WS：风要素；WA：海浪要素；WT：表层水温；SL：盐度；WL：潮位；AT：气温；BP：气压；HU：相对湿度；RN：降水
4	定义预警报发布时间，也是就是起报时间，精确到小时，采用 8 个字母来编码	编码采用 YYYYMMDDHH 格式，例如 2011 年 8 月 31 日 16 时发布的预警报，其编码为 2011083116，不足 2 位的前面补 0
5	具体文件数据要素的编码定义，为 3 个字母，这块空间留有较大的扩展空间，一般由用户来定义，并将其编码定义与原来对应即可。一般情况下，保持唯一性	例如预报 SHAPE 图层的标注图层，可以采用英文字母的前 3 个 Annotation 来表示，取其 ANN。如果是点要素，取 PNT，线要素，取 LIN，面要素取 PLY，等等。如果没有这类定义，则不加任何信息。由于前面编码的长度都是规定的，最后一个编码采用变长度，也是可以解码出来的

例如：

国家海洋环境预报中心在 2011 年 8 月 16 日 14 时发布的海浪预报图，其文件定义如下：

GJFWA2011081614IMG. BMP，对应着上面的编码为 GJ－F－WA－2011081614－IMG，其中 IMG 定义为栅格形式的预报图。最后文件名后缀表明这个图是以 BMP 格式存储的，也可以 TIF，表示文件采用 TIF 存储，编码意义不变。

2.5.2　海浪预警报产品制作

预报要素：有效波高。

发布单位及职责划分：国家海洋环境预报中心制作中国近海范围内各划分海区的海浪预警报产品；海区中心负责制作本海区分工范围内主要渔场的海浪预警报产

品；省预报台根据国家海洋环境预报中心和海区中心的产品制作本省邻近海域内各主要渔场的海浪预警报产品。

发布时间：国家海洋环境预报中心每日 08 时制作发布中国近海海域各划分海区的海浪常规预报；海区中心每日 09 时制作发布本海区分工范围内主要渔场的海浪常规预报；省预报台每日定期制作发布本省邻近海域内各主要渔场的海浪常规预报。

国家海洋环境预报中心在海浪灾害Ⅲ级和Ⅳ级应急响应期间，每日 08 时和 16 时制作发布 SHAPE 格式的 24 小时海浪警报图；在海浪灾害Ⅱ级应急响应期间，每日 08 时、16 时和 22 时制作发布 SHAPE 格式的 24 小时海浪警报图；在海浪灾害Ⅰ级应急响应期间，每日 08 时、12 时、16 时和 22 时制作发布 SHAPE 格式的 24 小时海浪警报图。

海区中心在海浪灾害Ⅲ级和Ⅳ级应急响应期间，每日 09 时和 17 时制作发布大浪区域的 24 小时海浪波高具体预报数值和 SHAPE 格式的海浪警报图；在海浪灾害Ⅱ级应急响应期间，每日 09 时、17 时和 23 时制作发布大浪区域的 24 小时海浪波高具体预报数值和 SHAPE 格式的海浪警报图；在海浪灾害Ⅰ级应急响应期间，每日 09 时、13 时、17 时和 23 时制作发布大浪区域的 24 小时海浪波高具体预报数值和 SHAPE 格式的海浪警报图。

省预报台在海浪灾害应急响应期间，根据海洋灾害应急预案和各省工作实际，每日加密发布大浪区域的 24 小时海浪波高具体预报数值，并提出相关防范措施建议。

预报时效：24 小时。

产品制作规范：海浪图上要标出所管辖海域最大可能有效波高浪区分布、浪区代表的波高范围，警报期间需要在 SHAPE 图层的属性表中增加一项内容，在属性表中填写每个浪区对应的最大有效波高的出现时段。

海浪预报产品要求：标注 2 米、3 米、4 米、6 米、9 米、14 米的预报时效内最大有效波高等值线，在等值线之间不填色。浪圈的边缘线的颜色为黑色（0，0，0），粗细大小为 0.5 毫米。

海浪警报产品要求：标注 2 米、3 米、4 米、6 米、9 米、14 米的预报时效内最大有效波高等值线，在等值线之间标注色块以体现浪区，填充海浪区的颜色如表 2.5 所示。浪圈的边缘线的颜色为黑色（0，0，0），粗细大小为 0.5 毫米。当浪圈的有效波高为 3 米时，浪区填充蓝色（0，0，255），4 米的浪区填充为黄色（255，255，0），6 米的浪区填充橙色（255，90，0），9 米以上的浪区填充红色（255，0，0），2 ~ 3 米的浪区不填色。浪区代表的波高范围、出现最大有效波高的时段作为浪区的属性以文字方式提供。

表 2.5　海浪警报产品的浪区填充颜色

有效波高区间	填充颜色
<3 米	不填色
3~4 米	蓝色
4~6 米	黄色
6~9 米	橙色
≥9 米	红色

产品形式：海浪分为大面预警报产品和以渔场为单位的精细化预警报产品，大面预警报产品以 SHAPE 图层文件来表示，针对渔场的精细化预警报产品以 EXCEL 表格文件来表示。

海浪预报的 SHAPE 图层定义：海浪预报图包含标注图层、点图层和线图层 3 个矢量图层，海浪警报图包含标注图层、点图层、线图层和面图层 4 个矢量图层。每个 SHAPE 图层至少包含格式为 dbf、shp、shx 的 3 个文件。海浪预警报产品以 SHAPE 格式表达，便于叠加到指挥平台上。

根据上述的图层文件名格式编码要求，海洋预报产品在采用 SHAPE 图层文件表达时，需要 3 个图层来定义，即标注、点、线；其文件名可分别定义为：GJFWA2011081614ANN、GJFWA2011081614PNT、GJFWA2011081614LIN，其中 GJFWA2011081614 为根据产品的发布单位、性质、要素、时间等而形成的固定编码。文件的扩展名符合 SHAPE 要求的 3 个基本文件：*.shp，*.shx，*.dbf。

标注图层：表达预报产品的辅助信息，如产品标题、发布单位、预报时效等，采用点方式表达，位置信息由在标注点的经纬度隐含定义。标注内容、标注模式代码存储在属性字段中，其显示的元数据信息，如字体、大小、颜色等会保存在系统的数据字典中，其属性字段定义如表 2.6 所示。

表 2.6　标注图层定义

字段名称	字段内容	字段意义
FID	记录编码	自动创建，自 0 开始不间断的长整数
标注内容	保存标注文本内容，其标注模式由标注模式编码定义	标注文本内容
标注模式编码	保存标准内容字段的模式编码	利用该编码从系统数据字典中提取标准文本的显示的元数据信息

标注模式编码定义：标注模式编码由如下 XML 格式定义，其格式如下，各标签

元素定义如表 2.7 所示。

```
<? xml version = " 1.0" encoding = " UTF - 8"? >
<Annotation Code = "" >
<Name > </Name >
<Description > </Description >
<VersionNumber > </VersionNumber >
<Location > </Location >
<DisplayFont >
<Family > </Family >
<Size > </Size >
<Style >
<IsBold > </IsBold >
<IsItalic > <IsItalic >
<IsUnderlined > </IsUnderlined >
</Style >
</DisplaFont >
<Color > </Color >
<ExtendedInformation > </ExtendedInformation >
</Annotation >
```

表 2.7　XML 元素定义

标签名称	含义	说明
Annotation	保存标注模式相关信息，包含 Code 属性标识模式代码	
Name	标注模式的名称	
Description	标注模式的描述性信息	
VersionNumber	标注模式的版本号码，用于识别其版本更新情况	
Location	保存文本标注内容的相对位置，如居中、偏左、偏右等	
DisplayFont	定义显示字体信息	
Family	定义字体名称	
Size	定义字体大小	
Style	定义字体样式信息	
IsBold	是否加粗	True/False
IsItalic	是否斜体	True/False

续表

标签名称	含义	说明
IsUnderlined	是否带下划线	True/False
Color	字体颜色	16 进制数值表示
ExtendedInformation	保存拓展信息	

以上通过 xml 定义的标注模式代码会定义在系统数据字典中，供系统程序使用。

点图层：在海浪预报的点图层中，需要表达以下三类主要信息，第一类为海浪要素，需要包含的属性信息为位置、浪高、方向、周期。第二类为气象标注，包含位置、高压低压、气压值等。

相对应的属性表中，dbf 结构定义如表 2.8 所示。

表 2.8　dbf 结构定义

字段名称	字段内容	字段意义
FID	记录编码	自动创建，自 0 开始不间断的长整数
点类型编码 USERID	1、2、3	对于上述 3 种类型，可以扩展
X	位置	
Y	位置	
Direction	方向	
Height	浪高	浪高值
Frequency	频次	
PresureTupe	高低压	
AirPresure	气压	第三类时，映射为气压值

上述表定义，其可扩展性有限，适合表达 3 种及以下类型，当超过 5 种类型时，效率就较低。由于涉及预报的背景场信息，就是有限的几种，因此，这样定义反过来是较好的。

线图层：线图层属性较为简单，其属性如表 2.9。

表 2.9　线图层属性

字段名称	字段内容	字段意义
FID	记录编码	自动创建，自 0 开始不间断的长整数

续表

字段名称	字段内容	字段意义
类型编码 USERID	分为 2 种，一种是浪高等值线，是海浪预报的实体数据，这种线最后将用于渔区网格的 GIS 插值。另一种是气象的上锋面，仅仅用于背景显示	1：浪高等值线（1 ~ 9） 10：气象锋面线，（10 ~ 19），主要用于显示，分几种锋面，在系统中定义
有效波高	表示海浪等值线数字	2. 5 表示 2. 5 米波高

图 2. 9 中的等值线指有效波高的等值线，其他标注内容包括天气系统（高低压位置及气压值或热带气旋位置气压值）、浪区内的最大有效波高、周期及波向，对有效波高小于 2 米不易标注浪高值的海域可标注 <2。

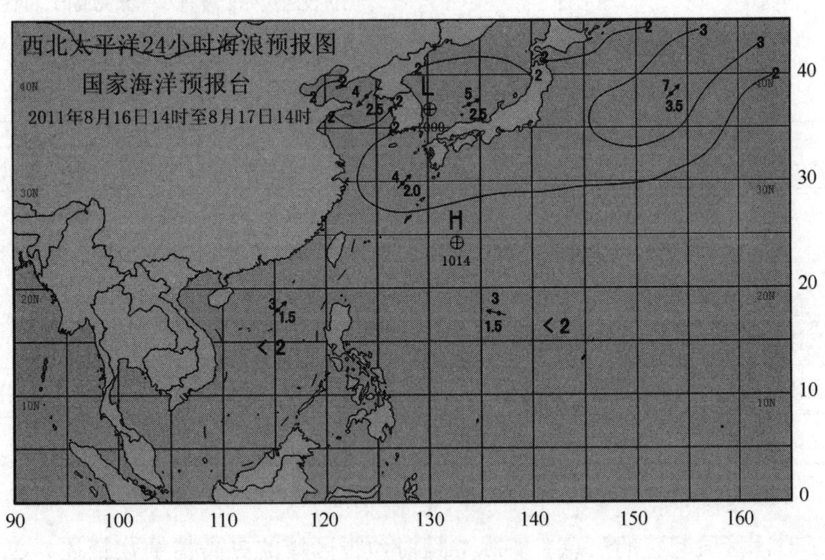

图 2. 9　海浪预报产品

海浪预报图中字体显示要求如下：

题目：西北太平洋 24 小时海浪预报图——黑体、黑色、28 号

单位：国家海洋预报台——黑体、黑色、24 号

日期：2011 年 8 月 16 日 14 时至 8 月 17 日 14 时——黑体、黑色、24 号

海浪警报的 SHAPE 图层定义

根据上述的图层文件名格式编码要求，海洋警报产品为 Warning 单词的首字母 W。在采用 SHAPE 图层文件表达时，需要 4 个图层来定义，即标注、点、线、面，其文件名分别 GJWWA2011081614ANN、GJWWA2011081614PNT、GJWWA2011081614LIN、GJWWA2011081614PLY，其中 GJWWA2011081614 为根据产品

的发布单位、性质、要素、时间等而形成的固定编码。文件的扩展名符合 SHAPE 要求的3个基本文件：*.shp，*.shx，*.dbf。具有4个图层，即标注图层、点图层、线图层、面图层，其中前面3个类型的图层与预报相似，只是在线类型中，需要增加热带气旋路径这种类型的线。

面图层：记录海浪警报信息，其属性如表2.10所示。

表2.10　面图层属性

字段名称	字段内容	字段意义
FID	记录编码	自动创建，自0开始不间断的长整数
多边形用户编码	定义是否需要与岸线进行再次求交，是否可以透明显示	为了与原来系统兼容，需要定义生成的浪场多边形是否需要与岸线进行求交，因为，原来的预警图仅仅通过先后叠置顺序来完成的，只能满足制图要求，而目前系统需要使用这个区块来进行渔船危险分析，需要叠加到遥感背景之上，存在与岸线求交的问题，而求交工作又一个较为复杂的操作，设立标识对于后期处理有益
浪高（米）	浪场封闭区域多边形所代表的浪高	有效波高为3米时，浪区填充蓝色，4米时浪区填充为黄色，6米时浪区填充橙色，9米以上时浪区填充红色
时间区段起始	极值浪高出现的时段	16~24时
时间区段终止	极值浪高出现的时段	24~24时
描述信息	长度为50个字节的字符串	描述海浪加强、减小等趋势

关于时间区段起止的信息，实际上是对预报区域的更高精细化描述，也是为了今后实现在危险区域中渔船预警分析的需要。如图2.10所示，在08时到下一个24小时的08时区段内，如果能够将4米浪区的浪场分成几块来表述，从图中可以看出，南部区块可能是在08－16时出现4米浪，而在后面的过程中，只出现3米的浪，而北部区块则是在18时到第二天3时其间出现4米浪，前面不会出现超过4米的浪。这两个区域在浪高上都是4米，因此，在显示上都是黄色，但时间区段是不同的。这块的内容和预报基本一致，点、线、面图层属性定义不变，标注图层和海浪预报标注图层定义一致。

海浪警报产品图中字体显示要求如下：

题目：海浪警报（黄色）——黑体、红色、50号

单位：国家海洋预报台

2011年8月8日08时发布

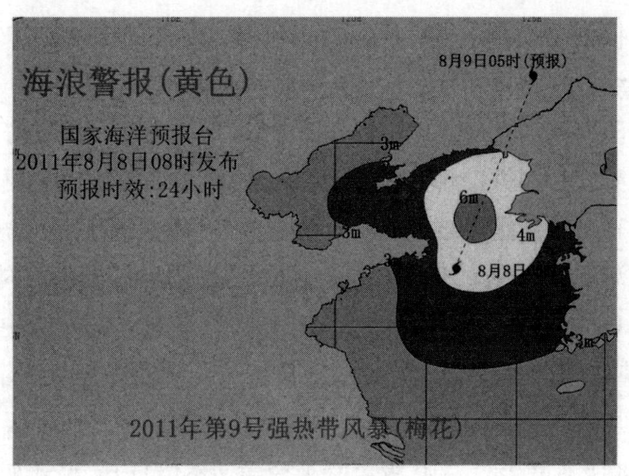

图2.10 海浪警报产品

预报时效：24小时——黑体、黑色、28号

致灾原因：2011年第9号热带风暴（梅花）——黑体、红色、28号

渔场的精细化预警报产品EXCEL表格文件定义：

基于预报图，根据渔场信息，通过分析综合形成基于渔场的精细化预警报产品。产品采用统一的表格来表达，预报产品和警报产品在文件命名上有所不同，具体数据文件都是包含以下内容的EXCEL表格，如表2.11所示。其中渔场编号为系统使用的编码，对应于空间区域和名称都固定的渔场。

表2.11 海浪波高具体预报数值预报产品

渔场编号	渔场名称	浪高/米	时间（区段）
1	辽东湾渔场	4~6	12-16
2	滦河口渔场	4~6	14-20
3	渤海湾渔场	2~3	10-18
4	莱州湾渔场	2~3	09-16
5	海洋岛渔场	2~3	14-20
……	……	……	……

2.5.3 海面风预警报产品制作

预报要素：风向和风力。

发布单位及职责划分国家海洋环境预报中心制作中国近海范围内各划分海区的风综合预警报产品；海区中心负责制作本海区分工范围内主要渔场的风综合预警报

产品；省预报台根据国家海洋环境预报中心和海区中心的产品制作本省邻近海域内各主要渔场的风综合预警报产品。

发布时间：国家海洋环境预报中心每日08时制作发布中国近海海域各划分海区的风常规预报；海区中心每日09时制作发布本海区分工范围内主要渔场的风常规预报；省预报台每日定期制作发布本省邻近海域内各主要渔场的风常规预报。

当预计预报海域将出现8级或以上大风时（含热带气旋影响时），国家海洋环境预报中心每日08时制作发布24小时海面大风警报图（警报图中利用6级、8级和10级风力等值线标识大风区域，风力大于10级后不再做分级表示）。在热带气旋影响期间，还要加发每日08时和16时未来72小时的热带气旋预报产品（含热带气旋强度、位置、8级风圈半径、10级风圈半径等文本信息），格式如下：

| * 热带气旋名称：CHOI - WAN（彩云） * |

| * 热带气旋编号：0914 - 04 * |

| * 时间：2009 - 09 - 14　08：00：00 * |

| * 中心位置（纬度）：15.6 * |

| * 中心位置（经度）：148.2 * |

| * 中心气压：996 * |

| * 风速：66 * |

| * 8级大风半径：120 * |

| * 10级大风半径：50 * |

| * 24小时预报 * |

| * 24小时中心位置（纬度）：17.0 * |

| * 24小时中心位置（经度）：146.1 * |

| * 中心气压：996 * |

| * 24小时风速（kt）：76 * |

| * 24小时8级大风半径：180 * |

| * 24小时10级大风半径：100 * |

| * 48小时预报 * |

| * 48小时中心位置（纬度）：18.6 * |

| * 48小时中心位置（经度）：142.9 * |

| * 中心气压：996 * |

| * 48小时风速（kt）：80 * |

| * 48小时8级大风半径：240 * |

| * 48小时10级大风半径：120 * |

| * 72小时预报 * |

| ＊72 小时中心位置（纬度）：20.3＊|

| ＊72 小时中心位置（经度）：139.4＊|

| ＊中心气压：996＊|

| ＊72 小时风速（kt）：80＊|

| ＊72 小时 8 级大风半径：240＊|

| ＊72 小时 10 级大风半径：120＊| | ＊72 小时风速（kt）：0＊|

| ＊72 小时 8 级大风半径：＊|

| ＊72 小时 10 级大风半径：＊|

当预计本海区管辖海域内将出现 8 级或以上大风时，海区中心每日 09 时除了制作发布大风区域的 24 小时海面大风风向和风力具体预报数值，还应制作发布本海区的 SHAPE 格式海面大风警报图。

当预计本省邻近海域内将出现 8 级或以上大风时，省级节点每日定期制作发布大风区域的 24 小时海面大风预报，包括风向和风力具体预报数值，并对处在危险区域内的渔船提出避险建议。

预报时效：海面风常规预报和大风警报的预报图时效为 24 小时，热带气旋的预报（文本类）时效为 72 小时。

产品制作规范：

发布范围：北纬 2.5 度以北，东经 150 度以西。

海面风预报产品要求：标注 6 级、7 级、8 级的预报时效内最大风力等值线，在等值线之间不填色。风向用风向杆（示意图）表示，风向划分采用 0～360 度的方位角表示，0 度表示北风，90 度表示东风。采用风向杆表示风向和风速，风向杆颜色为黑色（0，0，0）。风力单位为“级”。风圈的边缘线的颜色为黑色（0，0，0），粗细大小为 0.5 毫米，风力分级如表 2.12 所示。

表 2.12　风力分级表

风级	名称	风速（米・秒$^{-1}$）	风羽
6	强风	10.8～13.8	6 级：1 竖杠、3 横
7	疾风	13.9～17.1	7～8 级：1 竖杠、4 横
8	大风	17.2～20.7	
9	烈风	20.8～24.4	8 级以上：1 竖杠、1 三角
10	狂风	24.5～28.4	
11	暴风	28.5～32.6	
12	飓风	32.7～	

大风预警报产品要求：预警报图中内容包括发布单位、发布时间、预报时效、

风力、风向等。图中利用6级、8级和10级风力等值线标识大风区域，风力大于10级后不再做分级表示。风圈的边缘线的颜色为黑色（0，0，0），粗细大小为0.5毫米。当风圈内的风力为6～7级时，圈内填充浅棕色（0，0，255），8～9级的风区填充为深棕色（255，255，0），10级及以上的风区填充黄色（255，90，0），如表2.13所示。

热带气旋警报产品含热带气旋强度、位置、8级风圈半径、10级风圈半径等文本信息。

表2.13 大风警报产品的风力填充颜色

风力区间	填充颜色
6～7级	浅棕色
8～9级	深棕色
≥10级	黄色

产品形式：风常规预报图如图2.11和警报图如图2.12的形式为SHAPE格式，便于叠加到指挥平台上。大风警报图包含标注图层和面图层两个矢量图层。每个图层都包含格式分别为dbf、shp、shx的3个文件。

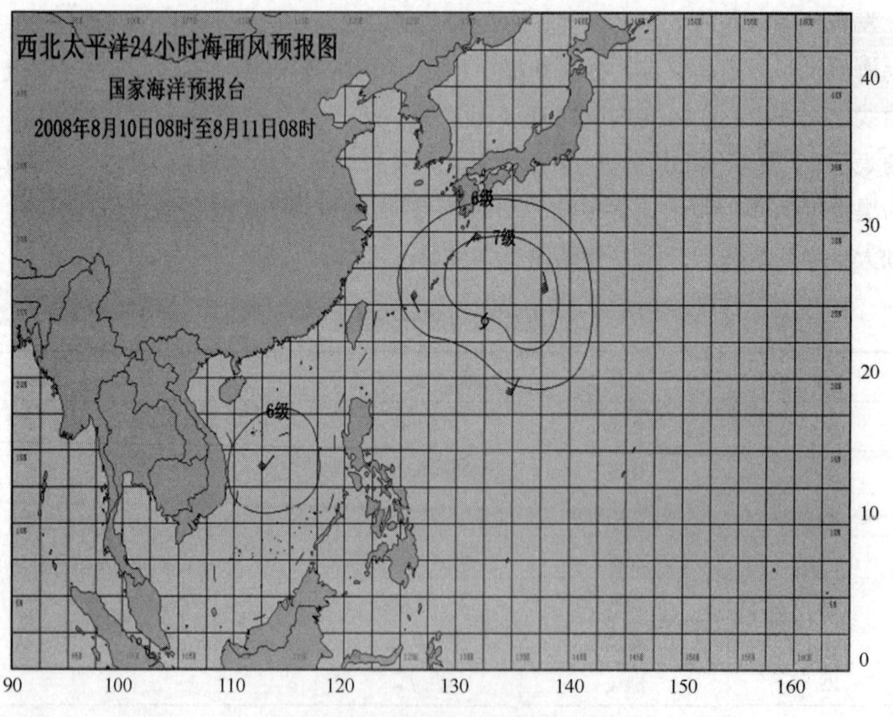

图2.11 海面风常规预报产品

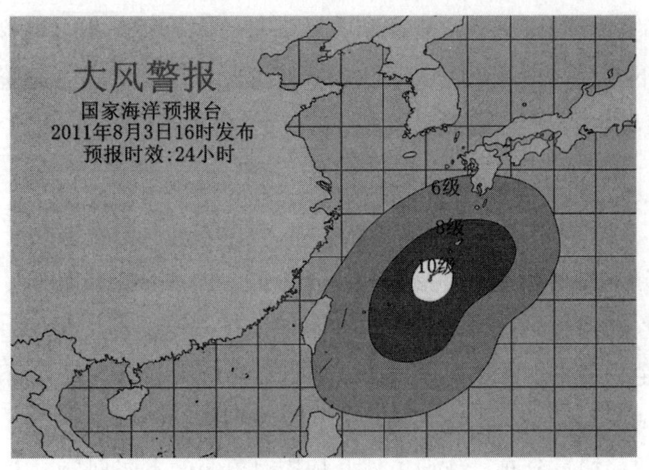

图 2.12　大风警报产品示例

图中字体显示要求如下。

海面风常规预报图：

题目：西北太平洋 24 小时海面风预报图——黑体、黑色、28 号

单位：国家海洋预报台——黑体、黑色、24 号

日期：2011 年 8 月 10 日 08 时至 8 月 11 日 08 时——黑体、黑色、24 号

大风警报图：

题目：大风警报——黑体、红色、50 号

单位：国家海洋预报台

日期：2011 年 8 月 3 日 16 时发布

预报时效：24 小时——黑体、黑色、28 号

致灾原因：2011 年第 9 号热带气旋（梅花）——黑体、红色、28 号

如表 2.14 所示，国家海洋环境预报中心制作大面预报产品，产品形式为 SHAPE 图层，区台制作针对渔场的风力、风向预报数值的产品形式为 EXCEL 表格，省台制作针对渔场的短信预报产品。针对渔场的风力、风向预报数值的产品。

表 2.14　海面风具体预报数值预报产品

渔场编号	渔场名称	风向	风力（级）	时间（区段）	描述信息
1	辽东湾渔场	南	4～5	12－16	
2	滦河口渔场	西南	4～5	14－20	
3	渤海湾渔场	西南	4～5	10－18	
4	莱州湾渔场	西南	4～5	09－16	
5	海洋岛渔场	西南	4～5	14－20	
……	……	……	……	……	……

针对渔场的短信预报产品字数控制在一条短信内，省预报台制作的海面风、浪预警报产品如下所示：预计7月22日中午到夜间，辽东湾渔场-渤海湾渔场，东南风7~8级，浪高3~5米，请安全驶离。

2.6 渔场划分

全国渔场分布图在沿海省市及相关涉海单位的大力帮助支持下，通过广泛调查研究，综合吸收国内外大量研究成果，在确保渔区安全、环境保护、生态平衡、航道畅通、水生生物多样性保护等前提下，经过科学统筹与合理规划而制定。

渔场分布图根据渔场离渔业基地的远近和渔场水深、地理位置、环境因素、鱼类不同生活阶段的栖息分布、作业方式及捕捞对象等的不同划分。

渔场划分以渔区单元格为单位进行划分，渔场编号采用3位数字编码，第1位数字代表海区，即1为北海海区，2为东海海区，3为南海海区；第2位和第3位代表渔场的序号，从北到南，由西向东，依次为01、02、…，北海海域编号101~111（11个渔场），东海海域201~220（20个渔场），南海海域（22个渔场），共计53个渔场。

大渔区以经度30分和纬度30分的网格大小来进行划分，在每个大渔区中又按经度10分和纬度10分的网格大小来划分为9个小渔区。详细内容见尾页彩图和表2.15所示。

表2.15 全国渔场划分表

渔场编号	渔场名称	地理范围	描述特征
101	渤海湾渔场	渤海119°E以西	面积约3 600平方海里
102	滦河口渔场	渤海滦河口外	面积约3 600平方海里
103	辽东湾渔场	渤海38°30′N以北	面积约11 520平方海里
104	海洋岛渔场	黄海北部38°N以北海域	面积约7 200平方海里
105	海东渔场	海洋岛渔场东部海域	面积约4 320平方海里
106	莱州湾渔场	渤海38°30′N以南的黄河口附近海域	面积约6 480平方海里
107	烟威渔场	山东半岛北部的38°30′N以南海域	面积约7 200平方海里
108	威东渔场	烟威渔场的东部海域	面积约2 880平方海里
109	青海渔场	山东半岛南部的35°30′N以北、122°00′E以西海域	面积约4 320平方海里

续表

渔场编号	渔场名称	地理范围	描述特征
110	石岛渔场	36°00′~37°30′N，124°00′E 以西海域	面积约 8 002 平方海里
111	石东渔场	石岛渔场以东海域	面积约 7 920 平方海里
201	海州湾渔场	34°00′~35°30′N、121°30′E 以西	面积约 7 900 平方海里
202	连青石渔场	34°00′~36°00′N、121°30′~124°00′E	面积约 14 800 平方海里
203	连东渔场	34°00′~36°00′N 的 124°00′E 以东海域	濒临韩国西海岸
204	吕泗渔场	32°00′~34°00′N、122°30′E 以西海域	面积约为 9 000 平方海里，全部水深不足 40 米
205	大沙渔场	32°00′~34°00′N、122°30′~125°00′E	面积约为 15 100 平方海里
206	沙外渔场	32°00′~34°00′N、125°00′~128°00′E	面积约为 13 400 平方海里
207	长江口渔场	31°00′~32°00′N、125°00′E 以西海域	面积约为 10 000 平方海里
208	江外渔场	31°00′~32°00′N、125°00′~128°00′E	面积约为 9 200 平方海里
209	舟山渔场	29°30′~31°00′N、125°00′E 以西海域	面积约为 14 350 平方海里
210	舟外渔场	29°30′~31°00′N、125°00′~128°00′E	面积约为 14 000 平方海里
211	鱼山渔场	28°00′~29°30′N、125°00′E 以西海域	面积约为 15 600 平方海里
212	鱼外渔场	28°00′~29°30′N、125°00′~127°00′E	面积约为 9 400 平方海里
213	温台渔场	27°00′~28°00′N、125°00′E 以西海域	面积约为 13 800 平方海里
214	温外渔场	27°00′~28°00′N、125°00′~127°00′E	面积约为 6 300 平方海里
215	闽东渔场	26°00′~27°00′N、125°00′E 以西海域	面积约为 16 600 平方海里
216	闽外渔场	26°00′~27°00′N、121°30′~124°00′E	面积约为 4 800 平方海里
217	闽中渔场	24°30′~26°00′N、121°30′E 和台湾北部以西海域	面积约为 9 370 平方海里
218	台北渔场	24°30′~26°00′N、125°00′~127°00′E	面积约为 10 600 平方海里

续表

渔场编号	渔场名称	地理范围	描述特征
219	闽南渔场	23°00′~24°30′N 的台湾海峡区域	面积约为 13 800 平方海里
220	台东渔场	22°00′~24°30′N 台湾东海岸至 123°00′E 海区	面积约为 11 960 平方海里
301	粤东渔场	22°00′~24°30′N、114°00′~118°00′E	水深多在 60 米以内
302	台湾浅滩渔场	22°00′~24°30′N、117°30′~121°30′E	面积约为 9 500 平方海里，大部分水深不超过 60 米
303	北部湾北部渔场	19°30′N 以北、106°00′~110°00′E	水深一般为 20~60 米
304	粤西及海南岛东北部渔场	19°30′~22°00′N、110°00′~114°00′E	绝大部分为 200 米水深以内的大陆架海域
305	珠江口渔场	20°45′~23°15′N、112°00′~116°00′E	面积约为 74 300 平方海里，水深多在 100 米以内，东南部最深可达 200 米
306	东沙渔场	19°30′~22°00′N、114°00′~118°00′E	海底向东南倾斜
307	台湾南部渔场	19°30′~22°00′N、118°00′~122°00′E	水深变化大，最深达 3 000 米以上
308	北部湾南部及海南岛西南部渔场	17°15′~19°45′N、105°30′~109°30′E	水深不超过 120 米
309	海南岛东南部渔场	17°30′~20°00′N、109°30′~113°30′E	水深不超过 90 米
310	中沙东部渔场	14°30′~19°30′N、113°30′~121°30′E	最深水深超过 5 000 米
311	西沙西部渔场	15°00′~17°30′N、107°00′~111°00′E	西部大陆架海域
312	西中沙渔场	15°00′~17°30′N、111°00′~115°00′E	中沙群岛西北部和西沙群岛南部
313	南沙西北部渔场	10°00′~15°00′N、114°30′E 以西海域	
314	南沙东北部渔场	9°30′~14°30′N、113°30′~121°30′E	
315	南沙中北部渔场	9°30′~12°00′N、114°00′~118°00′E	岛礁众多
316	南沙西部渔场	7°30′~10°00′N、106°00′~110°00′E	东侧边缘为大陆坡，其余为大陆架海域
317	南沙中部渔场	7°30′~10°00′N、110°00′~114°00′E	散布许多岛礁

续表

渔场编号	渔场名称	地理范围	描述特征
318	南沙东部渔场	7°00′～9°30′N、114°00′～118°00′E	
319	南沙中西部渔场	5°00′～7°30′N、108°00′～112°00′E	
320	南沙中南部渔场	5°00′～7°30′N、112°00′～116°00′E	水域内有皇路礁、南通礁、北康暗沙和南康暗沙
321	南沙西南部渔场	2°30′～5°00′N、106°30′～110°30′E	属陆架水域，是底拖网作业渔场
322	南沙南部渔场	2°30′～5°00′N、110°30′～114°30′E	南海南部大陆架水域

第3章　数据库设计

全国海洋渔业生产安全环境保障服务系统采用国家、海区、省三级节点的设计结构，数据库也需针对各级节点进行统一的设计，本章主要针对数据库系统分级结构设计、数据情况、数据库设计要求等方面进行介绍。

3.1　数据库总体设计

渔业系统分为国家、海区、省三级节点，根据系统设计需求，各级节点之间有不同类型数据需要进行下发、上传，每种数据也需建设相应数据库进行存储，节点间数据传输关系如图3.1所示。

国家级节点向海区、省级节点下发基础地理信息数据，制作国家级大面预报下发至海区级节点；接收海区、省级节点制作的渔场预报，并接收省级节点上传的渔船信息数据。

海区级节点接收国家下发的国家级大面预报并制作海区级大面预报下发至所属省级节点；接收省级节点推送的省级渔场预报并制作海区级渔场预报推送至国家级节点；接收省级节点推送的渔船信息数据。

省级节点接收海区级节点下发的大面预报；制作省级渔场预报推送至国家和省级节点，并获取本省所属的渔船信息推送至国家和省级节点。

全国海洋渔业生产安全环境保障服务系统采用国家、海区、省三级节点的设计结构，数据库也针对各级节点进行统一的设计以及数据库内容和操作约定，确保各节点数据库建设的一致性。在充分考虑系统应用和数据共享需求，以及参考数据库设计通用原则的基础上，本系统的数据库设计具备标准化、一致性、完整性、有效性、安全性、便于维护等特点。

数据库建设符合国家已经发布的许多基础的行业分类、代码标准，以及在信息化建设过程中形成的一些可操作性强的数据库设计规范。在建设规范与国家或地方的规范相冲突时，系统以总体建设规范为基本原则，保证系统标准化。数据库设计要符合数据一致性原则，国家、海区、省重复存储的业务数据和空间数据要保持一致。利用关系型数据库提供的数据完整性约束功能来保证数据的完整性，合理利用非空、唯一键、主键、外键等4种约束类型。物理设计根据业务规则对关联表的数

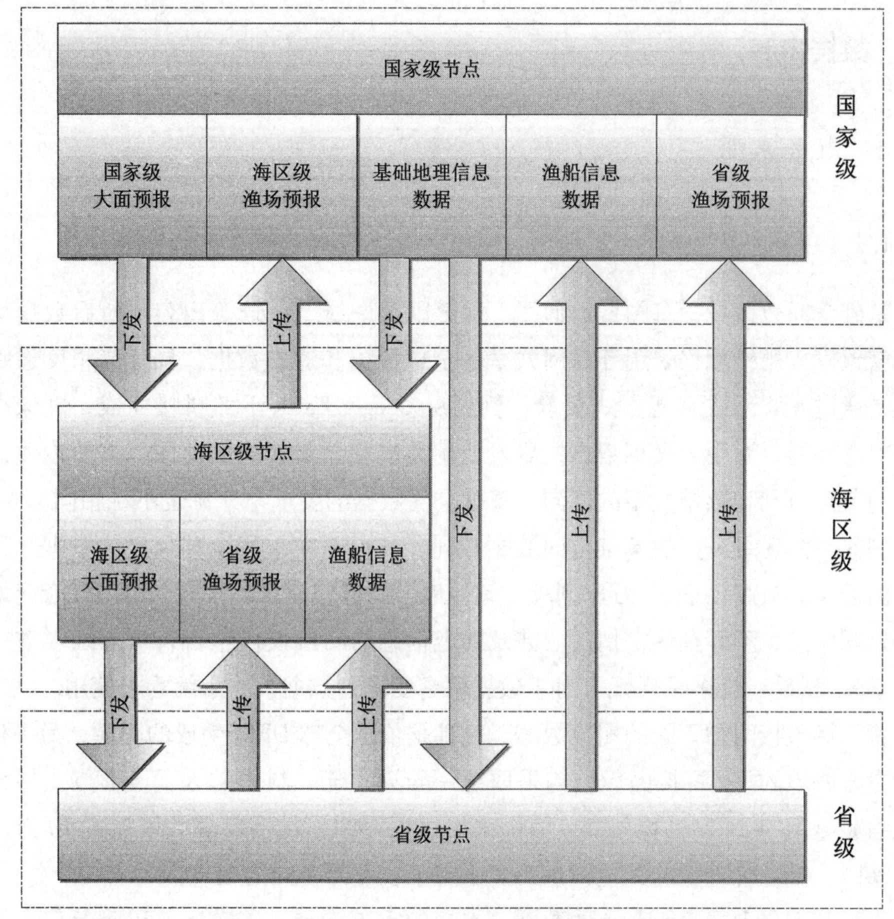

图3.1　三级节点数据传输

据量大小、数据项的访问频度等进行综合考虑，对数据量大、访问频繁的表关联查询应适当提高数据冗余设计。索引可提供快速访问表中数据的策略，建立索引时设置较小的填充因子，以便在各数据页中留下较多的自由空间，减少页分割及重新组织的工作，从而提高数据库运行效率和执行性能。此外，考虑利用了数据库提供的簇表机制、历史数据分离机制、逻辑存储分开机制、空间数据索引机制等。为了数据库的安全可靠性，系统一是采用数据库用户－角色－账户三级访问机制，通过角色对账户的控制，达到对数据的安全操作；二是在数据库表的设计上，对重要数据进行备份，对数据库实行“物理备份为主，逻辑备份为辅”的备份方式。在联机备份状态，周期性地对数据库全备份、增量备份，减少备份空间的需求，提高数据库恢复速度；三是增加日志，跟踪数据库操作。数据库详细逻辑设计和结构设计应遵循整体关联有序，主键设计协调统一，信息完全，消除冗余，易于扩展，便于数据更新维护的基本原则。

3.2 数据内容

3.2.1 数据来源

3.2.1.1 基础空间数据

基础空间数据包括海图、地形图、遥感以及岸线、岛屿等内容。所有数据均为非保密数据，栅格数据采用互联网共享的全球数据和遥感数据，局部高精度遥感数据也是通过互联网或其他方式获取，例如从 Google Earth 下载拼接而成，确保没有数据保密问题。海图为民用数据，尽量使用共享和更新较快的海图。按照渔业保障系统的节点级别和数据类型的不同，基础空间数据的要求与来源也不尽相同。

国家与海区级节点的基础空间数据相同，矢量图中采用全球尺度的数据，但对于中国近岸，精度保证 25 万比例尺，其他地名和道路信息，来自于海图或者网络上已经公开信息，不涉及保密情况。涉及陆上信息的图层仅仅包含行政界线（省、地市、县）、道路、地名、岸线。对于数据保密要求的数据，本系统均未使用。

背景场包括两种不同的栅格数据，一种是依据全球 DEM 生成的图像，另一种是针对中国海域的 TM 拼接图像，均采取统一购买、统一制作的方式，形成支持大幅图压缩和显示的 ECW 图像格式。海图采用民用海图，比例尺最大不超过 10 万。渔场、渔区、渔业管理上的其他信息，均来自于农业部公开的信息。

省级节点包含国家级节点的数据，本身的重点渔港、养殖区、码头等信息，由各省节级点自行负责收集。对于有条件的省份，根据需要增加大比例尺的栅格数据和矢量数据，比例尺在 5 万左右即可。

3.2.1.2 业务数据

业务数据主要包括渔船基础信息数据、渔船动态信息数据、渔业管理数据、预警报产品信息数据。

渔船基础信息数据库储存内容包括渔船的船名、船舶类型、作业类型、船东、归属省份、登记号码、总吨位、净吨位、船长、船高、船深、主机功率、最大吃水、安全航速等渔船基本信息基础数据。为系统提供有关渔船的静态基础信息。渔船基本信息由各省渔业指挥中心负责录入、修改、删除，国家海洋环境预报中心依据省级节点发送的渔船基础信息数据库增加、修改、删除操作的记录文件，进行数据库记录的更新。国家、海区和省预报中心通过中间件进行数据同步，与省渔业指挥中心渔船基本信息保持一致。

渔船动态信息数据库储存内容包括渔船编号、船籍、定位时间、经纬度、船向、航速等基本信息。为显示平台显示船位、判断其所属渔区、发送预警报产品类型等提供基础数据。渔船动态信息各运营商提供，各省级节点以文件进行推送，采用中间件定时获取动态数据库表，然后生成数据文件传输到省、海区、国家海洋环境预报中心。国家海洋环境预报中心依据数据文件记录将动态数据入库，持久化保存。

渔业管理数据，包括禁渔区、协定合作渔区、水域线等由国家海洋环境预报中心统一制作与管理，存储到文件服务器固定位置，国家海洋环境预报中心建立渔业管理数据服务端提供 FTP 文件共享服务，国家、海区和省中心客户端可自动更新渔业管理数据。

预警报产品信息数据库存储内容包括海洋渔业环境要素预报产品和警报产品，预报产品包含发布单位、预报时效、范围、内容、受影响船舶对象和建议采取的避险措施；警报产品包括警报发布单位、发布时间、范围、警报内容、警报级别、受影响海域和建议采取的避险措施。国家级中心建立预警报产品 FTP 服务端和数据查询服务端，客户端用户可依据数据查询描述信息获取预警报产品描述信息，可依据 FTP 服务端下载预警报产品数据。

目前国家海洋环境预报中心数据库保存两个应用示范省的所有渔船信息，数据信息由省预报中心数据库推送。渔船基本信息数据对原有浙江、福建两省的渔船动态监管系统渔船基本信息数据进行集成，包括船舶的船名、船号、吨位、发动机动力、行政管理、审批等基本信息，可最多管理 35 万艘渔船，并能实现数据永久保存。其中渔船动态信息数据包括渔船编号、终端类型、定位时间、经纬度、船向、船艏向、航速等基本信息，要求两个示范省 80% 以上渔船动态船位采集频度达到小于等于 2 小时，并能实现实时动态数据保存 1 个月，延时动态数据保存 6 个月，历史动态数据保存 10 年。基础地理信息空间数据以矢量库、栅格图片库等形式存储中国沿海岸线、岛屿、水深、重要渔港、渔区图、禁渔线等基础数据，并可实时更新。海洋渔业环境要素预警报数据包括国家、海区、省级预报台制作的中国近海大面和精细化渔区海洋预警报产品。渔船应急管理数据包括发送渔船报警信息、发布的短信内容、短信数量、发送的渔区统计等。

3.2.2　数据格式

目前使用的海图数据文件符合国际通用的 IHO S－57 标准，未来海图交换格式将采用 ESRI 公司的 SHAPE 文件格式，以提高系统性能和精度。在本系统中海图数据作为基础空间数据以文件方式保存。在数据处理中，将 IHO S－57 数据文件转换为 SHAPE 文件，并经过图层挑选来适当使用海图数据。海图数据由国家海洋环境预报中心统一购置或从网上下载，统一进行加工制作，以光盘文件方式下发和定期更新。

遥感数据内容以重点渔港区域的高分辨率的卫片和航片为主，经过辐射校正、几何纠正和投影变换，统一转换到 WGS－84 坐标系下，在本系统中作为重点渔港的背景信息，以 TIF、ECW 等文件方式保存，同时提供图像的空间定位信息。此类数据由省级节点整理现有遥感数据，并以光盘方式复制到国家海洋环境预报中心。若省级节点无数据则由国家海洋环境预报中心统一进行数据采购，并在完成数据处理之后按照规定格式以光盘文件下发到省级节点。

坐标系采用 WGS－84，地图投影为墨卡托投影。

预警报产品采用 GIS 空间数据类型表达，以 SHAPE 文件格式提供，文件命名符合相关的命名规则，具体详见预警报产品制作。

3.2.3 数据存储

基础空间数据存储采用了不同的存储方式进行管理，存储形式包括文件存储和数据库表格存储。大数据量的基础空间数据（如海图、遥感影像等）以及数值预报产品等数据量较大的信息采用统一的文件命名规范和存储目录体系，并以文件形式保存，相关的数据库记录中仅保存文件名和文件路径；其他业务数据（渔船基础信息、船位动态信息、综合预警报产品信息及其他辅助信息）用关系型数据库进行管理，以数据表格形式进行存储。

海图数据、基础地理信息和遥感数据等数据量较大的信息由国家、海区和省中心依据文件格式要求和命名规则要求将符合规范的文件存储到文件服务器上，并提供文件共享服务（即 FTP 服务），海区和省级中心可依据需要下载国家海洋环境预报中心文件服务器的海图数据、基础地理信息和遥感影像等数据。

文件服务器存储的数据依据业务类型建立分级目录，最终子目录下包含数据文件，数据文件命名规则可采用“范围信息＋创建时间”。各种数据存储的目录体系建设详见数据库核心表设计。

国家级节点数据库包括渔船管理数据、渔船动态监控数据、基础地理空间信息数据、海洋渔业环境要素预警报数据和渔船应急管理数据，解决目前各省原有渔船信息的异构数据整合问题，并解决多种数据的收集及分类存储问题。国家海洋环境预报中心数据库需要存储预警报产品数据、渔船静态和动态数据、基础地理信息等海量数据，并提供以上数据的大量并发实时入库和历史查询，不间断地对外提供数据支撑服务，并且可依据实际增长的应用需求不断完善和调整软硬件配置。综合数据库的建设将按制定统一数据库技术规范编码、质量控制标准、操作规程进行数字化，建立空间与属性一体化的数据库，基于网络数据共享的综合数据库，为其他子系统的运行提供及时稳定的数据支撑。

各省通过中间件形式将原有系统数据进行对接，提取船位数据，并定时上报国家海洋环境预报中心。

3.3　数据库系统设计

数据库系统包括数据传输（中间件）、数据入库、数据查询、数据下载等服务功能。数据传输服务（中间件）实现渔船基础信息同步、上行渔船动态数据和下行指令传输。数据入库服务专用实现数据的入库，数据查询统计服务专用实现数据的查询和统计，数据下载服务专用提供FTP下载服务等。本节将主要介绍数据入库、查询以及数据库系统优化管理等功能，中间件系统将在下一节详细介绍。数据管理子系统的系统架构如图3.2所示。

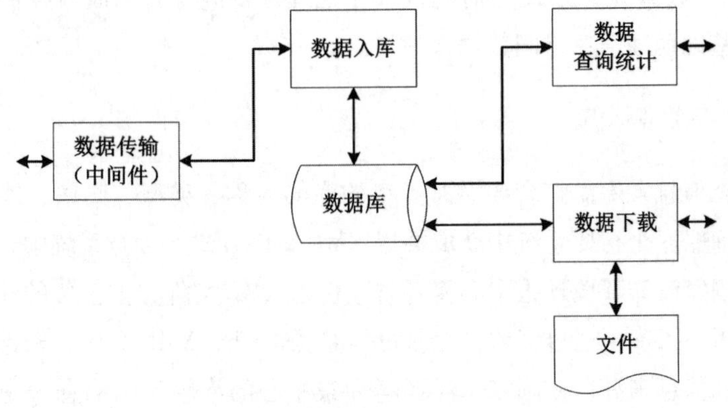

图3.2　数据库系统的系统架构

国家海洋环境预报中心数据库需要存储预警报产品数据、渔船静态和动态数据、基础地理信息等海量数据，并提供以上数据的大量并发实时入库和历史查询，不间断地对外提供数据支撑服务，并且可依据实际增长的应用需求不断完善和调整软硬件配置，因此对数据库的性能、可用性和可扩展性要求较高。

ORACLE Real Application Cluster（简称RAC）是高版本ORACLE提供的一项新技术，可满足国家海洋环境预报中心数据库建设的高性能、高可用性和可扩展性需求。国家海洋环境预报中心采用ORACLE RAC技术进行数据库部署，硬件采用ORACLE RAC技术实现共享存储。

3.3.1　数据入库

国家海洋环境预报中心开发部署数据入库模块，该模块接收来自中间件传输的上行预警报同步文件、上行渔船静态同步文件、上行渔船动态数据文件和下行指令实时数据等，定时更新上行预警报同步数据、上行渔船静态同步数据和上行渔船动态数据到数据库中，实时更新下行指令数据到数据库中。

数据入库模块，解析上行的同步数据和下行指令数据，对数据进行批量入库，降低数据库频繁提交导致的资源耗费。另外，数据入库模块，建立数据入库错误记录机制，将数据入库异常原因保存到日志表中。

入库数据主要分为基础空间数据、业务数据、管理数据 3 大类。业务数据包括渔船静态信息、渔船动态信息和预警报产品信息，非业务数据包括调位指令信息、用户管理信息、监控信息等。

3.3.1.1 基础空间数据入库

基础空间数据信息采用将标准化处理后的基础地理信息按照空间（矢量、栅格）、非空间的数据分类方式分别进行入库处理，并进行数据质量控制，剔除异常信息，完成基础地理信息空间数据库建设。

3.3.1.2 业务数据入库

渔船静态信息入库需整合各沿海省市的渔船名称、类型、归属、终端等基本信息，各省从渔船安全指挥系统中获取并以 XML 文件方式上传至系统中，最后进行解析、入库，国家海洋环境预报中心将各省上传以 XML 文件方式上传的渔船静态数据文件进行解析、入库。通过读取渔船基础信息操作记录 XML 文件，根据每条记录中的渔船编号和信息来源，在国家海洋环境预报中心的渔船基础信息表中，查找相应的记录，依据查找结果和操作类型进行新增、修改、删除操作。读取船载终端操作记录 XML 文件，根据每条记录中的操作前终端卡号、操作前终端类型、操作前终端状态，在国家海洋环境预报中心的船载终端表中，查找相应的记录，依据查找结果和操作类型进行新增、修改、删除操作。读取渔船与终端关系操作记录 XML 文件，根据每条记录中的操作前渔船编号、操作前终端类型、操作前终端卡号，在国家海洋环境预报中心的渔船与终端关系表中，查找相应的记录，依据查找结果和操作类型进行新增、修改、删除操作。

渔船动态信息入库由各省从渔船安全指挥系统中获取并以二进制文件形式上传至系统中，最后进行解析、入库，国家海洋环境预报中心将各省以二进制文件形式上传的渔船动态船位信息进行解析、入库。采用多线程方式对海量数据文件处理，针对每个省建立一个线程，进行该省动态船位数据文件的解析入库工作。每个线程的作业流程相同。首先，读取数据文件；然后，逐个对文件中的渔船位置进行筛选，规则是每个终端 5 分钟之内只取时间最后位置信息，作为有效位置；最后，将结果存储到相对应的动态船位分省表中。渔船动态信息入库部分在处理过程中不能有数据拖延入库的情况发生，即应在一个采样间隔（5 分钟）内，完成 7 个省数据的解析入库操作。

预警报产品信息入库实现将国家、海区、省台制作的预警报产品文件，按照“技术方案”制定的预警报产品文件命名规则进行解析，分别提取出发布单位、产品类型、预报要素、发布时间等信息，分海浪警报、大风警报将以上信息存储到对应数据表中，国家海洋环境预报中心、海区、省台制作的预报产品进行整理，并按产品分类入库。

3.3.1.3　管理数据入库

调位指令信息入库将集成显示平台发布的调位指令信息存储到数据库中，作为历史凭据。用户管理信息入库系统对用户角色、权限的创建和管理，保证系统安全。监控信息入库系统对网络、传输、服务器运行状态信息的定时存储，记录系统整体运行情况。

3.3.1.4　模块间关联关系

渔船静态信息入库部分的输入为渔船静态资料数据的操作记录文件，由各省通过中间件上传至国家海洋环境预报中心服务器。输出为数据库表记录，使用方为信息可视化模块。其流程如图3.3所示。

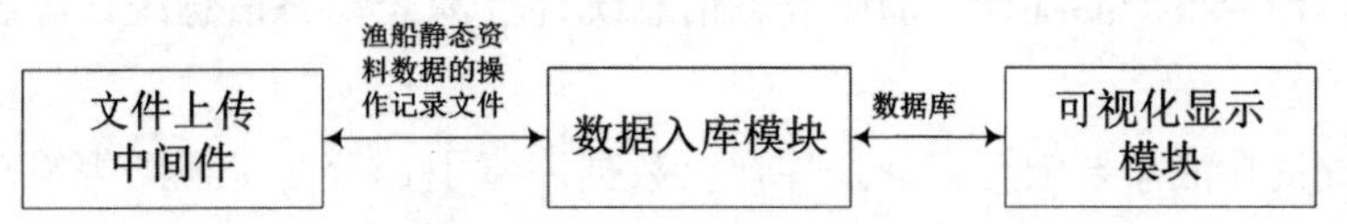

图3.3　渔船静态数据入库流程

渔船动态信息入库部分的输入为动态船位数据文件，由各省通过中间件上传至国家海洋环境预报中心服务器，输出为数据库表记录，使用方为信息可视化模块，关联关系如图3.4所示。

图3.4　渔船动态数据入库流程

预警报产品信息入库部分的输入为国家、海区、省台制作的预警报产品，由国家本地生产和各海区、省通过中间件上传至国家海洋环境预报中心服务器，输出为数据库表记录，使用方为信息可视化模块，关联关系如图3.5所示。

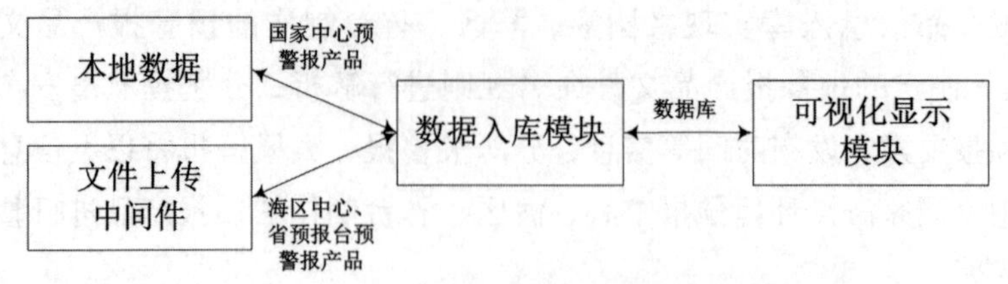

图 3.5　预警报产品入库流程

3.3.1.5　数据库入库规范

在数据表的数据入库时，需先进行数据查重，若在数据库内未存在相匹配的记录，则进行数据插入操作；若已存在该记录，则按照时间字段比对，进行更新操作。

3.3.2　数据查询统计

国家海洋环境预报中心开发部署数据查询统计模块，该模块接收来自集成显示平台的查询统计请求，检索数据库返回查询统计结果。该模块可完成预警报产品查询、渔船静态信息查询、渔船动态信息查询、下行指令查询等查询功能；下行指令对账统计、预警报产品统计、渔船静态信息统计、渔船动态信息统计等各类统计功能。

数据查询功能需要依据查询条件配合数据库索引、分区、视图等策略，合理提高查询速度，保障及时返回查询结果。数据统计功能需要配合数据库的物化视图技术建立统计视图，首先统计后台系统已迁移、已加工的明细或汇总数据，再加上当天发生的实时明细数据，进行累加后计算出实时结果的方式。避免直接访问生产库。

该模块建立并发查询线程池，当大量并发查询申请到来时，实现有限并发处理，既有效利用资源并发查询处理能力，又保证数据库不会由于突发查询高峰导致总体处理能力下降。

3.3.3　数据库优化

针对本数据库中动态船位数据量大的特点，对其的存储需进行有针对性的设计，采用分表与分区两种方法同时使用的方式进行优化，以满足本系统每天千万条记录的操作需求，同时，依据前端系统的业务需求（查询），在常用字段上建立索引，提高检索速率。在显示平台中对数据库操作时，频繁操作的响应不能长于 1 秒。不频繁的大量数据查询（如渔船轨迹长时间历史回放）响应不能长于 10 秒。

3.3.3.1　分表处理

对渔船动态信息按照省份进行分表处理，即每个省的渔船动态信息存储到对应的表中分别是 FATS_ LN（辽宁）、FATS_ SD（山东）、FATS_ JS（江苏）、FATS_ ZJ（浙江）、FATS_ FJ（福建）、FATS_ GD（广东）、FATS_ HN（海南）；然后，对以上每个表以 1 个月为间隔进行分区；最后，在表中的如下字段建立索引，vessel_ id（船舶唯一编号），pos_ time（船舶位置时间）。

数据库中的其余表的索引需依据前段系统的检索需求创建，但由于数据量均不大，对整体性能应该不大。以海浪警报产品表为例，海浪预警报产品表（WFWPTS）对 WFWPTS. post_ time 字段（发布时间）建立索引。

此外，前端系统在进行动态船位数据检索时尽量利用已建立的索引，以便提高检索效率。

3.3.3.2　数据库设计优化

（1）初始化参数优化

综合分析数据库服务器运行的硬件环境，对 ORACLE 数据库的重要参数进行调整，例如：SGA、SHARED_ POOL_ SIZE、DB_ BLOCK_ SIZE，以提高数据库运行的效率。

（2）数据完整性

所谓数据完整性就是指数据库中数据的正确性和一致性，利用数据的完整性约束，可以保证数据库中数据的质量、保证数据的可用性。因此，在进行数据表的设计时，将加强对数据完整性的设计。

（3）增强索引功能

随着系统各项数据的增长，增强对数据库索引的管理对于提高检索和统计效率有着重要的作用，在系统的改进完善中将分析每个业务数据表的数据量和可能被引用的检索、统计字段，增加有效的索引。

3.3.3.3　数据存储优化

（1）借助 ORACLE 的分区技术，将历史数据进行分离

按时间进行分区，还要对长期历史性数据和短期活动性数据分离，在船位动态数据和预警报产品数据只保留 1 年的数据，渔船基础信息数据长期保存，提供必要的业务数据支撑，保障生产库以更高的效率，对 1 年以上数据的查询在数据库仓库和 ODS 数据库中提供数据服务，历史数据在国家数据库中保存 10 年。

（2）在分区技术的基础上，进一步根据时间等条件对数据表级进行物理分离

在应用系统集中以后，要对分区后的数据，根据业务和需要进一步的分离。保证数据的存储满足查询等操作的实时性需要。

3.3.3.4 数据库查询性能优化

从应用层对查询的需要，针对不同管理用户的实际需求进行分析分类定制，确保依据管理视图不同，使用尽量少的数据来满足尽量多的需求，避免大量数据直接操作。

对于实时查询和实时统计的业务需求，原则上采用物化视图等手段，首先统计后台系统已迁移、已加工的明细或汇总数据，再加上当天发生的实时明细数据，进行累加后计算出实时结果的方式。避免直接访问生产库。

结合数据库部署和数据存储的有关设计，通过对查询的条件进行优化，使之有效利用分区和索引技术，提高查询效率。

3.3.4 数据备份与恢复

数据是整个系统正常运行的基础，建立完善的数据备份\恢复机制是系统数据安全可靠的重要保证备份策略目的是保证数据库 24 * 7 稳定运行，还要能保证备份与恢复的快速性与可靠性。本系统中借助 DBMS 由 DBA，依据“技术规范”提出的国家级备份数据库备份要求进行每周 1 次的增量备份和每月 1 次的完全备份。

具体实施采用基于 RMAN 的多级增量备份，既能减少每天备份所需要的时间，又保证系统有良好的恢复性。以上策略需要恢复时间与备份时间有一个权衡。每三个月做一个数据库的全备份（包括所有的数据和只读表空间）；每一个月做一次零级备份（不包含只读表空间）；每个星期做一次一级备份；每天做一次二级备份。

按照以上备份策略，则每天的所需要备份的数据量只有一天的改变量。而做恢复时最多要恢复当月的 1 个零级备份、3 个一级备份、6 个二级备份以及当天的归档文件。

3.3.4.1 数据备份

数据备份是保持数据完整性的主要手段。按照不同的级别，采用不同的备份方法进行备份：

国家级、海区级节点每月进行一次完全备份，每周进行一次增量备份；省级节点每周进行一次完全备份，每天进行一次增量备份。

今后随着业务的逐步发展、数据量的增大，可以考虑建设完整的数据备份系统和异地容灾中心，建立完善的数据备份管理机制并严格执行。

3.3.4.2 数据恢复

在系统发生故障后，把数据库恢复到原来的某种一致性状态的技术称作恢复。

数据库恢复的基本原理是利用“冗余”进行数据库恢复。

数据库恢复在此次系统中主要有两种策略：基于运行时日志的恢复和基于备份的恢复。

（1）基于运行时日志的恢复

运行时日志文件是用来记录对数据库每一次更新的文件。对日志的操作优先于对数据库的操作，以确保对数据库的更改有记录。当系统突然失效，导致事务中断，可重新装入数据库的副本，把数据库恢复到上一次备份时的状态，然后系统自动正向扫描日志文件，将故障发生前所有提交的事务放到重做队列，将未提交的事务放到撤销队列去执行。这样就可把数据库恢复到故障前某一时刻的数据一致性状态。

（2）基于备份的恢复

基于备份的恢复是指周期性地对数据库进行备份。当数据库失效时，可取最近一次的数据库备份来恢复数据库，即把备份的数据拷贝到原数据库所在的位置上。用这种方法，数据库只能恢复到最近一次备份的状态，而从最近备份到故障发生期间的所有数据库更新将会丢失。备份的周期越长，丢失的更新数据越多。

（3）数据恢复

当运行数据库数据异常丢失时，应采用最近一次的完全备份数据、增量备份数据和运行时日志进行联合恢复，以恢复到最近状态，最大限度减少数据丢失。

3.3.4.3　数据转存

数据转存是指超过 1 年时间以上的业务数据转存到历史数据库中进行保存。历史数据库和业务运行数据库结构一致，同时历史数据库中超过 10 年时间以上的数据将进行转到移动存储设备或磁带库中。

通过建立历史数据库，将超出 1 年时间长度的业务数据（渔船静态信息、渔船动态船位、预警报产品信息）自动转存到历史数据库中进行保存。

以业务运行数据库结构为蓝本建立历史数据库，在系统数据库端建立轮询服务程序，每天监视业务数据库内数据记录，当数据记录超出预先设定的阈值后，在业务操作较少的时段（凌晨 2 时）将其复制到历史数据库中。

3.4　传输中间件设计

为了实现全国渔船动态监管和报警提供统一信息服务、海上渔船救险更加高效、提升渔船防灾减灾综合管理水平的目的，全国海洋渔业生产安全环境保障服务系统与各省现有救助系统数据进行对接，实现信息共享。信息共享采取中间件方式，由各省提取原有救助系统数据，并上传至国家海洋环境预报中心。

系统中涉及渔船和船位的信息，都是来自于各省原有的渔业安全指挥系统。为了保持系统之间的数据传输和交互，需要设计数据共享的中间件。中间件的功能是将省节点的渔船基础信息、船位动态信息、预警报产品和预警报产品统计信息等传输至国家与海区级节点，同时接收上级节点应用程序发出的远程执行指令，在省级节点完成一些特殊的信息查询任务。

3.4.1 设计原则

本系统仅仅共享渔船基础信息和渔船动态信息这两种核心数据，为了保持各省原有系统的完整性，尽量减少系统集成的工作量，数据共享拟从原有渔业安全指挥系统的数据库中开始。

渔船基础信息是个动态变化信息，由一个复杂的管理系统来完成船检、登记、审核等业务流程，并在各省建立数据库。理论上可以通过数据库共享来访问这些数据，考虑到保持原有系统的完整性，在本系统设计时，采用复制最新的渔船基础信息来重新构建本地数据库。

渔船动态信息理论上可以来自渔船动态数据服务器据推送过来的数据包，通过解码形成入库。由于各省渔船动态数据服务器来自于不同服务商，解码复杂，而且原有的指挥系统已经很好地完成此项工作，因此，本设计采用直接从数据库表集成方法来获取渔船动态数据，虽然时间有一点延迟，但并不影响本系统的服务功能。

由于要从其他系统的数据库服务器中获取数据，而又不能直接访问数据库，解决的方法只能通过文件传输来完成。为保证对方数据库中记录有改变，将这些数据以文件方式发送到共享服务器，需要数据库的触发器和存储过程这两项技术，因此需要在原有指挥系统中增加部分处理功能。

数据交换文件名必须保证全局唯一性，因此，在数据交换文件的来源地需要加以标识，具体方法与预报产品相类似，采用 2 个字母来编码。编码数据交换文件的类型，例如，预警报产品，动态船位更新以及其他信息，这些内容的编码实际上用于指示收到这个文件后的具体操作，采用固定的 3 个字母。船位更新简称 SPU，即 Ship Position Update。同样地，渔船基础信息理更新简称 VIU，即 Vessel Info Update，渔船与终端关联信息更新简称 VTR，即 Vessel Terminal relationship，以及渔船的终端更新信息简称 TIU，即 Terminal Info Update。综上所述，这 3 个字母由于涉及操作导向，需保持全局唯一。为确保本地文件唯一的一个标识，采用适当的时间，此时需要精确到分钟，即采用 YYYYMMDDHHMM 来标识，最后是文件扩展名。渔船基础信息保存为 xml 文件，渔船动态数据（船位数据、短信数据、风力数据等）保存为二进制 dat 文件。

由于国家和海区级节点无法访问省级节点上的原有渔业安全指挥系统，无法直接操作，对于一些特殊的操作指令，例如，调取船位、短信息下发、预警报短信发布等，只能通过C/S结构由省节点上的中间件服务器来代为执行。当需要进行某些特殊操作时，国家海洋环境预报中心的应用程序作为客户端连接到中间件的任务服务器，经过身份确认，可以发送相关的命令指令。任务服务器接到完整的指令后，进行相关的操作，并通过网络实现原有指挥系统的某些功能。

当涉及与原有渔船安全指挥系统进行底层交互时，需要在充分了解原有系统的功能和数据结构基础上，开发访问其底层功能的组件，通过COM接口对外提供原有系统的底层服务。提供的COM应满足以下要求：

（1）组件要求基于网络的，也就是说，COM组件不必一定要安装在原有系统服务器上，可以通过任意一台能连接到服务器的机器上工作。实现方法可以在原有系统服务器上提供Server程序，具体的COM对象则可以通过SOCKET连接到服务器，通过通讯来实现。

（2）对外服务功能通过相关COM对象来完成，实现网络连接和数据传输。

（3）定义相关的方法来实现一些具体指令操作功能。

（4）COM对象具有错误返回消息机制。

3.4.2　中间件组成

中间件由中间件服务端和中间件客户端组成如图3.6所示，中间件服务端也能作为客户端连接上级中间件服务端，中间件客户端也能作为服务端连接下级中间件客户端。

省预报中心中间件客户端负责从省渔政指挥中心数据库读取共享数据表，并在文件服务器生成数据文件，然后定时向上级中间件服务端传输生成的数据文件，中间服务端将接收到的数据文件保存到文件服务器，同时向上级中间件服务端传输该数据文件，一直传输到国家海洋环境预报中心并保存到文件服务器中。

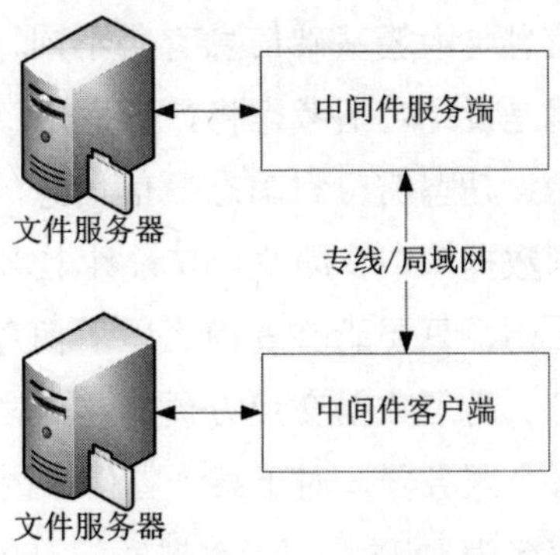

图3.6　中间件组成

3.4.3 上行数据文件传输协议

上行数据包括渔船基础信息和渔船动态信息，这两类信息都采用文件传输方式进行数据交换传输。

3.4.3.1 渔船基础信息

首先，在各省原有的渔业安全指挥系统中的数据库中，增加1个用于数据共享的表格，其结构与本系统的表格是完全一致的，只是增加2个表述操作的字段。

渔船基础信息文件格式采用XML格式，分别用3个XML文件对应渔船基础信息3个表内容，XML中的标签属性分别对应表字段和字段内容。

渔船信息文件数据库表名为FITS，包括渔船编号、渔船类型、渔船名称、总吨位、总功率、渔船材料、最大航速、船长姓名、船长联系电话、船主、属地、直接所属单位、入库时间、数据来源、记录序号、操作代码、操作时间等。其中数据来源包括1个国家中心、3个海区中心和省级预报台；操作代码包括增加、编辑、删除。

船载终端信息文件数据表名为FTTS，包括终端卡号、终端类型、终端状态、数据来源、记录序号、操作代码、操作时间等。其中终端卡号与终端类型作为联合主键。

渔船与船载终端关系文件数据库表名为FIRST，包括渔船编号、终端类型、终端卡号、数据来源、记录序号、操作代码、操作时间等。其中渔船编号来自渔船基础信息表主键，终端类型来自终端类型表主键，终端卡号来自终端类型表主键。

3.4.3.2 渔船动态信息

动态船位、动态短信信息与渔船基础信息有所不同，后者会出现删除和编辑操作，前者则总是增加，也就是设计时不考虑将数据库中删除某个动态船位和动态短信的记录操作。所不同的是，动态船位和动态短信信息的记录数庞大，每分钟都有新的船位和短信信息传入到数据库中，因此，在设计上需要考虑效率和存储空间。

不管原来系统中数据结构，只要能够查询到以下信息，就可以得到原有系统中的动态船位和动态短信信息。为了数据交换方便，这个表中增加数据来源字段，标识具体的数据源是来自于哪个服务器，对于某个省份来说，是个固定值。

动态船位信息数据库表名为DSPI，用于数据库记录的临时转存，其结构可根据数据流格式进行相关的定义，包括定位点编号、终端类型、终端卡号、位置类型、保留字段1、回传时间、定位时间、经度、纬度、方向、船首向、船速、信息来源、是否有效、保留字段2、记录序号、数据更新时间等字段。其中终端类型包括海事运营商、北斗运营商、AIS CLASS、GSM、CDMA 终端；位置类型包括定时回传位置、单次回传位置、报警回传位置、出港报、进港报；经纬度精细到百万分之一度。

渔船短信信息数据库表名为 FSMSIT，用于数据库记录的临时转存，其结构可根据数据流格式进行相关的定义，包括短信编号、短信类型、保留字段1、发送方终端类型、发送方终端卡号、接收方终端类型、接收方终端卡号、发送时间、信息来源、保留字段2、短信长度、短信内容、记录序号、数据更新时间等字段。

实际上，由于数据库操作的并发原因，在某个时间点上，可能存在多个入库线程在工作，当查询某个表时，根据某个时间段来确定记录，尤其时间精度是按分钟来查询时，可能会存在有些记录没有归入的情况。例如，当前时钟是 12：12：45 秒，如果此时进行查询请求，获取在 12：13：00 之前的记录，即使查询进程能立即启用，那么查询到的结果可能也不是完整的。因为可能其他入库程序在查询进程启动后，又进行了一次增加记录操作，而此时系统时间还在 12：12：53，虽然它符合查询条件，但这条记录不会在查询结果中出现。因此，为了确保查询结果能在任何时候都保持一致，采用以下时间判断：

从远程访问上级节点数据库的记录更新日志获得上一次最后更新的记录时间，例如为 12：22：03，获取当前系统时间，例如为 12：45：31，为了形成一个完整的时间查询阶段，将第一个时间增加1秒，以便上次查询的结果不再被包括进来；而在结束时间，则统一地将秒变为0，形成的查询为时间大于等于 12：22：04 且时间小于等于 12：45：00。显然，这次查询没有全部将最新更新的记录包括进来，但保证在这个时间段的所有记录全部包括进来，而不会由于多线程操作不同步，将其他记录丢掉了。

3.4.4　下行指令实时传输协议

下行指令包括调位指令、下发短信指令、预警报短信指令等。国家、海区和省级预报中心发出下行指令，经由省渔业指挥中心播发到船载终端。

3.4.4.1　下行指令流程

输入指令信息来自于远程服务端，中间件服务器收到指令后，根据操作码来启动相关的工作进程。由于本系统涉及船位动态的操作都是来自于原有的渔船安全指挥系统，显然要完成上述工作，需要原来系统提供一个操作接口，以实现对原有系统的下行指令处理。整个操作过程会涉及多重 C/S 组合来完成这项任务，其数据流程控制如图 3.7 所示。

3.4.4.2　下行指令数据交换规程

通信方式：中间件服务端（Server End）与中间件客户端（Client End）之间的

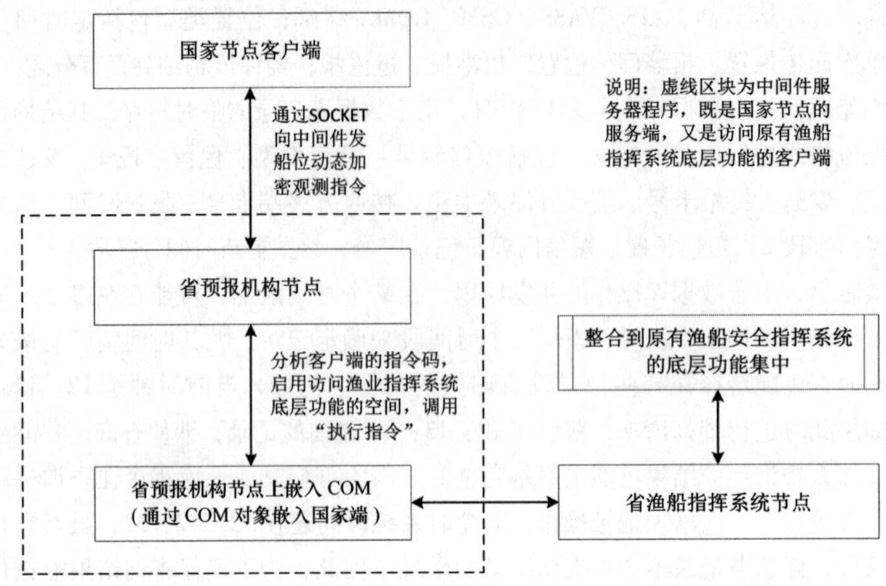
国家节点客户端
说明：虚线区块为中间件服务器程序，既是国家节点的服务端，又是访问原有渔船指挥系统底层功能的客户端
通过SOCKET向中间件发船位动态加密观测指令
省预报机构节点
整合到原有渔船安全指挥系统的底层功能集中
分析客户端的指令码，启用访问渔业指挥系统底层功能的空间，调用“执行指令”
省预报机构节点上嵌入COM（通过COM对象嵌入国家端）
省渔船指挥系统节点

图 3.7　下行指令流程

实时数据交换采用TCP/IP协议。连接方式采用TCP长连接，即在一个TCP连接上可以连续发送多个数据包，在TCP连接保持期间，如果没有数据包发送，需要双方发链路检测包以维持此连接。

字节传输顺序：数据交换接口中数据传输遵循网络字节序，即一个量由多字节表示时高字节在前、低字节在后传输，同一字节中按高位在前的方式传输。接口中的字段如有明确注明的字节序，以该字段的明确注明为准。

交换规程：数据交换规程采用提交与确认方式，每次提交数据都具有超时、重传机制。具体操作及TCP长连接的操作流程如图3.8所示。

恢复规程：恢复规程是发现和处理异常情况的准则，适合于中间件客户端和服务器端所有通信节点。对于所有客户端，恢复的结果均为保存还未成功发送数据并恢复到重登录服务器的状态，如登录未成功则应隔时间（默认10秒）进行重登录。对于服务器端首先结束有故障的客户端连接，保存还未成功发送给该客户端的数据，然后重新进入监听等待状态。

中间件服务器端遇到下列情况之一时执行恢复规程：在规定的时间内客户端未完成应答操作；收到客户端提交的数据帧长度超出正常值范围；客户端关闭网络连接或网络错误。

中间件客户端遇到下列情况之一时执行恢复规程：在规定的时间内服务器端未完成应答操作；收到客户端提交的数据帧长度超出正常值范围；服务器端关闭网络连接或网络错误。

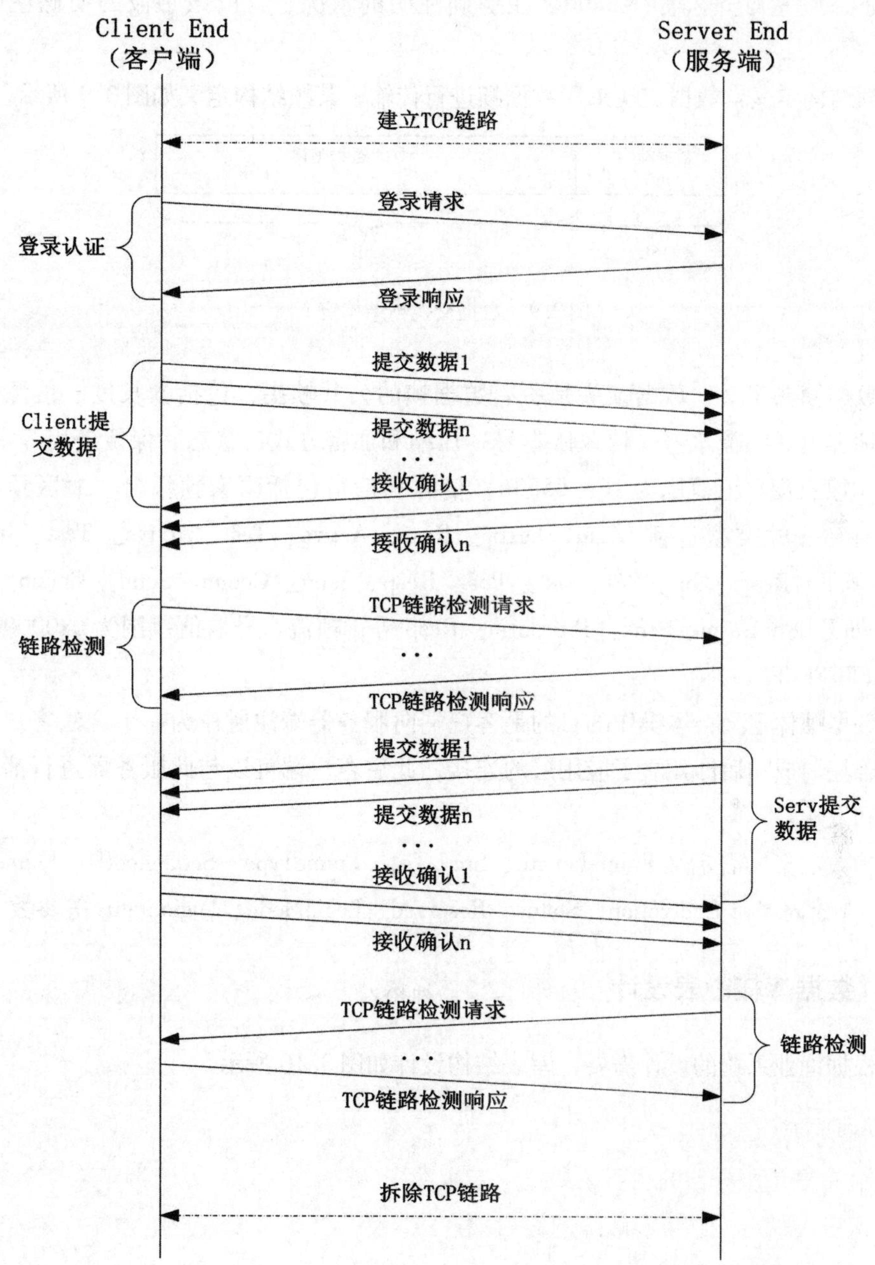

图 3.8　TCP 长连接的操作流程

3.4.4.3　下行指令数据交换接口定义

基本数据类型：基本数据类型包括 UI 和 OctetString 两种，UI 为无符号整数，OctetString 为不强制以 0x00 结尾的定长字符串。当位数不足时，在不明确注明的情况下，应左对齐，右补0x00。在明确注明的情况下，以该字段的明确注明为准。

帧结构定义：数据交换采用数据帧进行传输，其帧结构定义如图3.9所示。

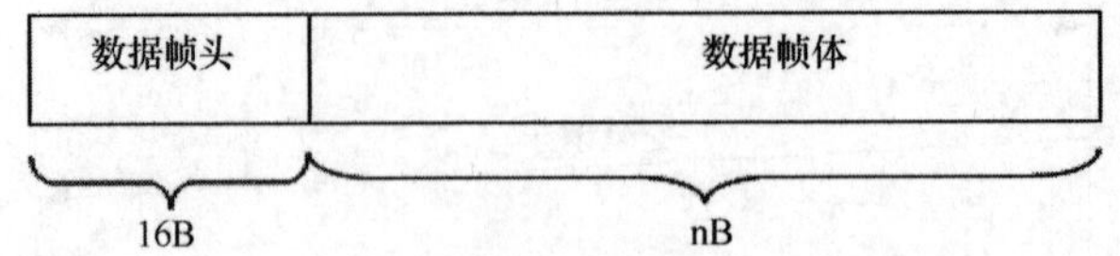

图3.9　数据交换帧结构定义

数据帧头定义：数据帧头是所有数据帧的公共帧头，包括帧长度、信源、信宿、帧类型、帧流水号、协议版本号、压缩和加密方式、状态、保留备用等字段。其中，帧长度取值范围为16－65536；信源和信宿包括国家预报台、海区预报台和各省台；帧类型包括Login、Login_ Resp、Active_ Test、Active_ Test_ Resp、Exit、Exit_ Resp、Get_ Pos、Get_ Pos_ Resp、Send_ Comm、Send_ Comm_ Resp、Send_ PreAlarm、Send_ PreAlarm_ Resp等；帧流水号取值范围为0x00000000－0XFFFFFFFF。

数据帧体定义：本操作的目的是客户端向服务器端注册作为一个合法客户端身份，若注册成功后即建立了应用层的连接，此后客户端可以与此服务器进行消息的接收和发送。

参数定义：需定义FrameLength、Src、Dst、FrameType、SequenceID、FrameVersion、Compression Encryption、Status、Reserved、LoginMode、LoginStatus等参数。

3.5　数据库核心表设计

根据渔业系统的设计需要，库表结构设计如图3.10所示。

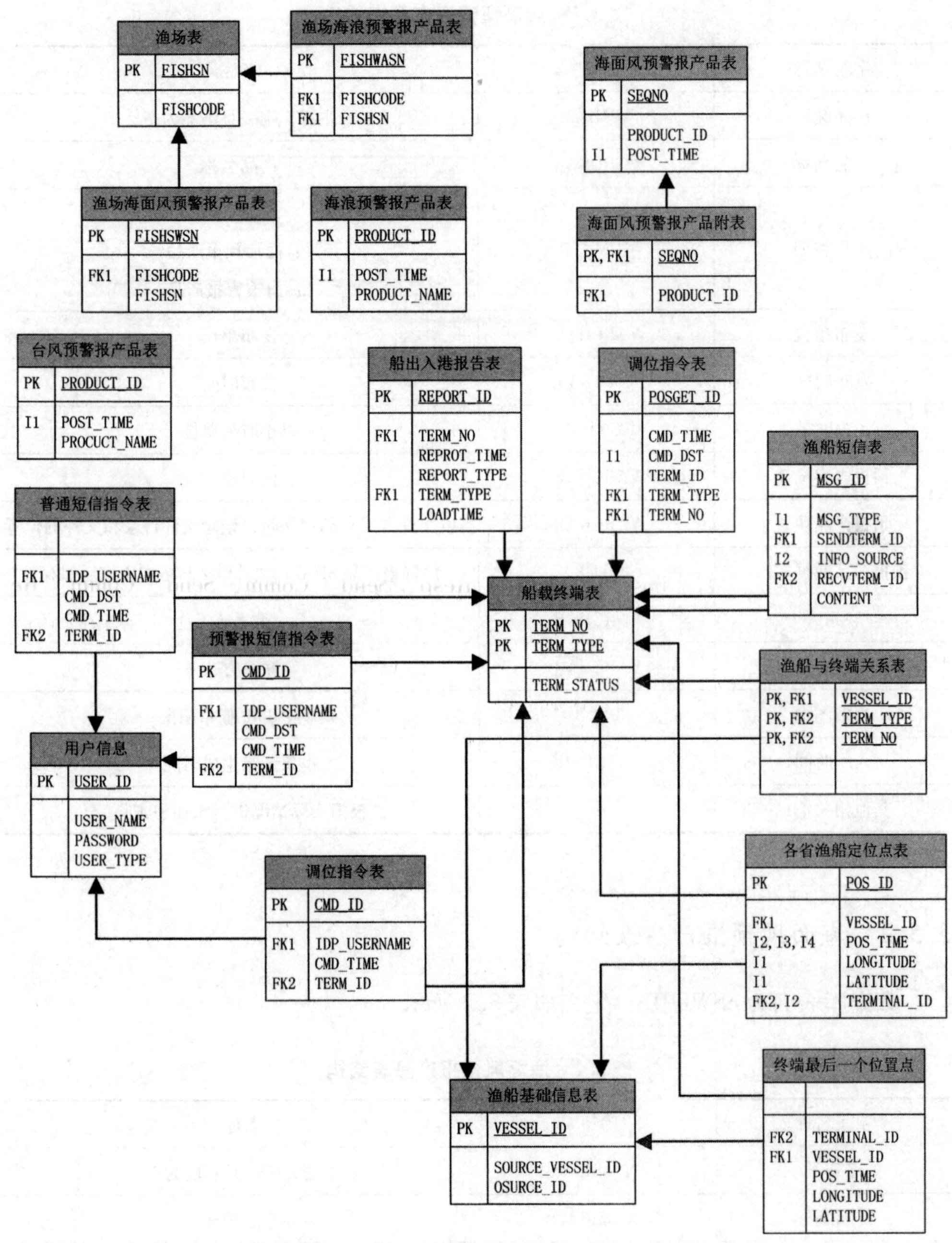

图 3.10　数据库实体关系图

3.5.1　海浪预警报产品表

海浪预报要素有效波高保存在矢量文件的字段中。数据库表名为 WFWPTS，定义如表 3.1 所示。

表 3.1 海浪预警报产品表结构

字段名称	类型	备注
产品编号	NUMBER	主键，唯一且不能为空
产品名称	VARCHAR	产品名称
产品类型	NUMBER	产品类型 0：海浪预报产品 1：海浪警报产品
发布单位	VARCHAR	发布单位
发布时间	DATETIME	发布时间
预报时效	NUMBER	以小时为单位
预报内容描述	VARCHAR	内容描述
预报产品位置	VARCHAR	当以文件方式存储产品时，记录文件目录和文件的位置
预报产品数据实体	BLOB	预警报产品 SHAPE 文件以 ZIP 格式压缩后保存
联系人	VARCHAR	联系人
联系方式	VARCHAR	联系方式
预报图形	BLOB	海浪 BMP 栅格图层
入库时间	DATETIME	本条记录生成时间
其他相关信息	…	根据实际情况进行添加和删除

3.5.2 海面风预报产品表结构

数据库表名为 SSWFPTS，定义如表 3.2 所示。

表 3.2 海面风预报产品表结构

字段名称	类型	备注
序列号	NUMBER	主键，唯一且不能为空
产品编号	NUMBER	产品编号
产品名称	VARCHAR	产品名称
发布单位	VARCHAR	发布单位
发布时间	DATETIME	发布时间
预报时效	NUMBER	时间
预报产品位置	VARCHAR	当以文件方式存储产品时，记录文件目录和文件的位置
预报产品数据实体	BLOB	预警报产品 SHAPE 文件以 ZIP 格式压缩后保存

续表

字段名称	类型	备注
联系人	VARCHAR	联系人
联系方式	VARCHAR	联系方式
入库时间	DATETIME	本条记录生成时间
其他相关信息	…	根据各省实际情况进行添加和删除

数据库表名为 SSWFPSS，定义如表 3.3 所示。

表 3.3　海面风预报产品附表结构

字段名称	类型	备注
编号	NUMBER	主键，唯一且不为空
产品编号	NUMBER	外键（来自海面风综合预报产品表主键）
渔场代码	NUMBER	渔场代码
天气	VARCHAR	天气
风向	VARCHAR	风向
风力	VARCHAR	风力

3.5.3　渔场预警报表结构

渔场信息表，数据库表名为 YuChangInfoTbl，定义如表 3.4 所示。

表 3.4　渔场信息表

字段名称	类型	备注
编号	NUMBER	系统主键，唯一且不为空
渔场编号	NUMBER	渔场编号，不重复，不为空
渔场名称	VARCHAR	不为空
渔场说明	VARCHAR	可为空

渔场海浪预警报产品表，数据库表名为 SWAFFF，定义如表 3.5 所示。

表 3.5 渔场海浪预警报产品表

字段名称	类型	备注
编号	NUMBER	系统主键，唯一且不为空
渔场编号	NUMBER	外键，与渔场基本信息表 YuChangInfoTbl 关联
发布单位	VARCHAR	必填
发布时间	DATETIME	必填
预报时效	NUMBER	必填，以小时为单位
预报警报	NUMBER	0：表示为预报产品，1～4 表示警报产品，分别表示警报对应级别为、蓝（1）、黄（2）、橙（3）红（4）
浪高	VARCHAR	必填
时间区段	VARCHAR	必填
预报描述	VARCHAR	可选

渔场海面风预警报产品表，数据库表名为 SSWFFF，定义如表 3.6 所示。

表 3.6 渔场海面风预警报产品表

字段名称	类型	备注
编号	NUMBER	主键，唯一且不能为空
渔场编号	NUMBER	外键，渔场基本信息表关联
发布单位	VARCHAR	必填
发布时间	DATETIME	必填
预报时效	NUMBER	必填，以小时为单位
预报警报	NUMBER	0：表示为预报产品，1～4 表示警报产品，分别表示警报对应级别为、蓝（1）、黄（2）、橙（3）红（4）
风向	VARCHAR	必填
风级	VARCHAR	必填
时间区段	VARCHAR	必填
预报描述	VARCHAR	可选

3.5.4 预警报短信表结构

数据库表名为 FWSMSF，定义如表 3.7 所示。

表 3.7　预警报短信格式

字段名称	类型	备注
短信编号	NUMBER	主键，唯一且不能为空
终端类型	NUMBER	终端类型
终端卡号	VARCHAR	终端卡号
当前渔场代码	NUMBER	当前渔场代码
相邻渔场代码	VARCHAR	保存当前渔场的邻近 8 个渔场代码
预报产品类别	VARCHAR	预报产品类别
预报信息内容	VARCHAR	例如 xx 渔场 + xx 要素 + 预报信息
发布单位	VARCHAR	发布单位
发送时间	DATETIME	发送时间

数据库表名为 FFIF，定义如表 3.8 所示。

表 3.8　渔场预报信息格式

字段名称	类型	备注
记录编号	NUMBER	主键，唯一且不能为空
渔场代码	NUMBER	渔场代码
渔场名称	VARCHAR	渔场名称
预报产品类别	VARCHAR	预报产品类别
渔场预报信息	VARCHAR	渔场预报信息
预报时间	DATETIME	预报时间

数据库表名为 TYWPTS，定义如表 3.9 所示。

表 3.9　热带气旋预警报产品表

字段名称	类型	备注
产品编号	NUMBER	主键，唯一且不能为空
热带气旋编号	NUMBER	热带气旋的统一编号
中文名称	VARCHAR	热带气旋中文名称
英文名称	VARCHAR	热带气旋英文名称
发布单位	VARCHAR	发布单位
发布时间	DATETIME	发布时间

续表

字段名称	类型	备注
预报时效	NUMBER	以小时为单位
联系人	VARCHAR	联系人
联系方式	VARCHAR	联系方式
预报产品位置	VARCHAR	当以文件方式存储产品时，记录文件目录和文件的位置
产品数据实体	BLOB	保存压缩后的产品数据文件
入库时间	DATETIME	本条记录生成时间

3.5.5 渔船基础信息

渔船基础信息整合各沿海省市渔船管理信息系统中的描述渔船的名称、类型、归属、终端等基本信息。由3个表组成，包含渔船基础信息表（FBITS，如表3.10所示）、船载定位终端表（STTS，如表3.11所示）以及渔船与终端关系表（FTRTS，如表3.12所示）。

表3.10　渔船基础信息表结构

字段名称	字段命名	备注
渔船编号	vessel_ id	主键，唯一且不能为空
来源地船舶编号	source_ vessel_ id	
来源地编号	source_ id	1：国家海洋环境预报中心，2：北海区台，3：东海区台，4：南海区台，5：辽宁省，6：山东省，7：江苏省，8：浙江省，9：福建省，10：广东省…
渔船类型	vessel_ type	0：渔船
		1：渔政船
		2：搜救船
		3：渔业养殖船
		……
		9：其他船
渔船名称	Vessel_ name	渔船名称
总吨位	ton	总吨位
总功率	power	总功率
渔船材料	material	木制、铁甲、钢制……

续表

字段名称	字段命名	备注
最大航速	Max_ speed	单位为节
船长姓名	Captain_ name	船长姓名
船长联系电话	Captain_ tel	船长联系方式
船主	Vessel_ Owner	船主
属地	Vessel_ region	属地
直接所属单位	Direct_ org	直接上级单位
入库时间	Load_ time	本条记录生成时间

表 3.11　船载终端表结构

字段名称	字段命名	备注
终端卡号	Term_ no	联合主键
终端类型	Term_ type	
终端状态	Term_ status	终端状态

表 3.12　渔船与终端关系表结构

字段名称	字段命名	备注
渔船编号	Vessel_ id	外键（来自渔船基础信息表主键）
终端类型	Term_ type	外键（来自终端类型表主键）
终端卡号	Term_ no	外键（来自终端类型表主键）

3.5.6　动态船位信息

动态传为信息设置为每省一个表，数据库表名为 FATS_ 加上省的缩写，如辽宁省的动态船位表为 FATS_ LN，定义如表 3.13 所示。

表 3.13　渔船定位点表结构

字段名称	字段命名	备注
定位点编号	msg_ id	主键，唯一且不能为空
渔船编号	Vessel_ id	外键（来自渔船基础信息表主键）
终端类型	terminal_ type	外键（来自终端基本信息表）

续表

字段名称	字段命名	备注
终端卡号	terminal_ id	外键（来自终端基本信息表）
位置类型	pos_ type	定时回传位置 单次回传位置 报警回传位置 出港报 进港报
回传时间	Recv_ time	回传轨迹点时间（UTC）
定位时间	Pos_ time	UTC
经度	longitude	百万分之一度
纬度	latitude	百万分之一度
方向	course	对地运动方向，单位0.1度
船首向	trueheading	船首方向，单位0.1度
船速	speed	船速，单位1节（1节=1海里/时=0.51米/秒）
信息来源	Info_ source	国家海洋环境预报中心； 北海区台；东海区台；南海区台； 辽宁省；山东省；江苏省； 浙江省；福建省；广东省；海南省…
入库时间	Load_ time	本条记录生成时间
是否有效	Is_ Valid	标记飞点： 0：无效 1：有效

船位动态信息表数据量大，涉及轨迹查询，需要建立两个索引：以渔船编号、定位时间为查询条件的索引和以定位时间、经度、纬度为查询条件的索引。

终端最后一个位置点，数据库表名为FATS_ LASTPOS，定义如表3.14所示。

表3.14　船位动态信息表

字段名称	类型	备注
渔船编号	NUMBER	
终端类型	NUMBER	
终端卡号	VARCHAR	
位置类型	NUMBER	0：定时回传位置，1：单次回传位置，100：报警回传位置，200：出港报，210：进港报

续表

字段名称	类型	备注
回传时间	DATETIME	回传轨迹点时间（UTC）
定位时间	DATETIME	UTC
经度	NUMBER	百万分之一度
纬度	NUMBER	百万分之一度
方向	NUMBER	对地运动方向，单位 0.1 度
船首向	NUMBER	船首方向，单位 0.1 度
船速	NUMBER	船速，单位 1 节（1 节 =1 海里/时 =0.51 米/秒）
信息来源	NUMBER	1：国家海洋环境预报中心，2：北海区台，3：东海区台，4：南海区台，5：辽宁省，6：山东省，7：江苏省，8：浙江省，9：福建省，10：广东省……
入库时间	DATETIME	本条记录生成时间

3.5.7　动态短信信息

动态短信信息数据表名为 FSMSTS，定义如表 3.15 所示。

表 3.15　渔船短信表结构

字段名称	字段命名	备注
短信编号	msg_ id	主键，唯一且不能为空
短信类型	msg_ type	普通信息 报警信息
发送方终端类型	sendterm_ type	外键（来自终端基本信息表）
发送方终端卡号	sendterm_ id	外键（来自终端基本信息表）
接收方终端类型	Recvterm_ type	外键（来自终端基本信息表）
接收方终端卡号	Recvterm_ id	外键（来自终端基本信息表）
发送时间	Send_ time	UTC
信息来源	Info_ source	国家海洋环境预报中心； 北海区台；东海区台；南海区台； 辽宁省；山东省；江苏省； 浙江省；福建省；广东省；海南省……
入库时间	Load_ time	本条记录生成时间
短信长度	Content_ length	
短信内容	content	此为数据库记录，发送时可以拆分发送

3.5.8 渔港基本信息

渔港的基本信息由 2 个表构成，分别为渔港基本信息表（FBITS）和渔船出入港报告表（FOIRTS），定义如表 3.16 和表 3.17 所示。

表 3.16 渔港基本信息表结构

字段名称	字段命名	备注
渔港编号	Harbor_ id	主键，唯一且不能为空
渔港名称	Harbor_ name	渔港名称
渔港类别	Harbor_ type	中心渔港、一级渔港、二级渔港、三级渔港、四级以下渔港
渔港容量	capability	渔港容量，可停泊船只数量
经度	Longitude	单位：（1/1 000 000）度
纬度	Latitude	单位：（1/1 000 000）度
属地	Region	属地
主管领导	Direct_ leader	主管领导
联系方式	Tel	联系方式
入库时间	Load_ time	本条记录生成时间
渔港描述	Harbor_ desc	渔港改建或建设年代以及现代化水平

表 3.17 渔船出入港报告表结构

字段名称	字段命名	备注
报告编号	Report_ id	主键，唯一且不能为空
终端类型	Term_ type	外键（来自终端基本信息表）
终端卡号	Term_ no	外键（来自终端基本信息表）
报告时间	Report_ time	本条记录生成时间
报告类型	Report_ type	0：出港 1：进港
入库时间	Load_ time	本条记录生成时间
其他相关信息	…	根据实际情况进行添加和删除

3.5.9 其他辅助信息

其他辅助信息数据表名为 ECURT，定义如表 3.18 所示。

表3.18　电子海图更新记录表

字段名称	字段命名	备注
海图版本号	Chart_ version	版本号（主版本号、副版本号、次版本号、版本编译号，每项占一个字节）
海图文件位置	Chart_ location	海图文件压缩包位置
海图升级说明	Update_ desc	
其他相关信息	…	根据实际情况进行添加和删除

第4章 可视化技术

为了提高开发效率和控制应用成本，海洋渔业生产安全环境保障服务系统集成显示环境采用了开源 MapWinGis 作为地图控件框架，并在其基础上进行了大量的开发，增加新的接口方法，将遥感影像、专题符号库、海图等通过 COM 组件技术嵌入其中，形成支撑系统核心技术的主体框架。并以此实现了基础空间数据和业务数据的平台显示及相关数据的分析查询显示。

MapWinGIS 是开源 ActiveX 组件。MapWindow 包涵完整的 ActiveX 组件，该组件可以被添加到开发语言平台。附带的地理信息数据处理组件适合于 . NET 语言相兼容的语言平台，比如 Visual Basic，Visual c#，. NET 等平台。MapWindow GIS 的核心组件就是 MapWinGIS. OCX，其功能类似于 Mapinfo 公司的 MapX 组件。MapWinGIS 集成了 MapWindow GIS 的大多数功能，比如属性表的编辑、Shapefile 的编辑。它可以脱离 MapWindow GIS 来运行。MapWindow GIS 软件支持了多种 GIS 格式的地图，这其中包括了 shapefiles，Geotiff，ESRI 公司的 Arclnfo ASCII 和二进制格网。同时，MapWinGIS 控件提供了许多的方法和属性。将该组件集成到语言平台中，实现这些功能非常便捷。

本系统整体开发是在 VS2003 下由 VC 开发而成，开发人员根据这个 ActiveX 组件在自己的系统中完成 GIS 的相关功能。通过 MapWinGIS 提供了大量的接口函数，可以满足数据转换、加载、输出、地图显示、图层管理、属性查询、地理分析等多种 GIS 功能需求，且具有较高的系统运行效率，本系统采用的版本为 MapWinGIS v4. 8 Final Release - 32 Bit。

4.1 矢量地图显示

本系统的矢量数据以 Shapefile 文件为基础类型。Shapefile 文件是美国环境系统研究所（ESRI）所研制的 GIS 文件系统格式文件，是工业标准的矢量数据文件。一个 Shape 文件主要包括 3 个文件：一个主文件（ *. shp），一个索引文件（ *. shx）和一个属性表文件（ *. dbf）表。

MapWinGIS 是基于微软的 COM 思想编写的一套开源开发组件库，其核心库是 MapWinGIS 的 ActiveX 控件。通过加载 ActiveX 组件，在系统中实现矢量地图的相关显示及操作。

系统通过创建 MapWinGIS. Shapefile 接口，然后打开 Shp 文件并加入图层如彩图 2 所示。此操作需要在开头应用 map. h 和 shapefile. h。

```
#include "  map. h"
#include "  shapefile. h"
//创建接口加载地图:
mapWindow: : IShapefilePtr shapefile1 ;
shapefile1 - > CreateInstance （"  MapWinGIS. Shapefile"）;
//打开目录文件
shapefile1 - > Open （"  .. \ \ ShpData \ \ ChinaSee. shp", NULL）;
//加入图层
int inthandler1 ;
  inthandler1 = m_ MainMap. AddLayer （shapefile1 , true）;
```

4. 1. 1　矢量地图的基本操作

基于已封装的通过设置鼠标消息响应的 MapWinGIS 视图操作，调用 Map 对象对应的方法，当进行鼠标相应操作时，即可实现矢量地图的放大、缩小、漫游、全图等基本操作。通过 SetCursorMod 方法来设置鼠标模式，并采用 enumtkCursorMode 枚举定义，包括 cmPan、cmZoomIn、cmZoomOut 等。

通过定义 m_ whichBTdown 的属性值，当判断 m_ whichBTdown 为 0 时，实现地图的漫游功能，即拖动鼠标则图形内容随鼠标拖动发生变化。

```
/漫游
void CFishSEView: : OnUpdateDisplayP （CCmdUI * pCmdUI）
{
  if （m_ whichBTdown = =0）pCmdUI - > SetCheck （true）;
  else pCmdUI - > SetCheck （false）;
}
void CFishSEView: : OnDisplayP （）
{
  if （m_ whichBTdown = =0）
   {
m_ whichBTdown =1
```

```
    }
    else
     {
         m_ whichBTdown =0;
    m_ MainMap. SetCursorMode (mapWindow:: cmPan);
    }
}
```

当判断鼠标相应 m_whichBTdown 为 1 时，单击鼠标则以鼠标位置为中心，以一定的放大比例进行放大；拖动鼠标画框放大，则把框内内容放大到整个图形。

当判断鼠标相应 m_whichBTdown 为 2 时，单击鼠标则以鼠标位置为中心，以一定的缩小比例进行缩小；拖动鼠标画框缩小，则把整个图形缩小至框内。

```
//放大
void CFishSEView:: OnUpdateDisplayL (CCmdUI * pCmdUI)
{
  if (m_ whichBTdown = =1) pCmdUI - >SetCheck (true);
  else pCmdUI - >SetCheck (false);
}
void CFishSEView:: OnDisplayL ()
{
              if (m_ whichBTdown = =1)
     {
m_ MainMap. SetCursorMode (mapWindow:: cmZoomIn);
  }
}
//缩小
void CFishSEView:: OnUpdateDisplayS (CCmdUI * pCmdUI)
{
  if (m_ whichBTdown = =2) pCmdUI - >SetCheck (true);
  else pCmdUI - >SetCheck (false);
}
void CFishSEView:: OnDisplayS ()
{
   m_ MainMap. SetCursorMode (mapWindow:: cmZoomOut);
}
```

```
}
```

同时通过屏幕的比例计算，获取矢量地图的全图功能。

```
//全图
void CFishSEView:: OnDisplayT ()
{
  mapWindow:: IExtentsPtr pExt1;
      pExt1 = m_ MainMap. GetExtents ();
            pExt1 - >SetBounds (69, 16, 0, 129, 46, 0);
      m_ MainMap. SetExtents (pExt1);
}
```

4.1.2　经纬网格线显示控制

为了更便利的了解渔船所处的大致区域，在地图显示上经纬网格线是一种不错的做法，系统通过获取地图界面边界，通过计算偏移量和数据格式转化等分别绘制经度线和纬度线，实现经纬网格线的绘制显示，如图 4. 1 所示。

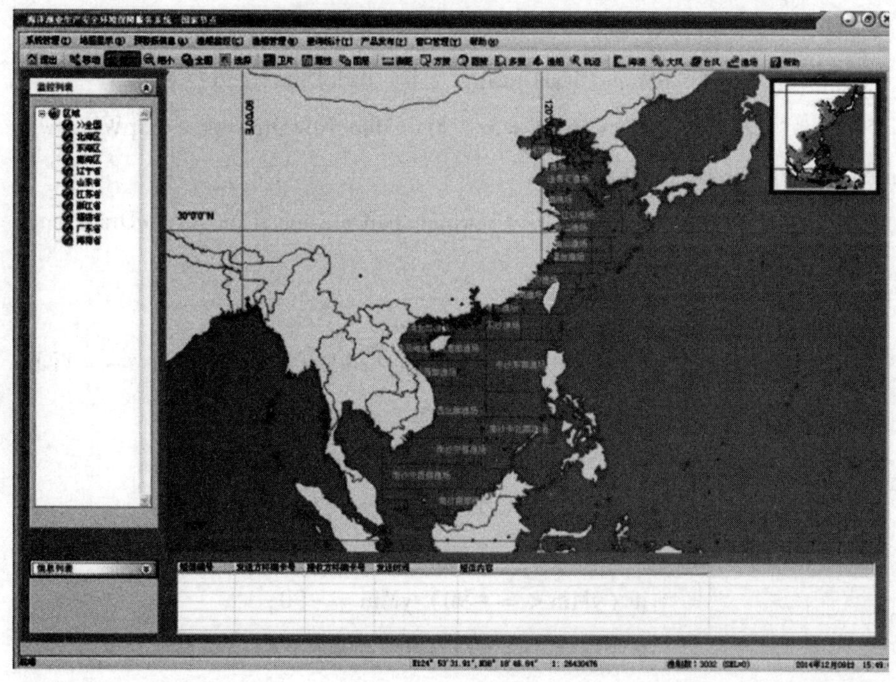

图 4. 1　经纬网格显示

void CFishSEView:: TudeDraw (double xLadder, double yLadder) //绘制经

纬线

```
{
        double i;
    CString S; //Double 转换 CString
    double xMin, yMin, zMin, xMax, yMax, zMax; //边界
    // 获得边界
    mapWindow:: IExtentsPtr pExt;
    pExt = m_ MainMap. GetExtents ();
    pExt - > GetBounds (&xMin, &yMin, &zMin, &xMax, &yMax,
&zMax);
    pExt - > Release ();
    // 偏移量
    double xx = xMin;
    double yy = yMax;
    double dtxx = (xMax - xMin) /100;
    double dtyy = (yMax - yMin) /10;
    // 图层处理
    m_ MainMap. ClearDrawing (m_ TudeDrawHand);
    m_ TudeDrawHand = m_ MainMap. NewDrawing (mapWindow::
dlSpatiallyReferencedList);
    m_ MainMap. SetUseDrawingLabelCollision (m_ TudeDrawHand,
true);
  //绘制经度线
    for (i = int (xMin/yLadder) * yLadder; i < = xMax; i + = yLad-
der)
      {
            if (i < = 180&&i > = -180)
        {
          if (yMin < = -90) yMin = -90;
          if (yMax > =90) yMax =90;
   m_ MainMap. DrawLineEx (m_ TudeDrawHand, i, yMin, i, yMax,
1, RGB (61, 145, 64));
          if (i >0) m_ MainMap. AddDrawingLabelEx (m_ Tude-
DrawHand, TudeChange (i) + " E", RGB (61, 145, 64), i + dtxx, yy
```

```
-dtyy, 0, 90);
                    else
                    {
        if (i==0) m_MainMap.AddDrawingLabelEx (m_TudeDrawHand,"
0°0′0″", RGB (61, 145, 64), i+dtxx, yy-dtyy, 0, 0);
                        else m_MainMap.AddDrawingLabelEx (m_Tude-
DrawHand, TudeChange (i) +" W", RGB (61, 145, 64), i+dtxx, yy
-dtyy, 0, 90);
                    }
                }
            }
    //绘制纬度线
            for (i=int (yMin/xLadder) *xLadder; i<=yMax; i+=xLad-
der)
        {
                if (i<=90&&i>=-90)
                {
                    if (xMin<=-180) xMin=-180;
                    if (xMax>=180) xMax=180;
        m_MainMap.DrawLineEx (m_TudeDrawHand, xMin, i, xMax, i,
1, RGB (61, 145, 64));
                    if (i>0) m_MainMap.AddDrawingLabelEx (m_Tude-
DrawHand, TudeChange (i) +" N", RGB (61, 145, 64), xx+dtxx*4,
i+dtyy*0.3, 0, 0);
                    else
                    {
        if (i==0) m_MainMap.AddDrawingLabelEx (m_TudeDrawHand,"
0°0′0″", RGB (61, 145, 64), xx+dtxx*4, i+dtyy*0.3, 0, 0);
                        else m_MainMap.AddDrawingLabelEx (m_Tude-
DrawHand, TudeChange (i) +" S", RGB (61, 145, 64), xx+dtxx*4,
i+dtyy*0.3, 0, 0);
                    }
                }
            }
```

```
    } //TudeFlag
} //Tudedraw
```

4.1.3 地图属性信息查询

地图属性信息查询，是指在当前图层的基础上，通过对要素的选择，查询相关要素信息。例如：可以改变当前图层，选择“海图显示”中“海图查询设置”，勾选所要查询的图层，确认修改，鼠标选择对象进行新的查询。在主海图显示区点击，信息显示栏会列出被点击选中的地图要素属性信息。

```
void CFishSEView:: GetAddShowPropInList (double prjx, double prjy)
{
m_ Panel2List. DeleteAllItems ( );
  int hd1 = m_ MainMap. GetLayerHandle (m_ Prop_ CurLayer);
  CShapefile cs1 = m_ MainMap. GetShapefile (hd1);
  int k = cs1. GetNumFields ( );
  //ShapefileType
  long shptype = cs1. GetShapefileType ( );
  //find shpi
  long shpi = -1;
  //叠加当前图层
  if (shptype = = mapWindow:: SHP_ POLYGON)
    {
  int shapeNum = cs1. GetNumShapes ( );
for (int j1 =0; j1 < shapeNum; j1 + + )
      {
          if (cs1. PointInShape (j1, prjx, prjy))
            {
              shpi = j1;
              break;
            }
}
  else
    {
  mapWindow:: IExtentsPtr pExt1;
      pExt1 = m_ MainMap. GetExtents ( );
```

```
double x1, y1, z1, x2, y2, z2;
pExt1 - >GetBounds (&x1, &y1, &z1, &x2, &y2, &z2);
    pExt1 - >Release ();        // 2012 - 10 - 15, TJH
    double wx1 = (x2 - x1) /50;
    double wy1 = (y2 - y1) /50;
    CExtents ext1;
}
    if (ext1. CreateDispatch (_ T (" MapWinGIS. Extents")))
    {
    ext1. SetBounds (prjx - wx1, prjy - wy1, 0, prjx + wx1, prjy +
wy1, 0);
        VARIANT a1;
        if (cs1. SelectShapes (ext1, 0, mapWindow:: INTERSEC-
TION, &a1))
        {
            if (a1. vt = = (VT_ ARRAY | VT_ I4))
            {
                long * dt = NULL;
                    SafeArrayAccessData (a1. parray,  (void * * )
&dt);
                shpi = dt [0];
 SafeArrayUnaccessData (a1. parray);
            }
        }
    }
    ext1. ReleaseDispatch ();
}
//查询显示
if (shpi <0) return;
m_ Panel2List. InsertItem (0," ", 0);
for (int i2 =0; i2 < k; i2 + +)
{
    long fldt1 = m _ MainMap. GetShapefile (hd1) . GetField (i2)
. GetType ();
```

```
        //STRING_ FIELD = 0, INTEGER_ FIELD = 1, DOUBLE_
FIELD = 2
        if (fldt1 = =0)
        {
            CString val1 = m_ MainMap. GetShapefile (hd1). GetCellVal-
ue (i2, shpi) . bstrVal;
    m_ Panel2List. SetItemText (0, i2, val1);
        }
        if (fldt1 = =1)
        {
        int val1 = m_ MainMap. GetShapefile (hd1) . GetCellValue (i2,
shpi) . intVal;
    CString s;
            s. Format (_ T ("%d"), val1);
      m_ Panel2List. SetItemText (0, i2, s);
        }
        if (fldt1 = =2)
        {
        double val1 = m_ MainMap. GetShapefile (hd1) . GetCellValue
(i2, shpi) . dblVal;
    CString s;
      s. Format (_ T ("%lf"), val1);
    m_ Panel2List. SetItemText (0, i2, s);
        }
    }
    }
```

4.1.4 地图测量

地图测量功能可以显示两点或多点之间距离，并以海里的形式进行结果显示。这样就可以查询两艘或多艘渔船的距离。具体操作是在海图显示区单击鼠标左键，再点击鼠标左键，两点之间显示红线。信息列表栏出现两点之间距离。再点击鼠标左键，信息列表栏出现第二点和第三点之间距离，以及所有线段之间距离总和，如图4.2所示。

//测量距离

图4.2　系统地图测量

```
if (m_ whichBTdown = =5)
{
    double x1, y1;
m_ MainMap. PixelToProj (x, y, &x1, &y1);
    m_ myPointsx [m_ selPionti] =x1;
    m_ myPointsy [m_ selPionti] =y1;
    m_ selPionti + +;
//两点间的距离测量
    if (m_ selPionti <2)
     {
    m_ Panel2List. DeleteAllItems ();
        m_ totaldist =0;
     }
//两点以上的距离测量
    if (m_ selPionti > =2)
     {
        m_ point2x = x1;
```

```
            m_ point2y = y1;
            double dist = GetDistance (m_ point1x, m_ point1y, m_
point2x, m_ point2y);
            m_ totaldist + = dist;
            CString c1 = TudeChange (m_ point1x);
            CString c2 = TudeChange (m_ point1y);
            CString c3 = TudeChange (m_ point2x);
            CString c4 = TudeChange (m_ point2y);
            CString c5, c6;
    //海里
            c5. Format (" 距离 =% lf 海里", dist);
            c6. Format (" 累计距离 =% lf 海里", m_ totaldist);
            CString cc = " 从点: " + c1 + "," + c2 + " ";
            cc = cc + " 到点:" + c3 + "," + c4 + " ";
            cc = cc + c5 + c6;
        m_ Panel2List. InsertItem (0, cc, 0);
            m_ point1x = m_ point2x;
            m_ point1y = m_ point2y;
    ((CMainFrame *) AfxGetMainWnd ()) - > m _ wndStatus-
Bar. SetPaneText (0," 请确定下一点:");
        }
        else
        {
            m_ point1x = x1;
    m_ point1y = y1;
    ((CMainFrame *) AfxGetMainWnd ()) - > m _ wndStatus-
Bar. SetPaneText (0," 请确定下一点:");
        }
    }
```

4.1.5 地图定位

地图定位功能，是为了方便渔船的查找而设计。地图定位分为两种定位形式，一种按照比例尺定位，如图 4.3 所示。该定位为海图显示设计，通过填写中心点的位置（经纬度），设定所需要的比例尺，海图被定位到中心点的区域。另一种按照渔场信息定位，通过选择渔场名称，可以迅速定位到该渔场的范围。如果有重大天气过程的时候，可以快速发现渔场内没有回港的渔船。

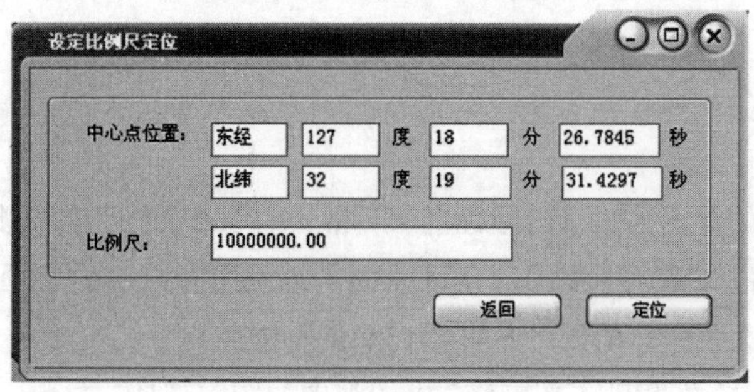

图4.3　系统地图经纬度定位

相关代码

```
void LOCATEBLC:: OnLocateblc ( )
{
    char c1 [100], c2 [100], c3 [100]; //定义度分秒数据
    m_ ED2. GetWindowText (c1, 100);
    m_ ED3. GetWindowText (c2, 100);
    m_ ED4. GetWindowText (c3, 100);
double cx = atof (c1) + atof (c2) /60.0 + atof (c3) /3600.0; //度分
秒数据转换
    m_ ED6. GetWindowText (c1, 100);
    m_ ED7. GetWindowText (c2, 100);
    m_ ED8. GetWindowText (c3, 100);
    double cy = atof (c1) + atof (c2) /60.0 + atof (c3) /3600.0; /度
分秒数据转换
    m_ ED1. GetWindowText (s1, 500);
    if (strcmp (s1," 西经") = =0) cx = -1 * cx;
    m_ ED5. GetWindowText (s1, 500);
    if (strcmp (s1," 南纬") = =0) cy = -1 * cy;
    x1 = cx - lenx;
    y1 = cy - leny;
    x2 = cx + lenx;
    y2 = cy + leny;
    pExt1 - >SetBounds (x1, y1, z1, x2, y2, z2);
```

```
pMainMap - > SetExtents (pExt1); //定位到点位置
        pExt1 - > Release ();
}
```

4.2 海图显示

系统中使用的海图数据以国际标准 s57 格式的电子海图为数据源，s57 海图是以图幅为单位存储的矢量电子海图，它可以提供给使用者准确的海图信息，便于从事渔业管理和生产人员进行海图的各种操作和资料查询。

系统基于 COM 技术开发具有 S57 电子海图的图库管理、显示、查询、统计分析的显示模块；模块以 COM 对象形式提供动态链接库，方便被 VC6.0、VC.net 等调用集成到其他应用模块的软件开发。

S57 标准是基于海图传输应用而设计的一种通用标准数据格式，在数据组织、显示、管理等方面，与通用 GIS 中数据图层要求的管理与快速显示和设计框架是不同的。在调用显示方面，根据显示区域和显示比例尺，通过优化设计，自动从库中调用合适比例尺的电子海图，实现快速显示。由于海图数据结构的特殊性，在多个图层、多种显示比例尺下进行分级显示，以达到小比例尺（显示区域的空间范围大，显示对象多）时能够自动将细部信息跳过，而直接利用相应的小比例尺海图上的要素显示，在大比例尺（显示区域的空间范围小，但涉及的图层较多）时，能够将大比例尺内容显示，则其他小比例尺上要素不进行显示，并进行有效地根据视窗地理范围进行过滤，跳过区域外的不必要的对象处理，提高海图显示效率。如彩图 3 所示。

针对海图文件的存储，设计开发了海图库中元数据信息显示、海图信息查询、海图水深、海图要素等显示功能，下面将主要的函数原型设计进行介绍。

4.2.1 海图元数据信息接口设计

接口函数原型如下：

DisplayChartFrame (LONG HDC, CGisRect GeoBox, CRect ScreenBox, Double ScaleRatio, Int Option, IOutRcsultSct ChartFrameMeteData, CString sXmlFilename)

具体功能包括：在屏幕上显示海图图框，输出海图相关的元数据信息。函数参数意义如下。

HDC：是输入参数，在 VC 中体现为显示上下文的 DC 句柄，指示在什么 DC 中显示图廓。

GeoBox：可以定义一个简单的 COM 接口对象，也可以是一个结构化数据，用双精度浮点数来表达地理范围，指示将海图库这个区域范围内的信息，在屏幕上显示出来。

ScreenBox：指明海图上数据在屏幕上什么区域显示。实际上，它与 GeoBox 一起构成了一个地图数据与屏幕显示输出的映射关系，并要求左下角为配准基点。由于两者都可以换算成为实际的距离，GeoBox 以经纬度为单位，可以框算出长度和宽度距离数，如 N 千米，而在特定的 DC 模式下屏幕大小可以算出是 M 厘米，由此可以框算出比例尺 N * 100 000/M。这个数字在图层自适应显示时，可以作为一个控制参数。

ScaleRatio：为 0 时，采用自动计算的值，为 1 时，显示全部图框。为其他值时，就是一个用户指定的显示控制比例尺，不需要进行比例尺框算。

Option：输出和显示操作的控制选项。0：输出全部图层的元数据到 ChartFrameMeteData 中，1：输出选中图层的结果到 ChartFrameMeteData 中。1X，即十位上有数时，要求在图方框中居中显示文本信息。

ChartFrameMeteData：每个图层元数据接口对象集，可以用于程序的列表输出，也可以用于其他使用，此接口对象由调用者析构。

sXmlFilename：字符串不为空时，指示元数据信息同时以文件形式输出每个图层的元数据信息。

4.2.2 海图信息统计查询

输入一个地理坐标点的经纬度信息，从库中查询到包含这个点的所有海图的列表信息和元数据信息。函数原型：

```
AnalyzeChartSet (CGisPoint PositionPt, Int SelectMode, long int ScaleMin, long int ScaleMax, IOutResultSet ChartFrameMeteData, CString sXmlFilename)
```

PositionPt：查询的地理坐标点经纬度。

SelectMode：用来标识本次查询结果对海图库对象的作用。1：选择，2：加选择，3：去选择，4：反选择，其他：清空选择标志。这种选择将会永久地起作用，直到清除为止。例如，选择结果会在 DisplayChartFrame（）函数中起作用。

如果 long int ScaleMin，long int ScaleMax 是有效的参数，即二者不为 0，则将比例尺范围也同时纳入选择标准。这将 s57 海图文件加入到海图库中载入 S57 格式的 .000 或 .001 等文件，自动构建海图元数据并纳入到海图库中管理。

ChartSetManage（Int Operator，CString sXmlFilename）；

Operator：0，从图库中删除指定编号的海图，sXmlFilename 用于指定海图编号。

Operator：1，将海图加入到图库中，sXmlFilename 是相对应的 .000 文件。

Operator：2，保存海图库文件，sXmlFilename 用于指定海图库文件名。

4.2.3 海图水深点查询

输入位置坐标和查询距离，可以在系统上输出在此方框区域内的水深点信息。函数原型：GetSoundPts（Int Operator，CGisPoint PositionPt，double SelectDistance，ISoundPtSet PtSet，CString sXmlFilename）；

其中，Operator 为1时，在整个图库中查询；为2时，在图库中已经选中的图层中查询。

PositionPt：查询的地理坐标点经纬度。

SelectDistance：以经纬度为单位的查询距离判断标准。

后二个参数为查询结果输出。sXmlFilename 有值时，输出 XML 交换文件。ISoundPtSet 中包含内容如表 4.1 所示。

表 4.1 海图水深点属性

序号	返回要素和类型	内容示例
1	来自哪个图层（海图编号），字符串	13139a
2	源海图比例尺，整型	25000
3	源海图修测时间，字符串	2012.02
4	源海图水深点经度，双精度，以度为单位	123.123131
5	源海图水深点纬度，双精度，以度为单位	23.0123131
6	源海图的图载水深，双精度，以为单位	42.5
7	订正到标准海平面的水深，双精度，以为米单位	41.7
8	订正到 85 高程基准水下地形数值，双精度，以为米单位	-40.2
9	源海图的地理坐标系，字符串，BJ54，WGS84	WGS84

4.2.4 海图要素综合信息

系统可以根据输入点和距离，利用矩形框选择邻近的海图要素对象，查询图库中的综合信息。函数原型：Select（Int Operator，CGisPoint PositionPt，double SelectDistance，IENCObject ObjSet，CString sXmlFilename）；

其中，Operator 为1时，在整个图库中查询；为2时，在图库中已经选中的图层中查询。

PositionPt：查询的地理坐标点经纬度。SelectDistance：以经纬度为单位的查询。

ObjSet 为输出要素，其内容设计如表 4.2 所示。

表4.2　海图要素综合信息属性

序号	返回要素和类型	内容示例
1	来自哪个图层（海图编号），字符串	13139a
2	源海图比例尺，整型	25000
3	源海图修测时间，字符串	2012.02
4	源海图的地理坐标系，字符串，BJ54，WGS84	WGS84
5	ENC对象类型，字符串	
6	ENC对象编号，字符串	
7	ENC对象名称，字符串	
8	ENC对象内容（说明），字符串	
9	ENC对象位置（点、多边形中心点、线中点），经纬度	

4.2.5　海图显示控制接口

对海图显示模式进行设定，模式在没有改变之前，将会一直有效。

函数原型：SetGetChartDrawMode（Int Option，Int * Mode）

其中，Option：1，设置海图显示时的白天、夜间等模式，以对话框方式提供交互设置。

Option：2，设置海图图层显标模式，根据海图显示经验，提供简单模式、标准模式和详细模式。

Option：3，设置海图图层显标模式，如图4.4对话框所示，提供用户定制模式。

Option：4，为了与遥感数据同屏显示，需要定制一种专门的海图显示模式。即将陆地部门的多边形不进行填充，给遥感影像留下空间，而水域部分按照海图显示，设置陆地区域不填充。

Option：5，恢复陆地区域的填充模式。

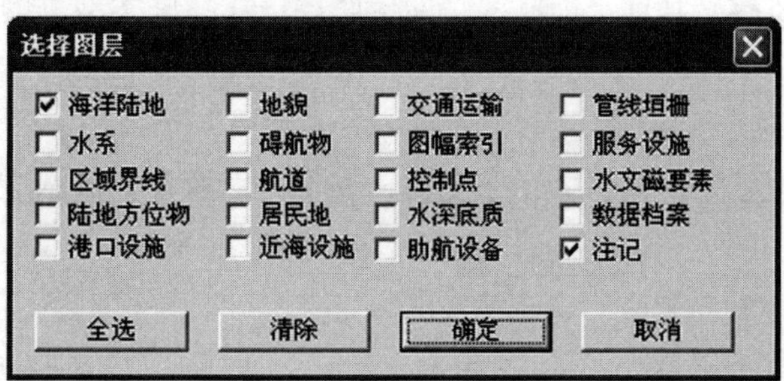

图4.4　海图显示控制接口

4.3 图像库显示

4.3.1 遥感影像库集成原理

遥感图像是基于空间的，基于地理空间位置的索引是最为基本的。无论在数据使用，还是在数据管理，都是基于空间位置这个要素而展开，因此，采用一个矩形框来索引遥感影像数据块就会变成很自然的想法。实践中，只要空间坐标系确定以后，采用矩形框表达遥感数据的方法是十分有效的。

作为遥感影像背景资料在显示方面的管理，最好的方法是采用规则的网格来放置遥感图像块，而在调用时，应用服务就可以根据简单的规则将规则网格中的数据块速拼装起来，提供高效的共享服务，这种方法可以方便地与数据库 BLOB 存储技术结合起来，有些具体应用都是基于这种方式构建的，如 ArcGIS 中的图像管理。但不足之处是遥感图像精度需要一致，最好都是一种规格，而且之间是无缝拼接的，同时在扩增方面，或者重叠方面，技术处理难度较大。

从表现形式来看，Google Earth 的影像管理是十分优秀的，它以景为单位管理库中遥感数据，每景影像之间可以重叠，也可以不重叠，处理相当灵活，使得影像库的维护和更新十分方便，这种数据框架是其维持竞争力的基石，否则，系统会随着应用数据的增加，导致数据管理上的不可控。

4.3.2 遥感影像集成显示方法

4.3.2.1 图像管理要素设计

在本系统中规定地图投影为经纬度，坐标系为 WGS84。采用 Google Earth 的影像管理方法，这种管理至少涉及以下 6 个要素，分别叙述如下：

（1）图像区域

图像数据采用景的管理方式，也就是图像文件一一对应的管理方式，那么，图像数据所对应的区域就是固定的区间，如果图像以经纬度来划分图像区域，那么一般情况下它就是一个矩形框，就是上、下、左、右四个浮点数。

（2）成像时间

就是时间维上数据，适合做动态变化，在作为影像背影显示应用上，只需用最新资料即可。

（3）图像基本比例尺

每个图像像素大小都代表一定的空间大小，如 TM 遥感数据为 30 米空间分辨率，将这个像素按照一般制图学上可见精度 0.1 毫米来计算（或者计算机屏幕的精度)，也就是0.1毫米就等于30米，即比例尺1:30万。因此，如果没有指定比例尺大小，遥感图像的比例尺其折算就按像素的空间分辨率来，1米分辨率就相当于1万比例尺。实际上，1米比例尺也可以为0.5万比例尺，这与制图精度有关，大体上来说，1米分辨率的遥感数据如果制成1:5 000的纸质地图，其视觉效果也是十分理想的。

之所以定义这个比例，是为了显示效果的需要。由于计算机显示时存在放大缩小的功能，往往是在一种幅度很宽大的范围显示图像数据，而且用户能够容忍一般情况下的粗颗粒显示，因此，在放大显示时，这个参数说明此遥感数据在这种屏幕分辨率下是最合适的。这个参数可以人为指定，而且作为一类数据来管理，也就是将相同比例尺的数据归为一个类型的数据，而具体位置是在其次的一个因子中。

(4) 最大显示比例尺

通过基本比例尺要素的描述，影像最大显示比例尺也能够确定，在显示时当屏幕图像上的比例尺超过个数时，即比例尺分母小于此值，那么这个数据块将不显示。假如这个值为5万，就是当屏幕上的地理信息放大到超过1:5万这个比例尺时，就不再显示了，因为，此时数据可能不准确，或者没有意义了。同时，根据程序让计算机智能判断显示设置。如果此值为0，就强制显示；如果为负数，就不显示。

(5) 最小显示比例尺

同理，最小显示比例尺与最大显示比例尺一致，通过计算机智能判断显示设置，当图像缩小到某个尺度后，将不再显示。如果此值为0，就强制显示；如果为负数，就不显示。

(6) 数据实体的高效存贮

一种基于数据库或者是文件的，具有快速访问的存储方式，是十分重要的。本系统选用ER Mapper公司的ECW技术，基于文件存储，支持快速读取文件，支持动态解压提取数据块，在数据管理上十分高效。

4.3.2.2 图像索引

图像索引是图像库管理的核心，是最小单元。单景图像如果在库中管理，由这个对象来完成，同时，该景数据在屏幕上显示，也是基于这个索引来实现的。下面为类设计。

```
class CRsBkImgIndex: public CObject
{
public:
long int        m_ ImgSN;                    // 在队列中是
唯一编号的
```

```
    char            m_ szRsBkImgFile [256];            // 文件名不超
过 256 个字符
    long int        m_ lImgCol;                        // 图像列数
    long int        m_ lImgRow;                        // 图像行数
    WORD            m_ ImgType;                        // 定义图像类
型，例如 ECW，用来指导下一步数据如何处理，是否解压等
    CGisRect        m_ ImgGeoBox;                      // 图像对象的
地理位置框。统一为经纬度，用来表达这个图像在这个区域中有数据。
    double                Kx, Ky, a, b;
    BOOL            m_ bVisible;
    long int        m_ lImgSacle;                      // 记录图像的
原始比例尺，如 TM 像素为 30 米时，合适的显示比例为 25 万
    long int        m_ lZoomInSacle;                   // 放大超过
此比例尺时，不再显示
    long int        m_ lZoomOutSacle;                  // 缩小超过此
比例尺时，不再显示
    long int        m_ CoordinateSystemCode;           // 0: WGS84
    long int        m_ MapProjectionCode;              // 0: 经纬度
    COleDateTime    m_ Surveytime;                     // 图像成像时
间。
    }。
```

4.3.2.3 图像库

基于文件管理方式来进行遥感影像库中的数据管理。在制作影像库时，根据图像分类规则，如比例尺、投影、坐标系等不同，将符合标准的遥感数据文件存储在指定的目录之下，并以人工交互方式读入，构建图像库文件，这个库文件以文本文件方式存储。在应用时直接读入这个图像库文件，自动将系统所需的影像索引全部读入系统，类似于 GIS 中的一个图像图层来显示这个图像库，只不过库中的数据是动态的，随着不同屏幕显示比例尺而进行智能的选择显示。针对不同应用，可以建立图层的影像文件集的索引文件。下面以本系统为例，描述一个图像索引文件如表 4.3 所示。

表 4.3　图像库索引文件表

FILE_ ECW_ LIB_ LABEL_ XZXY_ V100	文件标识	
渔业安全遥感影像集	描述信息，可用作图层名称	
图像层数 =1，2，3…	共有多少个比例尺的图像层	
第 1 个图像层的图像文件数 N	每层有多少个图像文件	
第 1 个图像层的主比例尺	分母 1 000 000	每个不同比例尺的图层，是由多个图像文件组成的，中间的比例尺控制一般情况下与图层相同
第 1 个图像层的放大到比例尺		
第 1 个图像层的缩小到比例尺		
文件名 1，文件发布时间，主比例尺、放大到比例尺、缩小到比例尺	第 N 个文件中的第 1 个文件参数	
文件名 2，文件发布时间，主比例尺、放大到比例尺、缩小到比例尺	第 N 个文件中的第 2 个文件参数	
……		
文件名 N，文件发布时间，主比例尺、放大到比例尺、缩小到比例尺	第 N 个文件中的第 N 个文件参数	
第 1 个图像层的图像文件数 M	每层有多少个图像文件	
第 1 个图像层的主比例尺	分母 100 000	每个不同比例尺的图层，是由多个图像文件组成的，中间的比例尺控制一般情况下与图层相同
第 1 个图像层的放大到比例尺		
第 1 个图像层的缩小到比例尺		
文件名 1，文件发布时间，主比例尺、放大到比例尺、缩小到比例尺	第 M 个文件中的第 1 个文件参数	
文件名 2，文件发布时间，主比例尺、放大到比例尺、缩小到比例尺	第 M 个文件中的第 2 个文件参数	
……		
文件名 M，文件发布时间，主比例尺、放大到比例尺、缩小到比例尺	第 M 个文件中的第 N 个文件参数	
第 1 个图像层的图像文件数 K	每层有多少个图像文件	
第 1 个图像层的主比例尺	分母 10 000	每个不同比例尺的图层，是由多个图像文件组成的，中间的比例尺控制一般情况下与图层相同
第 1 个图像层的放大到比例尺		
第 1 个图像层的缩小到比例尺		
文件名 1，文件发布时间，主比例尺、放大到比例尺、缩小到比例尺	第 K 个文件中的第 1 个文件参数	
文件名 2，文件发布时间，主比例尺、放大到比例尺、缩小到比例尺	第 K 个文件中的第 2 个文件参数	
……		
文件名 K，文件发布时间，主比例尺、放大到比例尺、缩小到比例尺	第 K 个文件中的第 N 个文件参数	
END_ FILE_ LABEL	文件结束标识符	

4.3.2.4 图像库组件

图像库组件主要解决以下几个问题，第一，读入图像库的索引文件，并将图像数据从本地文件目录下载。第二，提供显示功能，即在指定的屏幕区域中将地理区域内的遥感影像在当前比例尺中显示出来，显示效果如彩图4所示。

图像库的索引读入实际上是读取指定目录下的图像文件，并按照每个图像文件所对应的空间位置对应关系，建立合适比例尺下的映射关系。

函数原型：LoadEcwPrjFile（BSTR sEcwPrjFileName，LONG iClearProvious）；

其中，sEcwPrjFileName 为每幅影像的名称；iClearProvious 为每幅影像的索引号。

第二个功能是控件提供一个显示调用，用户不关心具体图像抽取与合并、空间定位等具体复杂的技术实现，只需要给出在什么显示设备上，要显示哪个地理区域（矩形区块），将这个区域的影像显示在屏幕的什么区域（矩形框），另外一个附加的信息为当前比例尺，如果此值为0，那么图像库中所有数据都显示，不进行比例尺 MATCH 操作。

函数原型：DrawImg（LONG hDC，DOUBLE * GeoBoxRect，LONG * ScreenRect，LONG MapScale）；

其中：GeoBoxRect 为矩形框坐标点，ScreenRect 为计算机屏幕范围，MapScale 地图比例尺。

4.4 船位动态数据显示

4.4.1 渔船动态数据加载与显示

系统业务化运行后，每天接收数以万计的渔船定位数据，为了加速渔船在线的显示速度，直接将渔船动态信息通过数据库模块读入内存，并根据渔船类型设置符号显示渔船。系统自动计算屏幕当前电子海图显示时的比例尺大小，采用不同类型的渔船显示符号。本书参考了各省市在渔业安全救助系统中使用的船显符号，如表4.4所示；在其基础上增加商航、搜救船、执法船、军舰等其他类型船只的符号表达，如表4.5所示，构建渔业生产安全环境保障服务系统使用的船只可视化符号，将定位终端类型与船只类型有机结合如图4.5所示。

表 4.4　渔船定位终端类型的图标显示符号

终端类型	字母表示	简单图标	船型图标	备注
北斗卫星	B		B B	
海事卫星	H		H H	
AIS CLASS A	A			
AIS CLASS B	A			
雷达	R		R R	
CDMA	C			
短波	S		S S	
超短波	V		V V	
RFID	F		F F	
90C	O			
未知终端	U			船舵
多终端融合	例如北斗、AIS 融合	BA	BA BA	
其他类型	…	…	…	

表 4.5　其他类型船只的图标显示符号

船只类型	字母表示	简单图标	船型图标	备注
商航	bu			轮船外型
搜救船	sa			红十字
执法船	su			巡逻飞机
军舰	ws			船型尖、舰炮、塔台

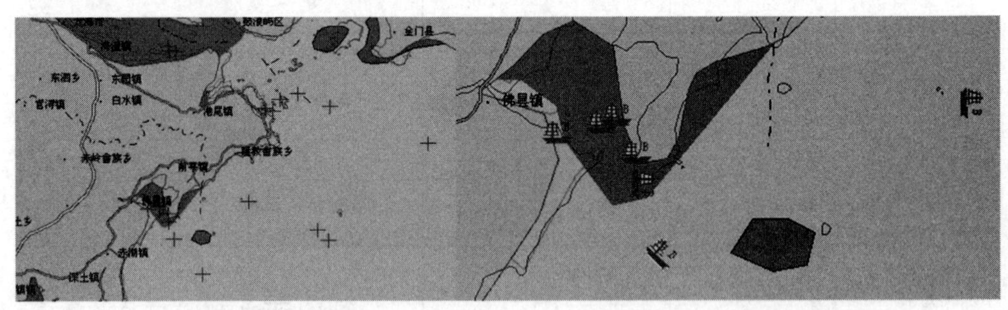

图 4.5　多级比例尺下渔船符号

渔业系统集成显示平台初始化或运行一段时间后显示渔船动态船位信息，如图 4.6 所示，渔船系统流程中涉及的核心函数如下：

（1）从数据库中获取当前渔船动态船位信息后生成 txt 文件

函数原型：void CShipShowX:: ReadfromDBtoBKfile（int regionx）

其中，regionx 为上传渔船信息的省份代码。代码设计：国家 1，北海 2，东海 3，南海 4，辽宁 5，山东 6，江苏 7，浙江 8，福建 9，广东 10，海南 11。其中，北海包括辽宁和山东（5 和 6），东海包括江苏、浙江和福建（7、8、9），南海包括广东和海南（10 和 11）。

（2）txt 文件的船位生成 Shapefile 文件

函数原型：void CShipShowX:: CreateShipShapefileByMemo（CString filex）

其中，filex 为 txt 文件的文件名。

（3）Shapefile 文件加载到集成显示平台上显示

函数原型：voidCShipShowX：AddShipShapefileToLayer（CString filex）

其中，filex 为 shapefile 文件的文件名。

图4.6　渔船动态数据显示

4.4.2　渔船搜索与信息查询显示

渔船的信息查询显示，根据渔船编号的唯一性，获取渔船动态数据和渔船静态数据信息，以供查询使用。为了方便查询，通过程序定义 m_ whichBTdown 的属性值，实现系统的单点查询、圆搜、方搜及不规则搜索查询4种方式。

同时选择标签显示设置，可以设置是否显示渔船标签及标签的显示内容。标签一次最多显示3类项目内容，例如：渔船编号、渔船类型、渔场名称、吨位、材质、船长、船主等属性信息。

单点查询，通过点击鼠标右键的快捷菜单选择渔船信息，在主海图显示区点选想要查看的渔船，在该渔船周围任何地点再单击鼠标确定标签位置，则在信息列表中显示该渔船的信息，并标注标签。如图4.7所示。

当 m_ whichBTdown 的属性值为7时，实现渔船圆形搜索，在海图显示区所需搜索区域点击鼠标左键，从圆心拉出圆形搜索范围，再次点击左键结束。信息列表栏出现圆形搜索范围内渔船列表，点击列表某项，则显示该渔船位置和标签，如图4.8所示。

```
//圆形搜索
        if (m_ whichBTdown = =7)
          {
              double x1, y1;
              m_ MainMap. PixelToProj (x, y, &x1, &y1);
```

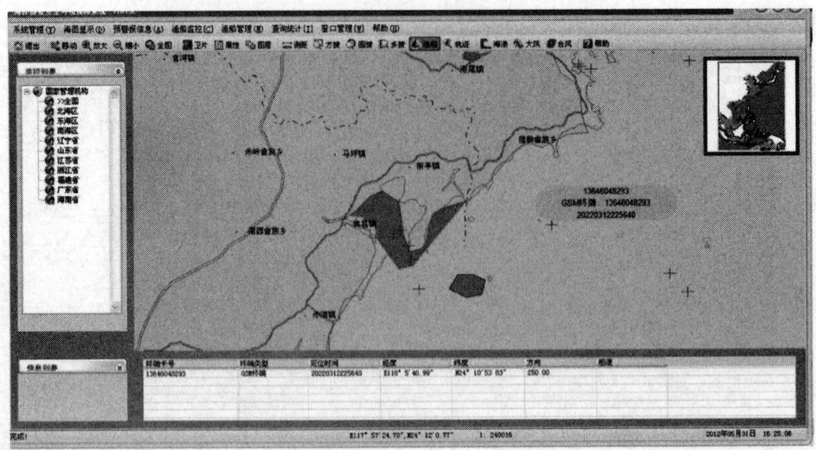

图 4.7　渔船属性信息显示

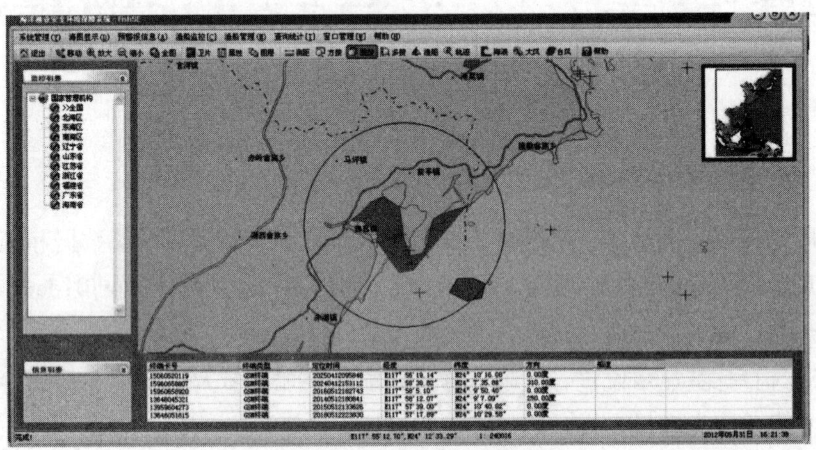

图 4.8　渔船信息圆形搜索

```
if (m_ selPionti = =1)
{
    double dist = GetDistance (m_ point1x, m_ point1y, x1, y1);
    CString c1;
    c1. Format ("%.2lf 海里", dist);

    if (m_ YcjkDrawHand > =0) m_ MainMap. ClearDrawing (m_ YcjkDrawHand);
    m_ YcjkDrawHand = m_ MainMap. NewDrawing (mapWindow:: dlSpatiallyReferencedList);
```

```
        double radius = sqrt ( (m_ point1x - x1) * (m_ point1x -
x1) + (m_ point1y - y1) * (m_ point1y - y1));
    m_ MainMap. DrawCircle (m_ point1x, m_ point1y, radius, RGB (0,
0, 0), false);
      m_ MainMap. AddDrawingLabel (m_ YcjkDrawHand, c1, RGB (0,
0, 0), x1, y1, 0);
        }
    }
```

当 m_ whichBTdown 的属性值为 8 时，实现渔船方形搜索，在海图显示区所需搜索区域点击鼠标左键，拉出矩形搜索范围，再次点击左键结束。信息列表栏出现矩形搜索范围内渔船列表，点击列表某项则显示该渔船位置和标签，如图 4.9 所示。

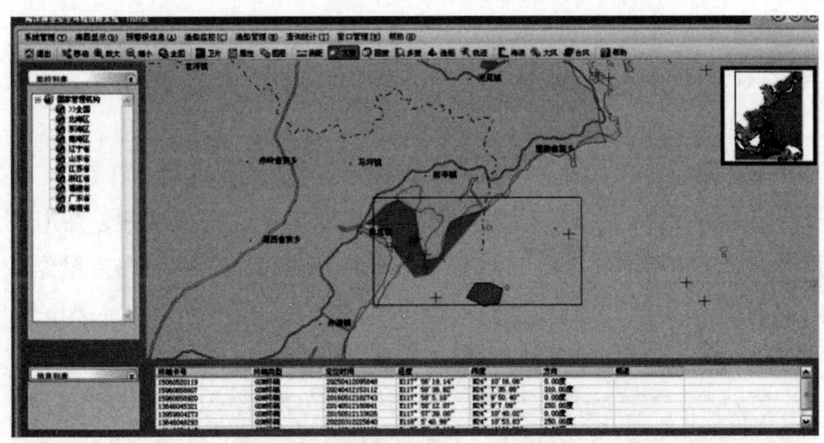

图 4.9　渔船信息方形搜索

```
//方形搜索
      if (m_ whichBTdown = =8)
      {
          double x1, y1;
          m_ MainMap. PixelToProj (x, y, &x1, &y1);
          if (m_ selPionti = =1)
          {
              double dist = GetDistance (m_ point1x, m_ point1y, x1,
y1);
              CString c1;
              c1. Format ("%.2lf 海里", dist);
```

```
if (m_ YcjkDrawHand > =0) m_ MainMap. ClearDrawing (m_ YcjkDrawHand);
m_ YcjkDrawHand = m_ MainMap. NewDrawing (mapWindow:: dlSpatiallyReferencedList);
m_ MainMap. DrawLine (m_ point1x, m_ point1y, m_ point1x, y1, 1, RGB (0, 0, 0));
m_ MainMap. DrawLine (m_ point1x, m_ point1y, x1, m_ point1y, 1, RGB (0, 0, 0));
m_ MainMap. DrawLine (x1, y1, m_ point1x, y1, 1, RGB (0, 0, 0));
m_ MainMap. DrawLine (x1, y1, x1, m_ point1y, 1, RGB (0, 0, 0));
m_ MainMap. AddDrawingLabel (m_ YcjkDrawHand, c1, RGB (0, 0, 0), x1, y1, 0);
        }
    }
```

当 m_ whichBTdown 的属性值为 9 时，实现渔船不规则形搜索，在海图显示区所需搜索区域单击鼠标左键，画出闭合不规划形搜索范围，再双击左键结束。信息列表栏出现不规划形搜索范围内渔船列表，点击列表某项则显示该渔船位置和标签，如图 4.10 所示。

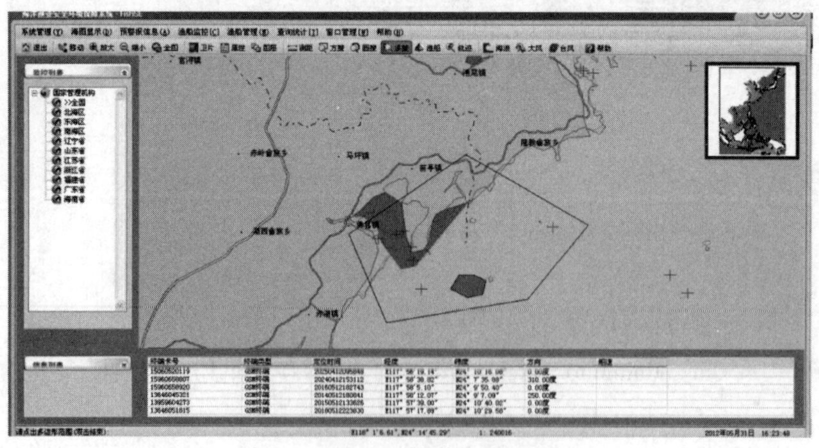

图 4.10　渔船信息不规则图形搜索

```
//不规则搜索
    if (m_ whichBTdown = =9)
      {
```

```
        double x1, y1;
    m_ MainMap.PixelToProj (x, y, &x1, &y1);
        if (m_ selPionti >0)
        {
            double dist = GetDistance (m_ point1x, m_ point1y, x1, y1);
            CString c1;
            c1.Format ("%.2lf 海里", dist);
            if (m_ YcjkDrawHand > =0) m_ MainMap.ClearDrawing (m_ YcjkDrawHand);
            m_ YcjkDrawHand = m_ MainMap.NewDrawing (mapWindow:: dlSpatiallyReferencedList);
            for (int ii1 =0; ii1 <m_ selPionti -1; ii1 + +)
            {
        m_ MainMap.DrawLine (m_ myPointsx [ii1], m_ myPointsy [ii1], m_ myPointsx [ii1 +1], m_ myPointsy [ii1 +1], 1, RGB (0, 0, 0));
            }
    m_ MainMap.DrawLine (m_ point1x, m_ point1y, x1, y1, 1, RGB (0, 0, 0));
        m_ MainMap.AddDrawingLabel (m_ YcjkDrawHand, c1, RGB (0, 0, 0), x1, y1, 0);
        }
    }
```

显示代码

```
    void CShipShowX:: DealWithYCBIAOQIAN ()
    {
      //read paras from FishLabels.def
      CString parafile = m_ CurExePath;
      parafile + = " FishLabels.def";
      FILE * fp;
    char s [500];
    if ( (fp = fopen (parafile, " r")) ! = NULL)
        {
    fgets (s, 256, fp);
```

```
            if (atoi (s) ==1) IfShowBIAOQIAN = true; else IfShowBIAO-
QIAN = false;
            BQShownum = 0;
      fgets (s, 256, fp);
            if (atoi (s) ==1) {BQShow [0] = true; BQShownum++;}
else BQShow [0] = false;
      fgets (s, 256, fp);
            if (atoi (s) ==1) {BQShow [1] = true; BQShownum++;}
else BQShow [1] = false;
      fgets (s, 256, fp);
            if (atoi (s) ==1) {BQShow [2] = true; BQShownum++;}
else BQShow [2] = false;
      fgets (s, 256, fp);
            if (atoi (s) ==1) {BQShow [3] = true; BQShownum++;}
else BQShow [3] = false;
      fgets (s, 256, fp);
            if (atoi (s) ==1) {BQShow [4] = true; BQShownum++;}
else BQShow [4] = false;
      fgets (s, 256, fp);
            if (atoi (s) ==1) {BQShow [5] = true; BQShownum++;}
else BQShow [5] = false;
      fgets (s, 256, fp);
            if (atoi (s) ==1) {BQShow [6] = true; BQShownum++;}
else BQShow [6] = false;
      fclose (fp);
      }
      //draw
      DrawYCBIAOQIAN ();
      }
```

4.4.3 渔船轨迹回放

渔船历史轨迹查询显示，通过指定的时间段回放渔船的历史轨，在本系统轨迹回放分为以下几步：区域选择渔船、筛选渔船、获取渔船历史数据、显示轨迹、去除轨迹叠加等。

可以通过设置条件来筛选单个或多个渔船，也可以通过区域选择渔船直接从显示区选择（用圆搜、方搜、多搜工具）。

根据获取的渔船信息，修改想要获取的数据天数，来获取有关轨迹数据，并可以查看所获取数据的具体信息，如图4.11所示。

图4.11　渔船历史轨迹数据获取

设置轨迹回放的速度，点击显示轨迹，则显示有关渔船的轨迹线，点击取消轨迹则停止显示轨迹线。点击播放轨迹，地图显示区会根据所选时间段一步一步播出渔船轨迹，中途可暂停或取消，如图4.12所示。

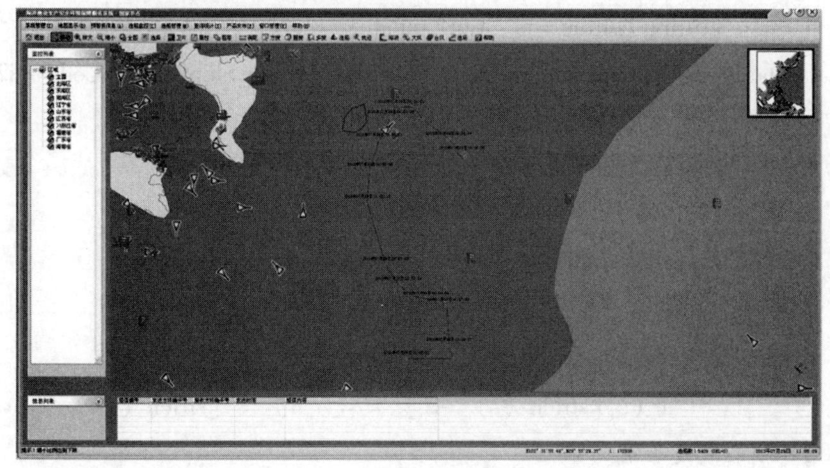

图4.12　渔船轨迹动画显示

相关代码

```
void MANGUIJI:: OnButtonGuijiPlay ()
{
```

```
    if (pMainMap = = NULL) return;
    if ( * pplay) return;
    if (ShipSelectedNum = =0) return;
    //检查参数
    char c1 [100];
    m_ Speed. GetWindowText (c1, 100);
    Speedx = atof (c1);
    if (Speedx < =0) {
        AfxMessageBox (" 播放速度不能为0或负数!");
        return;
    }
    //确定最佳显示区域, 最早时间
    double xmin =9999;
    double ymin =9999;
    double xmax = -9999;
    double ymax = -9999;
    ZuizaoT = " 99999999999999";
    for (int i2 =0; i2 < ShipSelectedNum; i2 + +)
     {
        CString bufffile = m_ CurExePath;
    bufffile + = " .. \ \ ShipPos \ \ GUIJI_ " + ShipSelectedCode [i2]
+ " . txt";
        char s [500];
        FILE * fp;
  if ( (fp = fopen (bufffile, " r")) ! = NULL)
        {
  fgets (s, 256, fp);
            if (s [strlen (s) -1] = ='\ n') {s [strlen (s) -1] ='
\ 0';} //检查是否有回车
            int num1 = atoi (s);
            for (int i3 =0; i3 < num1; i3 + +)
             {
  fgets (s, 256, fp);
               if (s [strlen (s) -1] = ='\ n') {s [strlen (s) -
```

```
1] ='\0';} //检查是否有回车
                    if (s<ZuizaoT) ZuizaoT=s;
    fgets (s, 256, fp);
                    double x1=atof (s) /1000000.0;
    fgets (s, 256, fp);
                    double y1=atof (s) /1000000.0;
            if (x1<xmin) xmin=x1;
            if (y1<ymin) ymin=y1;
            if (x1>xmax) xmax=x1;
            if (y1>ymax) ymax=y1;
                }
            fclose (fp);
            }
        }
      double dtx= (xmax-xmin) *0.15;
      double dty= (ymax-ymin) *0.15;
      xmin=xmin-dtx;
      xmax=xmax+dtx;
      ymin=ymin-dty;
      ymax=ymax+dty;
      mapWindow::IExtentsPtr pExt1;
      pExt1=pMainMap->GetExtents ();
      pExt1->SetBounds (xmin, ymin, 0, xmax, ymax, 0);
    pMainMap->SetExtents (pExt1);
      //显示轨迹
      OnButtonGuijiShow ();
      //创建 shapefile
    CreateShpfile ();
      //初始化正在播放第几个点
      for (int i3=0; i3<20; i3++) isPlayingI [i3] =1;
      for (int i4=0; i4<20; i4++) allDone [i4] =false;
      //根据时间移动渔船
      //将最早时间作为当前时间
      timenow=GetTimeBySTR (ZuizaoT);
```

```
// 安装定时器，并将其时间间隔设为 1 000 毫秒
SetTimer (9, 1000, NULL);
* pplay = true;
isPaused = false;
}
```

4.5 预警报产品显示

预警报产品叠加显示，是根据预警报数据产品的发布，解决海浪预警报产品、海面风预警报产品和热带气旋预警报产品叠加显示功能，系统提供选择发布单位以及产品类型（预报/警报），可直接从数据库中调出最新预警报产品，叠加到当前图层中，如彩图 5 为渔船海浪警报显示，彩图 6 为渔船海浪预报产品显示。

预警报产品叠加显示中有以下几个关键步骤

（1）获取计算机屏幕尺寸以及检查预警报产品数据库连接情况

```
void YJBSELHL:: OnYjbselhl ()
{
  //获得显示设置情况
  showck [0] = false; showck [1] = false; showck [2] = false;
showck [3] = true;
  showck [4] = false; showck [5] = false; showck [6] = false;
showck [7] = true;
  CString cs1 = m_ CurExePath;
  cs1 = cs1 + " YJBSHOW. def";
  FILE * fp;
if ( (fp = fopen (cs1, " r")) ! = NULL)
  {
char s [256];
     fgets (s, 256, fp);
     if (s [strlen (s) -1] = = '\ n') s [strlen (s) -1] = '\ 0';
     showck [0] = atoi (s);
     fgets (s, 256, fp);
     if (s [strlen (s) -1] = = '\ n') s [strlen (s) -1] = '\ 0';
     showck [1] = atoi (s);
     fgets (s, 256, fp);
     if (s [strlen (s) -1] = = '\ n') s [strlen (s) -1] = '\ 0';
```

```
        showck [2] =atoi (s);
        fgets (s, 256, fp);
        if (s [strlen (s) -1] = ='\ n') s [strlen (s) -1] ='\ 0';
        showck [3] =atoi (s);
        fgets (s, 256, fp);
        if (s [strlen (s) -1] = ='\ n') s [strlen (s) -1] ='\ 0';
        showck [4] =atoi (s);
        fgets (s, 256, fp);
        if (s [strlen (s) -1] = ='\ n') s [strlen (s) -1] ='\ 0';
        showck [5] =atoi (s);
        fgets (s, 256, fp);
        if (s [strlen (s) -1] = ='\ n') s [strlen (s) -1] ='\ 0';
        showck [6] =atoi (s);
        fgets (s, 256, fp);
        if (s [strlen (s) -1] = ='\ n') s [strlen (s) -1] ='\ 0';
        showck [7] =atoi (s);
fclose (fp);
  }
  //can link database?
extern CFishSEApp theApp;
if (theApp. MyDatabase. get_ Bad ())
  {
        MessageBox (" 无法连接服务器数据库!");
        return;
  }
```

（2）查询各海区及省发送的预警报产品数据是否上传，并对上传的产品进行解码同时存储在国家的产品数据库中。

```
//产品类型
  int nIndex = m_ combo1. GetCurSel ();
  CString KeyType;
  m_ combo1. GetLBText (nIndex, KeyType);
CString LEIXING =" F";
  CString LX =" 0";
  if (KeyType = =" 警报")
```

```
{
    LEIXING = " W";
    LX = " 1";
}
//信息来源?
int nIndex2 = m_ combo2. GetCurSel ( );
CString KeyType2;
m_ combo2. GetLBText (nIndex2, KeyType2);
CString LAIYUAN = " GJ";
CString unitx;
if (KeyType2 = = " 国家海洋环境预报中心")
  {
    unitx = " 国家海洋环境预报总台";
    LAIYUAN = " GJ";
}
if (KeyType2 = = " 北海预报中心")
  {
    unitx = " 北海区台";
    LAIYUAN = " BH";
}
if (KeyType2 = = " 东海预报中心")
  {
    unitx = " 东海区台";
    LAIYUAN = " DH";
}
if (KeyType2 = = " 南海预报中心")
  {
    unitx = " 南海区台";
    LAIYUAN = " NH";
}
if (KeyType2 = = " 辽宁省海洋环境预报总站")
  {
    unitx = " 辽宁省台";
    LAIYUAN = " LN";
```

```
}
if (KeyType2 = =" 山东省海洋预报台")
 {
    unitx =" 山东省台";
    LAIYUAN =" SD";
}
if (KeyType2 = =" 江苏省海洋环境监测预报中心")
 {
    unitx =" 江苏省台";
    LAIYUAN =" JS";
}
if (KeyType2 = =" 浙江省海洋监测预报中心")
 {
    unitx =" 浙江省台";
    LAIYUAN =" ZJ";
}
if (KeyType2 = =" 福建省海洋预报台")
 {
    unitx =" 福建省台";
    LAIYUAN =" FJ";
}
if (KeyType2 = =" 广东省海洋预报台")
 {
    unitx =" 广东省台";
    LAIYUAN =" GD";
}
if (KeyType2 = =" 海南省海洋监测预报中心")
 {
    unitx =" 海南省台";
    LAIYUAN =" HN";
}
//时间
CString SHIJIAN ="";
CString SQL =" select product_ id from wfwpts";
```

```
SQL + =" where product_ type =" + LX;
SQL + =" and post_ org = '" + unitx;
SQL + =" 'order by post_ time desc";
char sqlxx [1000];
strcpy (sqlxx, SQL);
int bknum =0;
CString idxs [1];
theApp. MyDatabase. get_ strs_ 1fld_ fromtbl_ bysqlx (sqlxx, idxs,
&bknum, 1);
if (bknum = =0)
  {
    MessageBox (" 未找到相关记录!");
return;
}
if (bknum >0)
  {
long oldc = pMainMap - > GetMapCursor ();
pMainMap - > SetMapCursor (13);
  ((CMainFrame * ) AfxGetMainWnd ()) - > m_ wndStatus-
Bar. SetPaneText (0," 正在处理数据...");
    //already have?
CString metafile = m_ CurExePath;
metafile + =" ..\\Forecast\\HL" + idxs [0] + ".txt";
    bool alreadyhave = false;
    FILE * fp;
if ((fp = fopen (metafile, " r")) ! =NULL)
    {
fclose (fp);
        alreadyhave = true;
    }
    //no , download it
    if (! alreadyhave)
      {
    //get meta data
```

```
                CString SQL = " select product_ id, product_ name, product
_ type, post_ org, to_ char (post_ time, 'YYYYMMDDHH24'), prediction
_ time, description, product _ location, linkman, tel, to _ char ( load _
time, 'YYYYMMDDHH24MISS') from wfwpts" ;
            SQL + = " where product_ id = "  + idxs [0];
        strcpy (sqlxx, SQL);
        int fldnum = 11;
      theApp. MyDatabase. get_ strs_ tofile_ fromtbl_ bysqlx (sqlxx, fldnum,
metafile, &bknum, 1);
                if (bknum = =0)
                {
        ( ( CMainFrame * ) AfxGetMainWnd ( ))  - > m _ wndStatus-
Bar. SetPaneText (0," 完成");
      pMainMap - > SetMapCursor (oldc);
                    MessageBox (" 未找到相关记录!");
            return;
                }
```

(3) 读取预警报文件，包括文件的标注、点、线、面的属性信息。将该信息转为 Shapefile 文件后加载到集成显示平台上显示。

```
                CString useLayerName = " 海浪预报图层";
                if (LEIXING = = " W")
                {
                    useLayerName = " 海浪警报图层";
                }
        //if exist layer then remove it
      int k1 = pMainMap - > GetNumLayers ();
        for (int j1 =0; j1 < k1; j1 + +)
        {
        int hd1 = pMainMap - > GetLayerHandle (j1);
                    CString name1 = pMainMap - > GetLayerName (hd1);
        if (name1 = = useLayerName)
                    {
                        CShapefile sf1 = pMainMap - > GetShapefile (hd1);
            CTable tb1 = sf1. GetTable ();
```

```
                pMainMap - > RemoveLayer (hd1);
            tb1. Close ();
                    sf1. Close ();
                break;
                }
        }
        //添加要素至图层
        //添加注记
        if (showck [0])
        {
            CString shpfilename2 = m_ CurExePath;
        shpfilename2 + = " . . \ \ Forecast \ \ "  + LAIYUAN + LEIXING + "
WA"  + SHIJIAN + " ANN"  + " . shp";
            CString annfldname = " CONTENT";
            CString uselayername = " 海浪标注图层";
            long fontsizex = 18;
            if (file_ exists (shpfilename2))
            {
                CShapefile * pshapefile2;
                pshapefile2 = new CShapefile ();
        pshapefile2 - > CreateDispatch (_ T (" MapWinGIS. Shapefile"));
                pshapefile2 - > Open (shpfilename2, NULL);
                //有无编码字段
                CField fldx1 = pshapefile2 - > GetFieldByName (" 编码");
    if (fldx1 = = NULL)
                {
                //有无 Code 字段
                    CField fldx2 = pshapefile2 - > GetFieldByName ( "
Code");
        if (fldx2 = = NULL)
                    {
            MessageBox (" Shapefile 文件缺少 Code 字段!");
            return;
                }
```

```
                    //把 Code 字段改为编码字段
        pshapefile2 - > StartEditingTable (NULL);
        fldx2. SetName (" 编码");
        pshapefile2 - > StopEditingTable (true, NULL);
                }
                //叠加到图层
      int useHandle = pMainMap - > AddLayer ( * pshapefile2, true);
        if (useHandle > =0)
                {
        pMainMap - > SetLayerName (useHandle, uselayername);
                    //标注, annfldname
                    long numfx = pshapefile2 - > GetNumFields ();
                    long fldx = - 1;
                    for (int ii2 =0; ii2 < numfx; ii2 + +)
                      {
                          CString namex1 = pshapefile2 - > GetField (ii2)
. GetName ();
                        namex1. MakeUpper ();
                        if (namex1 = = annfldname)
                          {
                            fldx = ii2;
                            break;
                          }
                      }
                    if (fldx > =0)
                      {
                        pshapefile2 - > GenerateLabels (fldx, 2, true);
                          pMainMap - > LayerFont (useHandle," 宋体",
fontsizex);
                          pMainMap - > SetUseDrawingLabelCollision (use-
Handle, true);
      pMainMap - > AddLabel (useHandle,"", RGB (255, 0, 0), 117,
23, 0); //need
        pMainMap - > Redraw (); //need
```

```
                }
            }
            delete pshapefile2;
        }
    }
    //添加点 PNT 属性信息
    if (showck [1])
    {
        CString shpfilename2 = m_ CurExePath;
    shpfilename2 + =" .. \ \ Forecast \ \ "  + LAIYUAN + LEIXING + "
WA"  + SHIJIAN + " PNT"  + " . shp";
        CString uselayername = " 海浪点图层";
        if (file_ exists (shpfilename2))
        {
            CShapefile * pshapefile2;
            pshapefile2 = new CShapefile ();
    pshapefile2 - > CreateDispatch (_ T (" MapWinGIS. Shapefile"));
            pshapefile2 - > Open (shpfilename2, NULL);
            //有无编码字段
            CField fldx1 = pshapefile2 - > GetFieldByName (" 编码");
  if (fldx1 = = NULL)
            {
            //有无 Code 字段
                CField fldx2 = pshapefile2 - > GetFieldByName ("
Code");
    if (fldx2 = = NULL)
                {
        MessageBox (" Shapefile 文件缺少 Code 字段!");
        return;
                }
                //把 Code 字段改为编码字段
    pshapefile2 - > StartEditingTable (NULL);
    fldx2. SetName (" 编码");
    pshapefile2 - > StopEditingTable (true, NULL);
```

```
            }
            //叠加到图层
    int useHandle = pMainMap - > AddLayer ( * pshapefile2, true);
      if (useHandle > =0)
            {
      pMainMap - > SetLayerName (useHandle, uselayername);
            }
            delete pshapefile2;
        }
    }
    //添加线 LIN 属性信息
    if (showck [2])
      {
        CString shpfilename2 = m_ CurExePath;
    shpfilename2 + = " .. \ \ Forecast \ \ "  + LAIYUAN + LEIXING + "
WA"  + SHIJIAN + "  LIN"  + " . shp";
        CString uselayername = " 海浪线图层";
        if (file_ exists (shpfilename2))
          {
            CShapefile * pshapefile2;
            pshapefile2 = new CShapefile ();
    pshapefile2 - > CreateDispatch (_ T (" MapWinGIS. Shapefile"));
            pshapefile2 - > Open (shpfilename2, NULL);
            //有无编码字段
            CField fldx1 = pshapefile2 - > GetFieldByName (" 编码");
  if (fldx1 = = NULL)
            {
            //有无 Code 字段
                CField fldx2 = pshapefile2 - > GetFieldByName ("
Code");
    if (fldx2 = = NULL)
              {
        MessageBox (" Shapefile 文件缺少 Code 字段!");
        return;
```

```
                }
                //把 Code 字段改为编码字段
    pshapefile2 - > StartEditingTable (NULL);
    fldx2. SetName (" 编码");
    pshapefile2 - > StopEditingTable (true, NULL);
            }
            //叠加到图层
  int useHandle = pMainMap - > AddLayer ( * pshapefile2, true);
    if (useHandle > =0)
            {
    pMainMap - > SetLayerName (useHandle, uselayername);
            }
            delete pshapefile2;
        }
    }

    //添加面 PLY 属性信息
    if (showck [3])
      {
        CString shpfilename2 = m_ CurExePath;
    shpfilename2 + = " .. \ \ Forecast \ \ "  + LAIYUAN + LEIXING + "
WA"  + SHIJIAN + " PLYCLIP" + " . shp";
        if (file_ exists (shpfilename2))
          {
            CShapefile * pshapefile2;
            pshapefile2 = new CShapefile ();
    pshapefile2 - > CreateDispatch (_ T (" MapWinGIS. Shapefile"));
            pshapefile2 - > Open (shpfilename2, NULL);
  int useHandle = pMainMap - > AddLayer ( * pshapefile2, true);
    if (useHandle > =0)
            {
    pMainMap - > SetLayerName (useHandle, useLayerName);
            }
            delete pshapefile2;
```

```
        }
    }
            CDialog:: OnOK ();
        }
    }
}
```

第 5 章　WEBGIS 发布平台开发

为了拓展全国海洋渔业环境保障服务预警报产品的发布渠道，根据目前沿海各省海洋渔业安全生产管理部门和广大渔民的实际需求，结合国家海洋环境预报中心的工作实际，基于 WEBGIS 技术开发专门服务网页，每日向社会公众发布渔业保障服务产品。

5.1　平台框架设计

从技术实现角度，“海洋渔业环境保障服务产品 WEBGIS 发布平台”总体框架由运行支撑层、数据层、引擎层、应用软件层 4 个具有内在联系、层次结构分明的层级有机组成，涵盖平台建设的主要内容，WEBGIS 发布平台框架如图 5.1 所示。

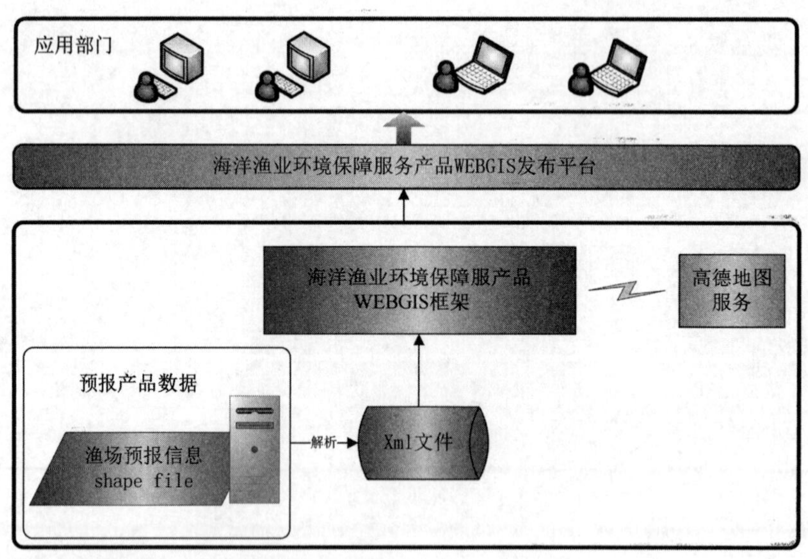

图 5.1　海洋渔业环境保障服务产品 WEBGIS 发布平台框架设计图

5.1.1　运行支撑层

运行支撑层包括支撑平台运行的基本软硬件环境，如基础软件（地图平台、数据交换介质、操作系统等）、硬件（服务器、存储设备等）、网络（路由器、防火墙、隔离设施等）以及平台运行的保障体系（全国渔业安全生产保障服务系统技术规范）。“海洋渔业环境保障服务产品WEBGIS发布平台”部署于国家海洋环境预报中心，利用其提供的计算资源、存储资源等，并依托国家海洋环境预报中心的千兆互联网出口展开服务与应用。

5.1.2 数据层

数据是平台的基础和核心。平台是服务数据的主体，是对现有渔场预警报数据进行一系列加工处理形成的以面向业务、具有时效性的预报产品，包含渔场空间数据、渔场海浪预报数据、渔场海面风预报数据以及热带气旋警报数据，数据以xml格式上传至系统指定目录。

5.1.3 引擎层

引擎层是平台服务接口层的底层，主要指高德地图服务引擎，是连接数据层和服务层的中间层。

5.1.4 应用软件层

应用软件是“海洋渔业环境保障服务产品WEBGIS发布平台”核心功能的外在体现，是向各业务部门提供服务的主要途径。本项目应用软件层主要指WEBGIS平台网页。

5.2 平台开发

5.2.1 海洋环境保障产品制作

海洋渔业环境保障服务产品WEBGIS发布平台的预警报产品包括渔场海浪预报、渔场海面风预报以及热带气旋警报产品，预报时效为24小时、48小时、72小时。预警报产品产品的制作是在全国渔业生产安全环境保障服务系统集成显示平台上完成。集成显示平台通过读取数据库中的预警报信息并生产可以被WEBGIS平台使用的XML文件，文件名如表5.1所示。

表5.1 海洋渔业WEBGIS发布平台预警报产品表

类型	预警报产品文件名称
渔场海浪预警报产品	WaveFishery. XML
渔场大风预警报产品	WindFishery. XML
热带气旋路径预警报产品	Typhoon. XML

5.2.1.1 海浪预报产品数据格式

<TJH_ FISHERY_ FORECAST_ XML_ FILE>
<预报产品类型>渔场海浪预警报</预报产品类型>
<预报发布时间>2013 年 04 月 15 日 09 时</预报发布时间>
<预报时效>24 小时</预报时效>
<预报类型>常规预报</预报类型>
<图层外框>
<xMin> =104.00012101225 </xmin>
<yMin> =2.50011776687577 </ymin>
<xMax> =128.000122807429 </xmax> = “41.0001269391832” >
<yMax> =41.0001269391832 </yMax>
</图层外框>
<对象类型>面对象图层</对象类型>
<对象个数>53 </对象个数>
<对象>
<渔场编号>1 </渔场编号>
<渔场名称>辽东湾渔场</渔场名称>
<预报信息>浪高：2.5 米</预报信息>
<预报低值>2.5 </预报低值>
<PartID>
<边线颜色>#A0A0A0 </边线颜色>
<边线粗细>1 </边线粗细>
<边线透明度>0.97 </边线透明度>
<填充颜色>#2926A4 </填充颜色>
<填充透明度>0.7 </填充透明度>
<放大比例尺>32 </放大比例尺>
<放大比例尺名称>BBBB </放大比例尺名称>
<点数>21 </点数>
<坐标集>wyfyFwxtjV ~ s'B? ~ s'B?? ~ s'B </坐标集>
</PartID>
</对象>
//<对象>
// 渔场编号 2 至 53 略

//</对象>

</TJH_ FISHERY_ FORECAST_ XML_ FILE>

5.2.1.2　海面风预报产品数据格式

渔场海面风预报产品 xml 文件格式如下：

<? xml version =" 1.0" encoding =" utf - 8"?>

<TJH_ FISHERY_ FORECAST_ XML_ FILE>

<预报产品类型>渔场海面风预警报</预报产品类型>

<预报发布时间>2013 年 04 月 15 日 09 时</预报发布时间>

<预报时效>24 小时</预报时效>

<预报类型>常规预报</预报类型>

<图层外框 xMin =" 104.00012101225 " yMin =" 2.50011776687577"

xMax =" 128.000122807429 " yMax =" 41.0001269391832" ></图层外框>

<对象类型>面对象图层</对象类型>

<对象个数>53</对象个数>

<对象>

<渔场编号>1</渔场编号>

<渔场名称>辽东湾渔场</渔场名称>

<预报信息>风力：6 - 7 级</预报信息>

<预报低值>6</预报低值>

<风向>东北</风向>

<PartID>

<边线颜色>#A0A0A0</边线颜色>

<边线粗细>1</边线粗细>

<边线透明度>0.97</边线透明度>

<填充颜色>#FBB322</填充颜色>

<填充透明度>0.7</填充透明度>

<放大比例尺>32</放大比例尺>

<放大比例尺名称>BBBB</放大比例尺名称>

<点数>21</点数>

<坐标集>wyfyFwxtjV ~ s`B? ~ s`? _ t`B?? _ t`B_ t`B?? `B? _ t`B? _ t`B</坐标集>

```
    </PartID>
    </对象>
   //<对象>
   // 渔场编号2至53略
   //</对象>
   </TJH_ FISHERY_ FORECAST_ XML_ FILE>
```


5.2.1.3 热带气旋警报产品数据格式

热带气旋警报产品xml文件格式如下:


```
<? xml version=" 1.0" encoding=" utf-8"? >
<TJH_ FISHERY_ FORECAST_ XML_ FILE>
  <预报产品类型>热带气旋警报</预报产品类型>
  <热带气旋名称>山神(Son-Tinh) </热带气旋名称>
  <热带气旋编号>201223</热带气旋编号>
  <预报发布时间>2012年10月24日16时</预报发布时间>
  <预报时效>72</预报时效>
  <对象个数>2</对象个数>
  <热带气旋中心对象>
      <PartNum>2</PartNum>
      <PartID>
          <中心位置>125.6°E  10.8°N</中心位置>
          <风速>39</风速>
          <大风半径8级>30.0</大风半径8级>
          <大风半径10级>0.0</大风半径10级>
          <当前时间>2012年10月24日16时</当前时间>
          <边线颜色>#000000</边线颜色>
          <边线粗细>1</边线粗细>
          <边线透明度>0.97</边线透明度>
          <填充颜色>#FF0000</填充颜色>
          <填充透明度>0.7</填充透明度>
          <放大比例尺>32</放大比例尺>
          <放大比例尺名称>BBBB</放大比例尺名称>
          <点数>180</点数>
          <坐标集>eaqbA_ gr} V^} z@ bB {z@ bDw</坐标集>
```

```
</PartID>
    <PartID>
        <中心位置>120.1°E  13.3°N</中心位置>
        <风速>39</风速>
        <大风半径8级>30.0</大风半径8级>
        <大风半径10级>0.0</大风半径10级>
        <当前时间>2012年10月25日16时</当前时间>
        <边线颜色>#000000</边线颜色>
        <边线粗细>1</边线粗细>
        <边线透明度>0.97</边线透明度>
        <填充颜色>#FF0000</填充颜色>
        <填充透明度>0.7</填充透明度>
        <放大比例尺>32</放大比例尺>
        <放大比例尺名称>BBBB</放大比例尺名称>
        <点数>180</点数>
        <坐标集>ejyqA</坐标集>
</PartID>
    <PartID>
</热带气旋路径对象>
</TJH_ FISHERY_ FORECAST_ XML_ FILE>
```


5.2.2 海洋环境保障产品发布

5.2.2.1 地图发布

AutoNaviMap API是高德软件公司提供的调用地图的接口方法。系统通过AutoNaviMap API提供的接口方法操作地图数据，整合53个渔场空间数据，直观展现渔场位置，并实现快速定位。渔场海面风、渔场海浪和热带气旋警报也采用AutoNaviMap API发布，支持用户通过人机交互的方式实现各类产品的查询和显示。

5.2.2.2 网页发布

海洋渔业环境保障服务产品WEBGIS发布平台已经在国家海洋环境预报中心预报大厅外网服务器部署，并集成到国家海洋环境预报中心的官方网站上，系统部署结构如图5.2所示。

WEB服务通过IIS 5.1进行发布。支持国内主流浏览器包括：IE6、IE7、IE8、

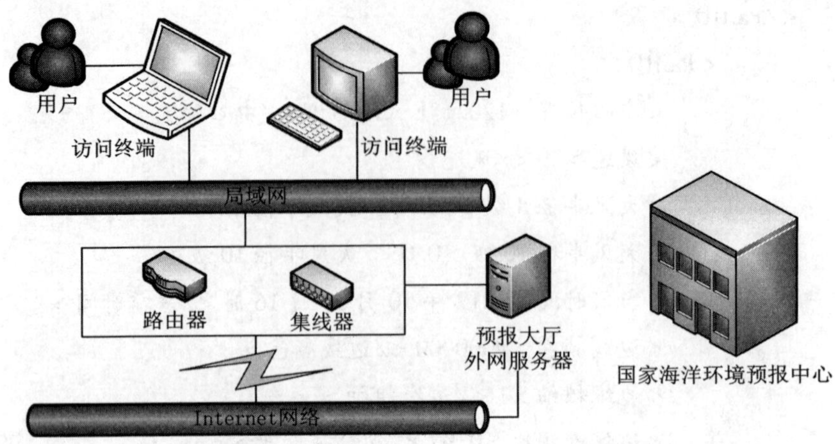

图 5.2 海洋渔业环境保障服务产品 WEBGIS 平台集成部署

奇虎 360、谷歌 Chrome、搜狗高速等，公众可以通过以上浏览器访问页面。WEB 服务器支持联通和电信双链路 WEB 服务，具体网址如下：

联通网址：http：//202. 108. 199. 12/forecasting/index. html

电信网址：http：//106. 120. 199. 199/forecasting/index. html

5.2.3 海洋环境保障产品显示

海洋渔业环境保障服务产品 WEBGIS 平台依据预警报产品分级色阶定义，对渔场海面风、海浪预报产品进行了显示。详见彩图 1。

5.2.3.1 预警报产品分级色阶定义

如表 5.2 所示，根据预警报保障产品数值的大小定义了渐变的色阶。

表 5.2 预警报产品分级色阶定义表

序号	多边形边线颜色（RGB）	多边形边线粗细（像素值）	多边形边线显示透明度（1～100）	多边形填充颜色（RGB）	多边形填充显示透明度（1～100）
1	160，160，160	2	10	132，132，234	30
2	160，160，160	2	10	65，89，226	30
3	160，160，160	3	10	41，38，164	30
4	160，160，160	3	10	227，224，10	30
5	160，160，160	4	10	248，248，24	30
6	160，160，160	4	10	251，179，34	30
7	160，160，160	4	10	252，181，84	30
8	160，160，160	4	10	244，119，17	30

续表

序号	多边形边线颜色（RGB）	多边形边线粗细（像素值）	多边形边线显示透明度（1～100）	多边形填充颜色（RGB）	多边形填充显示透明度（1～100）
9	160，160，160	4	10	249，121，111	30
10	160，160，160	4	10	252，78，58	30
11	160，160，160	4	10	250，23，5	30
12	160，160，160	4	10	202，3，47	30
13	160，160，160	4	10	188，21，3	30
14	160，160，160	4	10	124，4，29	30

5.2.3.2　渔场海浪预报显示

如图 5.3 所示，渔场海浪预报产品查询功能支持通过鼠标点选地图或遥感图像中某个渔场，显示相应渔场编号、渔场名称、预报浪高、发布时间和预报时效信息。右侧渔场列表中对应渔场名称用红色字体突出显示。

渔场海浪预报产品查询功能支持通过鼠标点选右侧列表中渔场名称，在地图或遥感图像上显示相应渔场位置，并显示相应渔场编号、渔场名称、预报浪高、发布时间和预报时效信息。浪高颜色参照界面左侧浪高图例说明。

图 5.3　渔场海浪预报产品显示界面

5.2.3.3　渔场海面风预报显示

渔场海面风预报产品查询功能支持通过鼠标点选地图或遥感图像中某个渔场，显示相应渔场编号、渔场名称、风力、风向、发布时间和预报时效信息。右侧渔场列表中对应渔场名称用红色字体突出显示。

渔场海面风预报产品查询功能支持通过鼠标点选右侧列表中渔场名称，在地图或遥感图像上显示相应渔场位置，并显示显示相应渔场编号、渔场名称、风力、风向、发布时间和预报时效信息。风力强度颜色参照界面左侧风力图例说明，如图5.4所示。

图5.4　渔场海面风预报产品显示界面

5.2.3.4　热带气旋警报显示

当有热带气旋时，点击热带气旋中心位置，可显示当前热带气旋编号、热带气旋名称、类型、预报时间、中心位置、风速、8级大风半径、10级大风半径。预报时效24小时、48小时、72小时热带气旋中心位置，可显示热带气旋编号、热带气旋名称、类型、预报时间、发布时间、中心位置、风速、8级大风半径、10级大风半径，并可通过鼠标点击热带气旋中心位置显示半径8级大风和10级大风风圈和热带气旋风速，如图5.5所示。

5.3　WEBGIS关键技术

5.3.1　AutoNaviMap API

AutoNaviMap API是高德软件公司提供的调用地图的接口方法。用户的应用程序可以通过AutoNaviMap API提供的接口方法操作地图数据，实现位置相关或地图相关应用。通过调用AutoNaviMap API，将地图数据整合到自己的应用中，可以将用户的地理位置信息在地图上进行标注，以很直观的形式展现给使用者。

图5.5　热带气旋警报产品显示

5.3.1.1　AutoNaviMap API 特点

（1）开发简单

用户只需要下载API程序包，对照丰富的样例代码，轻松实现用户定制的地图应用，即使新手也能做出功能强大的地图应用。

（2）支持多浏览器

AutoNaviMap API除兼容IE 6.0和Firefox 2.0及它们的更高版本外，还支持谷歌、奇虎360、搜狗等主流网页浏览器；在移动平台方面，AutoNaviMap API更具优势可言，无论是当下最为流行的Android、iOS，还是日渐颓废的Symbian、Windows Mobile，它都有着良好的支持，让开发者和使用者都可以放心选择和使用。

（3）地图操控与基础服务

在地图的基础操作、覆盖物、图层以及地图服务方面，AutoNaviMap API在众多地图API中具有明显的优势；其对于实时交通的查询，AutoNaviMap API是所有地图API中唯一具备此服务功能的。

（4）矢量地图显示

AutoNaviMap API是众多地图API中唯一一个支持矢量地图显示的，而且它的栅格数据（如瓦片、切片、底图）也是通过矢量数据转化而来，这使得数据结构变得更加简单，交换叠置与组合更便利，同时易于各种空间分析和数学模拟、开发费用也更加低廉。

5.3.1.2　API 接口描述

AutoNaviMap API 的接口描述，如表 5.3 至表 5.27 所示。

表 5.3　AMap. Map

接口名称	AMap. Map（mapDiv：Node，opts?：MapOption）
参数	mapDiv：javascritp div 对象，opts：地图构造参数
返回值	void
功能描述	构造地图对象

表 5.4　setZoom

接口名称	setZoom（zoomLevel：Number）
参数	zoomLevel：地图显示级别
返回值	void
功能描述	设置地图视野级别

表 5.5　plugin

接口名称	plugin（name：String/Array，callback：Function）
参数	Name：插件名称，callback：回调函数
返回值	void
功能描述	加载插件方法

表 5.6　addControl

接口名称	addControl（obj：Object）
参数	obj：控件对象
返回值	void
功能描述	添加控件方法

表 5.7　AMap. ToolBar

接口名称	AMap. ToolBar（）
参数	null
返回值	void
功能描述	构造工具栏对象

表 5.8　AMap. OverView

接口名称	AMap. OverView（）
参数	null
返回值	void
功能描述	构造鹰眼对象

表 5.9　AMap. Scale

接口名称	AMap. Scale（）
参数	null
返回值	void
功能描述	构造比例尺对象

表 5.10　AMap. MapType

接口名称	AMap. MapType（）
参数	
返回值	void
功能描述	设置地图显示级别

表 5.11　AMap. addListener

接口名称	AMap. addListener（instance，eventName，handler，context）
参数	Instance：地图对象，eventName：事件名称，handler：事件函数 context：上下文环境
返回值	EventListener：事件对象
功能描述	注册对象事件

表 5.12　AMap. LngLat

接口名称	AMap. LngLat（lng：Number，lat：Number）
参数	lng：经度，lat：纬度
返回值	void
功能描述	构造一个地理坐标对象

表 5.13 getLng

接口名称	getLng（）
参数	null
返回值	Float
功能描述	获得经度值

表 5.14 getLat

接口名称	getLat（）
参数	null
返回值	void
功能描述	获得纬度值

表 5.15 AMap. Polygon

接口名称	AMap. Polygon（opt：PolygonOption）
参数	opt：多边形参数
返回值	void
功能描述	构造一个多边形对象

表 5.16 AMap. Polyline

接口名称	AMap. Polyline（opt：PolylineOption）
参数	opt：折线参数
返回值	void
功能描述	构造折线对象

表 5.17 AMap. Marker

接口名称	AMap. Marker（opt：MarkerOption）
参数	opt：点标记参数
返回值	void
功能描述	构造一个点标记对象

表 5.18　AMap. Icon

接口名称	AMap. Icon（opt：IconOption）
参数	opt：复杂点标记参数
返回值	void
功能描述	构造一个复杂点标记对象

表 5.19　AMap. InfoWindow

接口名称	AMap. InfoWindow（opt：InforWindowOption）
参数	opt：信息窗体参数
返回值	void
功能描述	构造一个信息窗体对象

表 5.20　inforWindow. open

接口名称	inforWindow. open（map：Map，pos：AMap. LngLat）
参数	map：地图对象，pos：坐标对象
返回值	void
功能描述	打开信息窗口

表 5.21　inforWindow. close

接口名称	inforWindow. close（）
参数	
返回值	void
功能描述	关闭信息窗口

表 5.22　polyline. hide

接口名称	polyline. hide（）
参数	
返回值	void
功能描述	隐藏折线

表 5. 23　polyline. show

接口名称	polyline. show（）
参数	
返回值	void
功能描述	显示折线

表 5. 24　polyline. setOptions

接口名称	polyline. setOptions（opt：PolygonOption）
参数	opt：折线属性
返回值	void
功能描述	设置折线的属性

表 5. 25　polygon. hide

接口名称	polygon. hide（）
参数	
返回值	void
功能描述	隐藏多边形

表 5. 26　polygon. show

接口名称	polygon. show（）
参数	
返回值	void
功能描述	显示多边形

表 5. 27　polygon. setOptions

接口名称	polygon. setOptions（opt：PolygonOption）
参数	opt：多边形属性
返回值	void
功能描述	设置多边形的属性

5.3.2 Esri shape file 解析

5.3.2.1 Esri shape file 介绍

ESRI公司在推出ArcView以后，将地理对象的表述由原来基于拓扑而转向基于Shape实体，甚至以后ArcGIS的版本都是如此，这样的转变有利于将GIS数据管理在大型数据库中实现，但由于丢失了空间拓扑，在数据维护中的重合边处理方法，需要增加额外的代码。Shape图层由Shape对象构成，直接映射到GIS中的点、线、面对象，然后通过dbf文件来记录属性，地理对象与属性记录之间按顺序建立对应关系，从而构建了最为简捷的GIS数据结构体系。实践证明这种简单明了的数据结果，可以解决二维GIS中的所有问题，也正因为其简单，减少了系统设计的复杂性，从而有助于提高系统的稳定性。

基于Shape文件的地理信息图层由3个核心文件，即shx、shp、dbf组成，对于Shape对象的读取操作，提供了一个读入操作的DLL库，其核心数据结构十分简捷。结构中的非指针变量，是三类shape对象共有的，而指针变量是否对应着具体的数据块，则完全由类型标识定义。从数据存储方法来说，这种结构比较理想，但要将GIS对象用于分析、显示等具体编程，还是应将点、线、面分开。

5.3.2.2 Esri shape file 解析接口

基于C++开发平台封装解析shape file文件的接口，接口描述如表5.28、表5.29、表5.30所示。

表5.28 ReadShapeFileSHX

接口名称	ReadShapeFileSHX
参数	char const * pFullNameofShpFileShx：文件名称（含路径）
返回值	BOOL：成功返回TRUE，失败返回FALSE
功能描述	解析.shx文件

表5.29 ReadShapeFileSHP

接口名称	ReadShapeFileSHP
参数	char const * pFullNameofShpFileShp：文件名称（含路径）
返回值	BOOL：成功返回TRUE，失败返回FALSE
功能描述	解析.shp文件

表 5.30 ReadShapeFileDBF

接口名称	ReadShapeFileDBF
参数	char const * pFullNameofShpFileShx：文件名称（含路径）
返回值	BOOL：成功返回 TRUE，失败返回 FALSE
功能描述	解析 . dbf 文件

5.3.3 多边形点集的加密传输

5.3.3.1 传输过程描述

解析预报产品 shape 文件后，生成的 xml 文件将上传至本系统指定目录，xml 的内容包括渔场多边形的点集坐标，本系统涉及 53 个渔场多边形数据，如果以整个坐标点集进行传输，数据量较大，影响传输效率。

本系统通过加密解密技术将解析出来的渔场多边形点集进行加密，存储在 xml 文件中，上传后，再通过解密方法，将多边形叠加显示在高德地图。

5.3.3.2 加密算法

先将渔场多边形外环点以固定最小阈值进行压缩，压缩后对连续坐标串计算偏移量（除起止点），将偏移量转换成一个二进制对象进行存储，如图 5.6 所示。

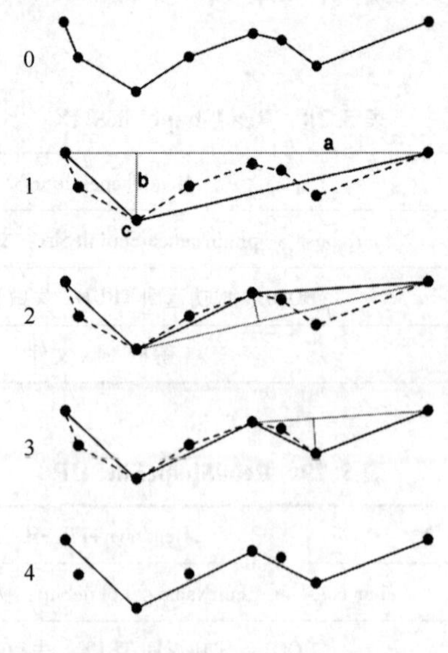

图 5.6 多边形点集压缩示意图

多边形压缩算法实现 C + + 代码如下：

```
PolyLine PolylineEncoder:: simplifyPath (const PolyLine &points)
{
  std:: vector < double > dists (points. size ());
  std:: fill (dists. begin (), dists. end (), undefined);

  if (points. size () > 2)
   {
      std:: vector < Range > stack;
      stack. push_ back (Range (0, points. size () -1));
      while (! stack. empty ())
       {
          Range current = stack. back ();
          stack. pop_ back ();
          double maxDist = 0;
          size_ t maxLoc = 0;
          double segmentLength = (points [current. second] -
               points [current. first]) . lengthSquared ();
          for (size_ t i = current. first + 1; i < current. second; i + +)
           {
                    double temp = distance ( points [ i ], points
[current. first], points [current. second], segmentLength);
               if (temp > maxDist)
                {
                    maxDist = temp;
                    maxLoc = i;
                }
           }
          if (maxDist > verySmall)
           {
               dists [maxLoc] = maxDist;
               stack. push_ back (Range (current. first, maxLoc));
               stack. push_ back (Range (maxLoc, current. second));
           }
       }
```

```
    }

    PolyLine outpoints;
    for (size_ t i =0; i < points. size (); i + + ) {
        if ( dists [i] ! =undefined | | i = =0 | | i = =points. size
() -1)
            outpoints. push_ back (points [i]);
    }
    return outpoints;
}

// distance (p0, p1, p2) computes the distance between the point p0
// and the segment [p1, p2] .     This could probably be replaced with
// something that is a bit more numerically stable.
double PolylineEncoder:: distance (const Point &p0, const Point &p1,
const Point &p2, double  segLength)
{
    double out;
    if (p1. lat () = =p2. lat () && p1. lng () = =p2. lng ())
     {
        out = (p2 - p0) . lengthSquared ();
    }
    else
     {
        double u = ((p0. lat () - p1. lat ()) * (p2. lat () - p1. lat
()) + (p0. lng () - p1. lng ()) * (p2. lng () - p1. lng ())) / seg-
Length;
        if (u < =0)
         {
            out = (p0 - p1) . lengthSquared ();
        }
        else if (u > =1)
         {
            out = (p0 - p2) . lengthSquared ();
```

```
        }
        else
        {
            out = (p0 - p1 - u * (p2 - p1)).lengthSquared();
        }
    }
    return sqrt(out);
}
```

例如，某渔场多边形加密前与加密后的字符个数对比如表 5.31 所示。

表 5.31　加密字符对比

渔场多边形	加密前	加密后
坐标点集	(X, Y) => (122.500124, 41.000127) (X, Y) => (122.500124, 40.500127) (X, Y) => (122.500124, 40.000127) (X, Y) => (122.000124, 40.000127) (X, Y) => (122.000124, 39.500126) (X, Y) => (122.000123, 39.000126) (X, Y) => (122.000123, 38.500126) (X, Y) => (121.500123, 38.500126) (X, Y) => (121.000123, 38.500126) (X, Y) => (120.500123, 38.500126) (X, Y) => (120.000123, 38.500126) (X, Y) => (120.000124, 39.000126) (X, Y) => (120.000124, 39.500127) (X, Y) => (120.000124, 40.000127) (X, Y) => (120.000124, 40.500127) (X, Y) => (120.500124, 40.500127) (X, Y) => (120.500124, 41.000127) (X, Y) => (121.000124, 41.000127) (X, Y) => (121.500124, 41.000127) (X, Y) => (122.000124, 41.000127) (X, Y) => (122.500124, 41.000127)	wxtjVyyfyF? ~hbE~s`B??  ~} cH~reK?? _ seK_ t`B?? _ t`B_ seK?
字符数（个）	609	50

测试显示，加密后的渔场多边形存储字符数不及加密前的十分之一，此加密方法将大大减少传输字节，加快传输速度。

加密是一个可逆的过程，系统接收到上传的 xml 文件后，将渔场多边形点集进行解密，在高德地图上叠加显示。

5.3.4 镂空多边形加载显示

由于高德地图 API 对镂空多边形显示支持不完善，为了渔场多边形空间显示的真实性，本系统针对南沙西部渔场、南沙中南部渔场、南沙西南部渔场等中间具有岛的镂空渔场多边形进行特殊处理后，叠加显示至高德地图，实现原理描述如图 5.7 所示。

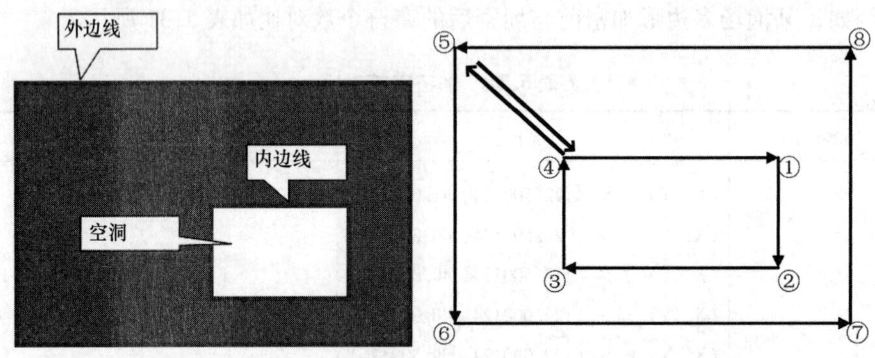

图 5.7　镂空多边形显示示意图（左）和镂空多边形加载显示示意图（右）

如上图以矩形作为渔场多边形原型为例，显示镂空渔场多边形顶点的加载顺序。示意图中，①、②、③、④、⑤、⑥、⑦、⑧为矩形顶点，加载顺序为

（1）内环①②③④

（2）外环⑤⑥⑦⑧

（3）填充多边形数组①②③④⑤⑥⑦⑧⑤④①

其中，内环只绘制边线，不填充，为内环线；外环只绘制边线，不填充，为外环线；填充多边形边线宽度为 0，以对应的图例颜色进行填充。鼠标滑到该多边形处，只需要将内环和外环的边线变为红色高亮即可。

第6章　移动平台开发

海洋渔业环境保障移动平台总体设计流程如图6.1所示，首先国家海洋环境预报中心预报员通过综合管理系统将预警报产品上传至数据服务器，同时同步到应用服务器。然后用户可以通过移动终端应用访问应用服务器中的最新预警报产品。在有灾害过程的时候，应用服务器中的推送服务业务也会推送警报产品给定制用户。

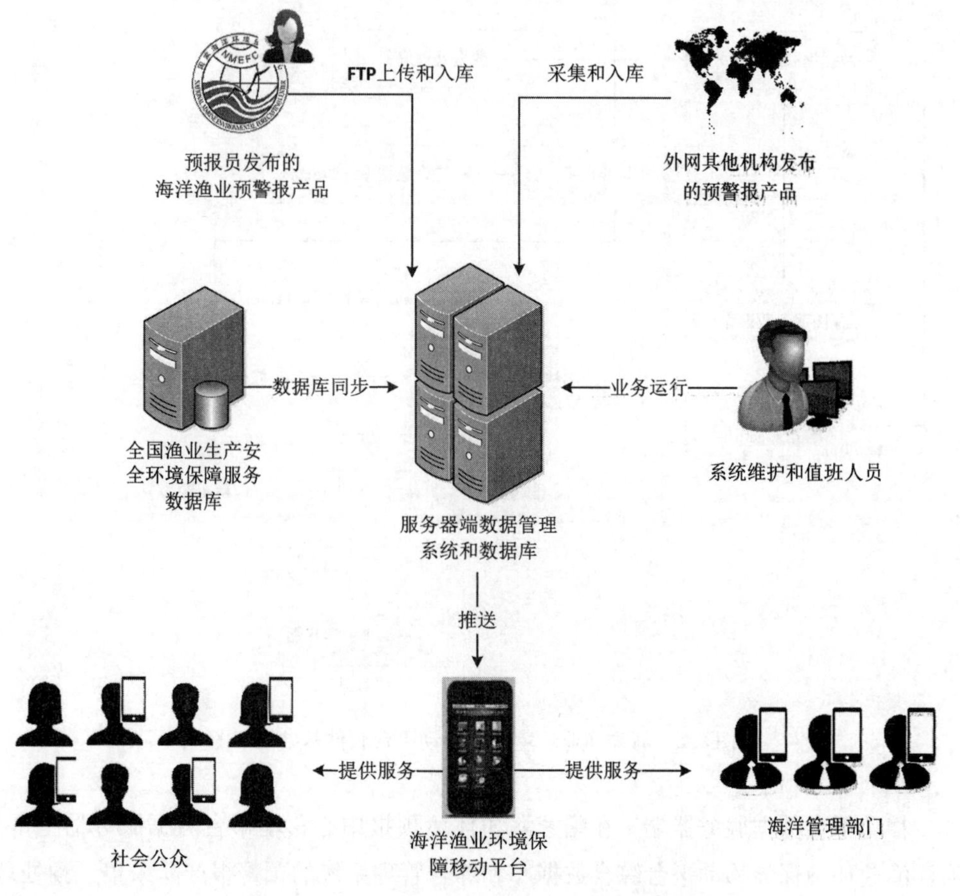

图6.1　海洋渔业环境保障移动平台总体流程

6.1 平台框架设计

6.1.1 软件基础框架

海洋渔业环境保障移动平台软件基础架构主要分为三部分，按软件部署的不同可以分为移动平台数据服务器端、移动平台应用服务器端和移动平台客户端，如图6.2所示。

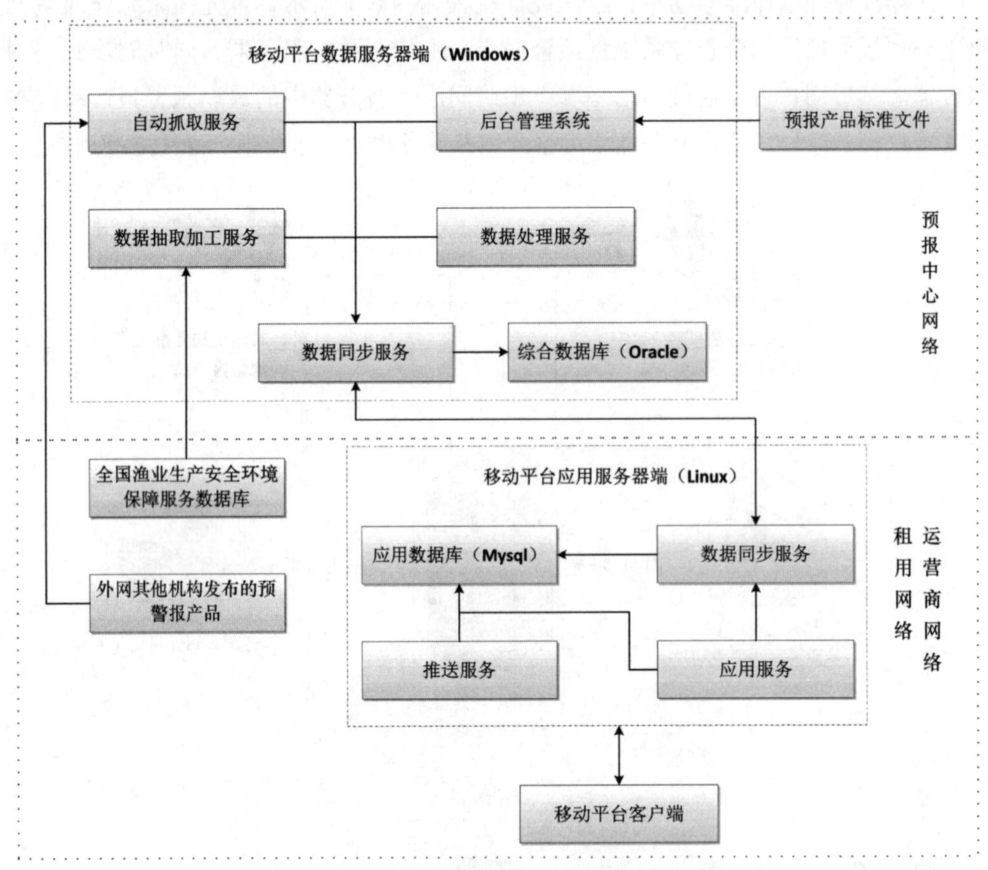

图6.2 海洋渔业环境保障移动平台软件基础框架图

移动平台数据服务器端：在国家海洋环境预报中心移动平台数据服务器上部署海洋渔业环境保障移动平台综合数据库和综合管理系统的预警报产品采集、预处理、入库、监控和统计等模块。管理员通过综合管理系统从全国渔业生产安全环境保障服务数据库、预报中心预报产品标准文件和外网其他机构发布的预警报产品获取相应的预报数据，通过数据加工转换成移动平台预报产品格式，最终存储到综合数据库中。综合数据库存储的是所有预警报产品数据，除外网其他机构发布的预警报产品外，其他数据的获取都是通过中心局域网进行传输，传输速度快。

移动平台应用服务器端：租用联通或者电信的服务器，在移动平台应用服务器上部署海洋渔业环境保障移动平台应用数据库和应用服务模块。由管理员对最新预警报产品数据进行审核后，从国家海洋环境预报中心内的综合数据库同步到应用数据库上，应用数据库存储近3个月的预警报产品数据。手机用户通过访问联通或者电信的服务器，从应用数据库获取最新的预警报产品。租用运营商的服务器作为移动平台的应用服务器，可以将用户访问所占用的带宽转移到运营商，使用运营商提供的高速带宽提供更快捷的预报服务，减少国家海洋环境预报中心带宽的负载。

移动应用客户端：大众通过智能手机下载移动终端应用软件，其中Android版应用软件将在各大Android应用市场下载，iOS版应用软件在Appstore下载。通过移动客户端应用软件用户可以访问、接收、查询各类移动平台发布的海洋预警报产品。

6.1.2 软件开发框架

如图6.3所示，海洋渔业环境保障移动平台软件开发架构自顶向下分为应用层、代理服务器层、认证/授权服务器层、服务器接口层、应用服务层、数据库层和操作系统层七层架构。

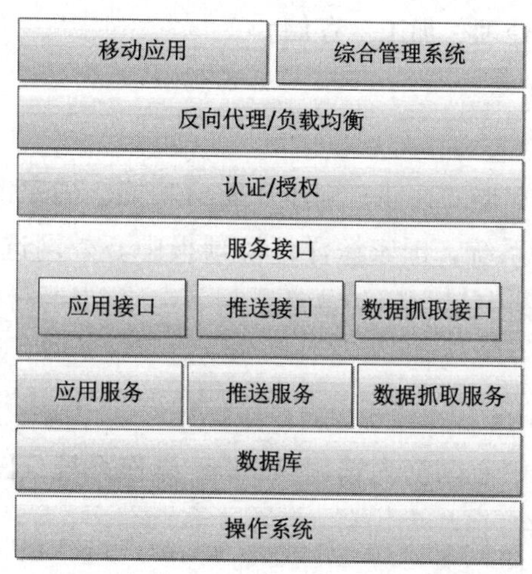

图6.3 海洋渔业环境保障移动平台软件开发框架

6.1.2.1 应用层

应用层服务于最终用户，此层包含两种应用：运行在手机移动终端上的移动终端应用，运行在基于WEB界面的综合管理系统。

6.1.2.2 代理服务器层

代理服务器的主要功能是反向代理和负载均衡，将访问请求分发到多个应用服务器节点上，可提高系统的可靠性和扩展性。

6.1.2.3 认证/授权服务层

认证/授权服务给系统提供了用户认证和资源权限的管理功能，耦合了业务逻辑和认证授权逻辑。

6.1.2.4 服务接口层

服务接口层提供了应用服务和客户端及第三方系统之间的通信和协议处理。该层降低了客户端和服务端的耦合度，提高了系统的扩展能力。包含应用接口、推送接口、数据抓取接口。

6.1.2.5 应用服务层

应用服务层主要包含了应用服务、推送服务、数据抓取服务三大业务逻辑。应用服务提供了客户端 API 对数据的查询、添加、修改、删除等业务处理逻辑。推送服务采用 websocket 协议使客户端和服务器端保持双向通信；对满足推送条件的用户进行信息的推送功能。数据抓取服务通过第三方网站的 API 对原始数据的抓取，并对抓取的原始数据进行处理、加工、存储。

6.1.2.6 数据库层

数据库层提供系统数据的存储、同步和备份功能。国家海洋环境预报中心网络内选用 Oracle 综合管理系统，国家海洋环境预报中心外网选择 MySQL 综合管理系统，采用主从复制方式进行数据库的备份。

6.1.2.7 操作系统层

国家海洋环境预报中心网络内选用 Window 操作系统，国家海洋环境预报中心外网选用 Linux 操作系统。

6.2 综合数据库建设

6.2.1 移动平台数据库

6.2.1.1 数据库表关系

基于 Oracle 建立海洋渔业环境保障移动平台综合数据库，为移动平台提供必要的预警报产品、渔船的显示、查询和分析提供必要的数据支撑，其数据库关系如图

6.4 所示。

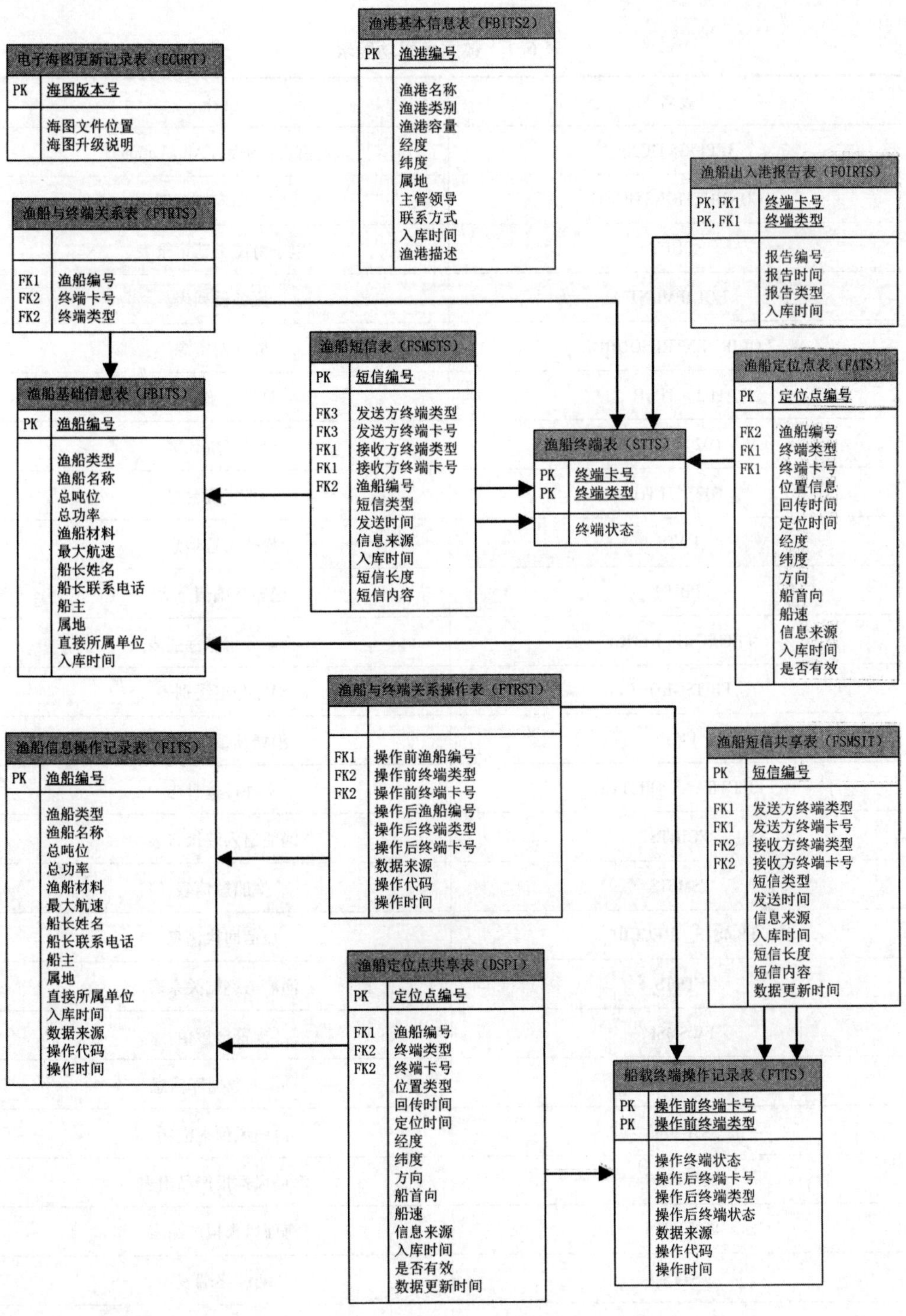

图6.4 数据库表关系

6.2.1.2 数据库表功能（表6.1）

表6.1 数据库表功能表

表名	解释
APPLICATIONS	应用程序列表（Applications）
CONNECTIONSTRING	数据库连接管理
ECURT	电子海图更新记录表
EQUIPMENT	服务器列表
EQUIPMENTRESOURCE	服务器资源
F02_ TFBH	热带气旋编号
F02_ TFFL	热带气旋风力
F02_ TFTH	热带气旋台号
FATS	渔船位置信息
FBITS	渔船基础信息表
FBITSGREFRENCE	渔船分组组渔船表
FBITSGROUP	渔船分组组别表
FFIF	渔场预报信息表
FILETRANSPORTLOG	文件传输日志
FOIRTS	渔船出入港报告表
FSMSTS	渔船短信表
FSMSTS_ RECEIPT	短信回执信息
FTRTS	渔船与终端关系表
FWSMSF	预警报短信
ORACLEDB	Oracle 数据库信息
SSWFFF	海面风预报渔场
SSWFPSS	海面风预报产品附表
SSWFPTS	海面风预报产品表
STTS	船载终端表
STTSRELATION	终端关系表
SYSTEMRUNLOG	服务器日志

续表

表名	解释
WFWPSS	海浪预警报产品附属
WFWPTS	海浪预警报产品表
DSPI	渔船定位点共享表
FITS	渔船信息操作记录表
FSMSIT	渔船短信共享表
FTRST	渔船与终端关系操作表
FTTS	船载终端操作记录表

6.2.2　渔船数据管理

如图 6.5 和图 6.6 所示，渔船数据管理属于后台管理功能，管理员可以对渔船信息进行管理，同时可以对渔船进行分组，编辑、添加和删除分组操作，最后更新到数据库。

图 6.5　渔船数据管理

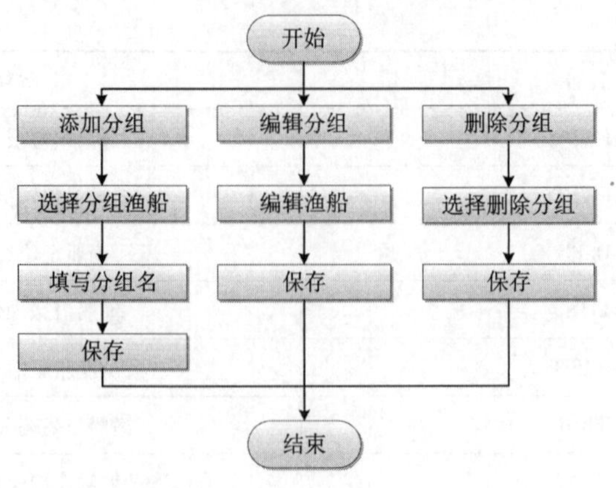

图 6.6　渔船数据管理流程

6.3　移动平台客户端开发

6.3.1　主界面

如图 6.7 所示，移动平台客户端主界面实现电子地图中各类可视化信息展示功能，系统自动将搜索结果通过列表的方式进行罗列并在电子地图中进行展示。根据人机交互原理，系统主要通过时间曲线、等值线图、矢量箭头图、多边形图等多种形式，对海洋预报信息（潮汐、海流、波浪、海温等信息）、渔船统计信息、渔船历史轨迹、沿海天气预报、海洋灾害（风暴潮、海冰）信息等进行可视化直观展示，以提高用户体验度，详见彩图 7。

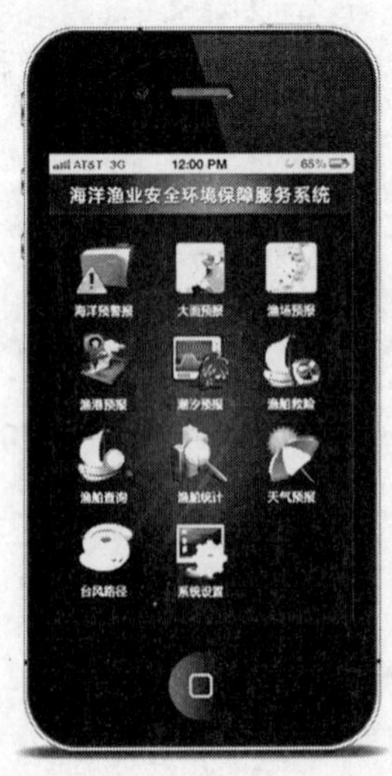

图 6.7　移动平台客户端主界面

6.3.2　预警报信息显示

6.3.2.1　海浪、海面风预报信息

如图 6.8 和图 6.9 所示，海浪、海面风预报信息显示模块由预报员选择要查看的数据源，主要有国家和海区、省级，选择产品时间范围，选中某时间点对应的产品，GIS 叠加选中产品进行渲染显示。

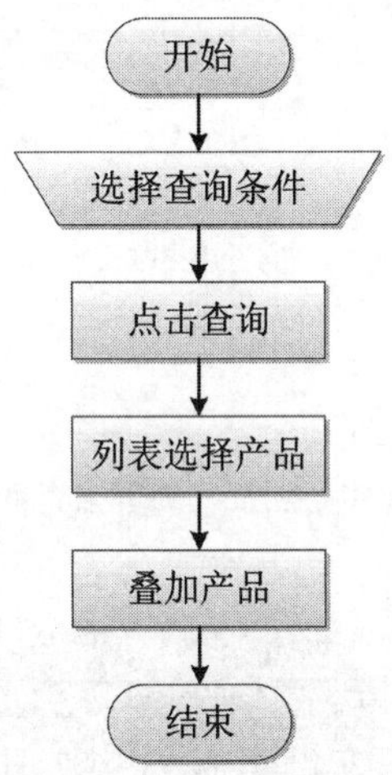

图 6.8　预报信息查询流程

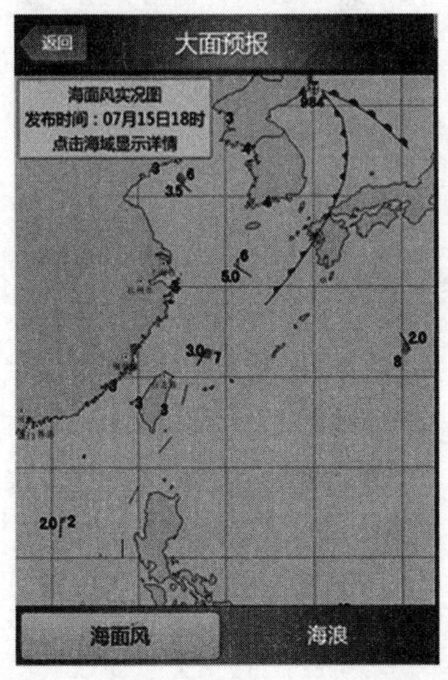

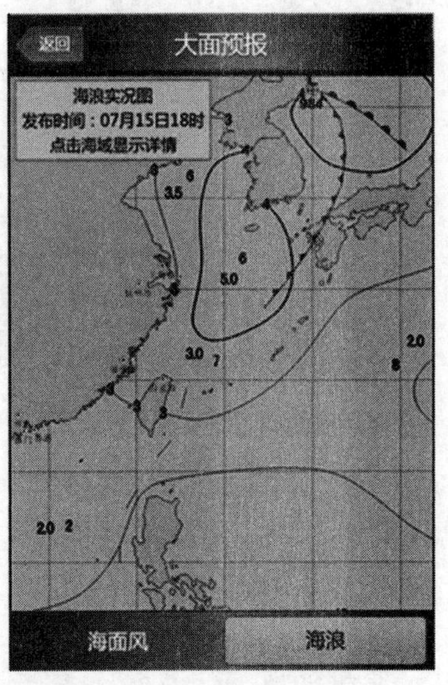

图 6.9　移动客户端预警报产品显示（左图为海面风、右图为海浪）

6.3.2.2 热带气旋警报信息

热带气旋警报信息由预报员选择要查看的热带气旋编号，根据编号获取热带气旋路径信息，GIS 平台对路径信息进行渲染显示，如图 6.10 和图 6.11 所示。

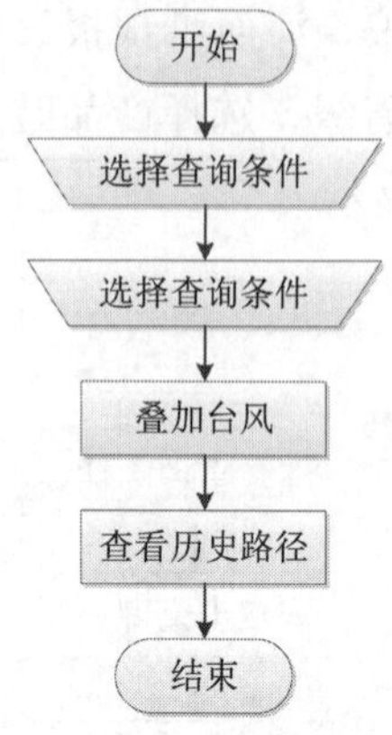

图 6.10 热带气旋警报查询流程

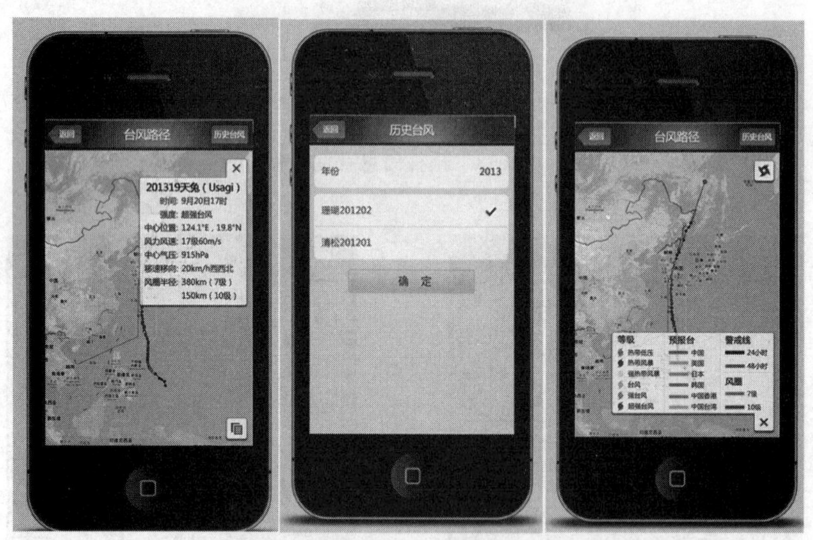

图 6.11 台风警报查询界面

6.3.3 渔船查询统计

6.3.3.1 渔船查询

渔船查询模块，预报员选择查询不同终端设备的渔船进行分类查询，点击查询统计出符合条件的渔船信息，如统计渔船信息，如图6.12和图6.13所示。

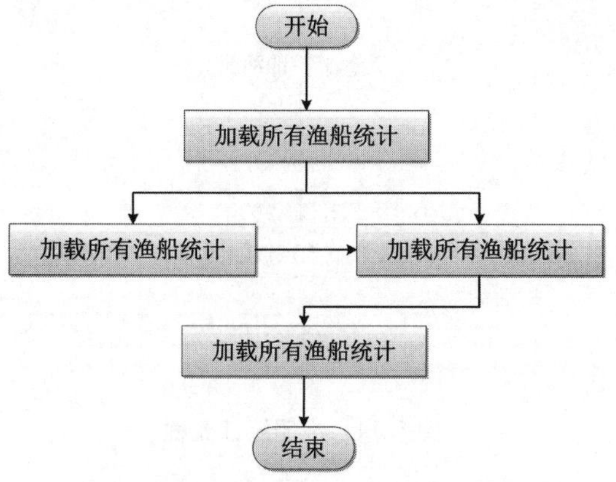

图6.12 渔船查询统计流程

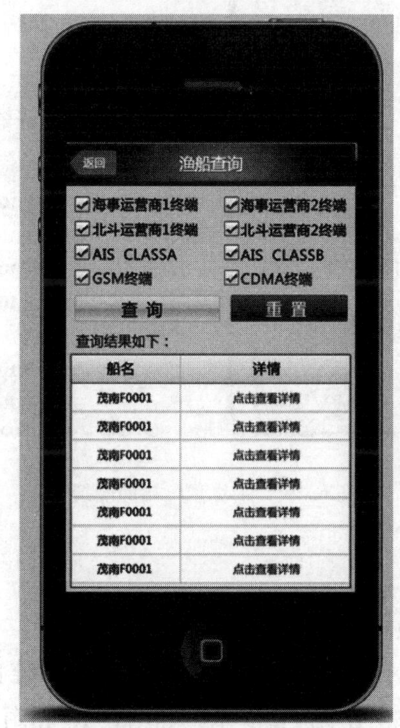

图6.13 移动客户端渔船查询

6.3.3.2 渔船统计

如图6.14和图6.15所示，可统计出各个省份的渔船基本信息、船位动态信息。

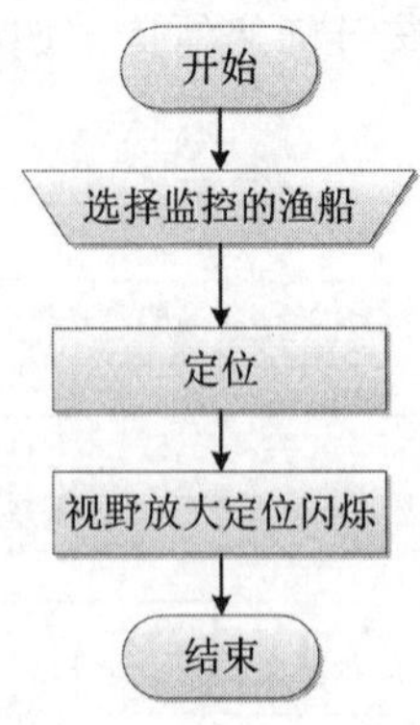

图 6.14　渔船统计流程

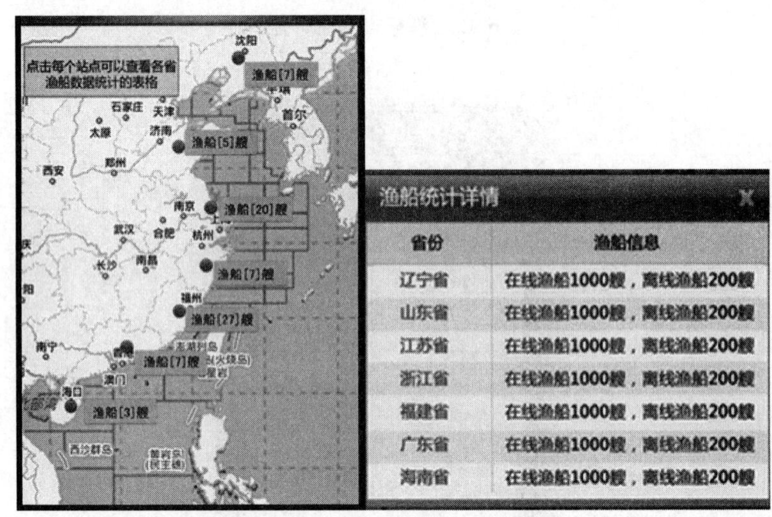

省份	渔船信息
辽宁省	在线渔船1000艘，离线渔船200艘
山东省	在线渔船1000艘，离线渔船200艘
江苏省	在线渔船1000艘，离线渔船200艘
浙江省	在线渔船1000艘，离线渔船200艘
福建省	在线渔船1000艘，离线渔船200艘
广东省	在线渔船1000艘，离线渔船200艘
海南省	在线渔船1000艘，离线渔船200艘

图 6.15　移动客户端渔船统计

6.3.4　出险船只定位分析

客户端实现电子地图中出险船只定位分析功能，系统自动将搜索结果通过列表的方式进行罗列并在电子地图中进行展示，如图 6.16 和图 6.17 所示。

同时，如图 6.18 所示，客户端实现了出险船只定位分析功能，通过该功能，用户可结合移动设备采集的坐标，在三维影像上进行线路跟踪显示。支持线路回放显示。

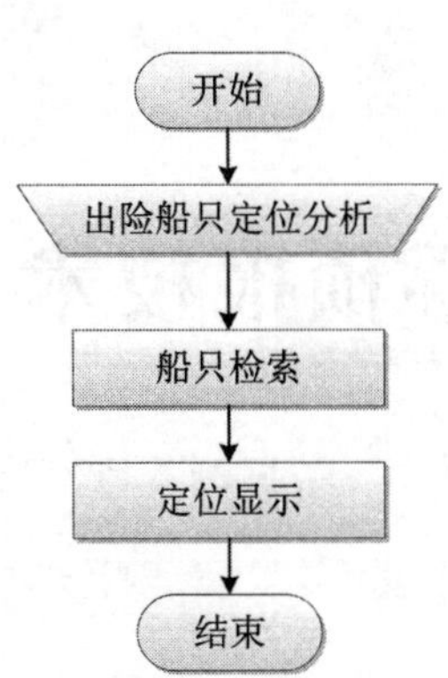

图 6.16　出险船只定位分析流程

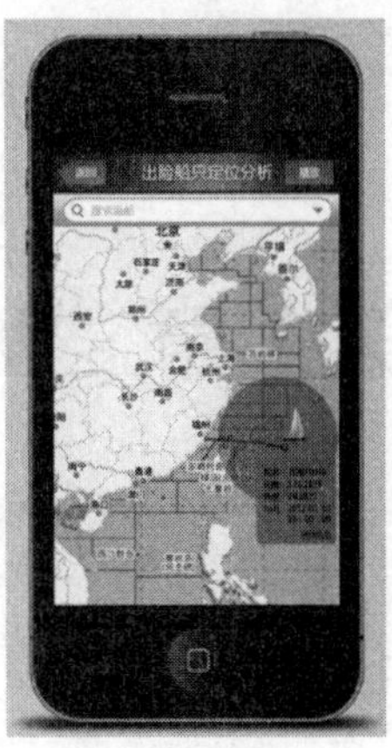

图 6.17　移动客户端出险船只定位分析

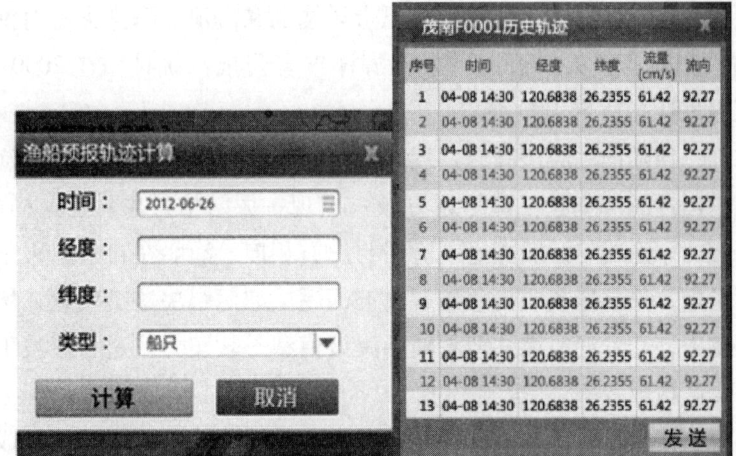

序号	时间	经度	纬度	流量(cm/s)	流向
1	04-08 14:30	120.6838	26.2355	61.42	92.27
2	04-08 14:30	120.6838	26.2355	61.42	92.27
3	04-08 14:30	120.6838	26.2355	61.42	92.27
4	04-08 14:30	120.6838	26.2355	61.42	92.27
5	04-08 14:30	120.6838	26.2355	61.42	92.27
6	04-08 14:30	120.6838	26.2355	61.42	92.27
7	04-08 14:30	120.6838	26.2355	61.42	92.27
8	04-08 14:30	120.6838	26.2355	61.42	92.27
9	04-08 14:30	120.6838	26.2355	61.42	92.27
10	04-08 14:30	120.6838	26.2355	61.42	92.27
11	04-08 14:30	120.6838	26.2355	61.42	92.27
12	04-08 14:30	120.6838	26.2355	61.42	92.27
13	04-08 14:30	120.6838	26.2355	61.42	92.27

图 6.18　移动客户端渔船轨迹查询

第7章　环境保障核心预报技术

7.1　渔船搜救轨迹预测

我国位于西北太平洋和南海海域沿岸，西北太平洋和南海海域是全球台风最为活跃的海域，频受风暴潮和海浪的袭击。此外，由于我国北方地区所处纬度较高，冬季频繁遭受冷空气的影响，常常引发温带风暴潮和海浪。海洋灾害对渔业生产造成了重大伤亡和财产损失。根据《中国海洋灾害公报》统计，在2000—2010年，我国渔船沉损累计高达56 000余艘。

另一方面，伴随国民经济高速发展，海上航运经济异军突起，海洋渔业也是快速发展，在中国近海（如长江口邻近海域）展现一派繁忙景象。在这样的背景下，渔船与商船相撞、渔船与渔船相撞、渔船与礁石相撞、渔船在自然灾害下失事等船难事件不断增加，失事搜救成为急需解决的问题。如何解决这个问题，增加海上搜救力量是硬实力，开发渔船漂移搜救辅助决策模型是软实力，这为搜救工作提供科学指导，并提高搜救效率。

因此，海上搜救目标漂移预测技术研究对搜救应急处置工作及搜救成功率的提高具有重要意义。通过对失事渔船、救生筏、落水人员的漂移路径、搜寻范围进行预报预测，开展搜救预报技术的检验，提升预报服务质量，加大国内外先进的搜救预报技术的引进、消化和吸收，研发符合我国近海的海洋环境的搜救漂移模型，做好符合用户需求的预报服务，这些都将能大大减少渔船事故中的人员伤亡和经济损失，同时也能够将有效的海上搜救力量应用到高效的搜救工作中。

7.1.1　国外搜救漂移模式

在海运业发达的国家（如英国、美国、加拿大、日本以及欧盟等国），海上搜救信息系统已经得到了较为成熟的应用，如英国的SARIS系统、加拿大的CANSARP、美国的SARMAP、日本的OTSS以及挪威的Leeway模式。此外，近年来海上溢油、海冰漂移预测模型由于获得了更多的社会关注，也有了较为成熟的应用，如比较著名的有法国的MATHY模型、ACTIMARM系统，考虑到海上搜救目标的漂移与海面溢油、海冰的漂移存在的可类比性，将此几类漂移类型从统一的观点来研究，从各个模型和系统中取长补短，具有一定的指导意义。

英国 SARIS 搜救信息系统由英国 BMT 公司于 1998 年初开发，该系统最初为英国海岸警卫队所使用，后来被应用到了美国空军、荷兰海岸警卫队、格恩西港口局以及格陵兰海军，目前已经发展到了 SARIS II。该系统在 BMT 公司的虚拟海上信息系统（VIVIIs）界面下开发，能够对海上失踪人员、船舶以及物体的搜寻区域进行较为准确的预测，同时有效的对搜救力量予以配布，从而对目标区域进行系统的搜寻，是目前世界上较为先进搜救计划工具软件之一。

MOTHY 由法国的 METEO. France 所开发，其包含了海洋的水动力模型和实时的大气环流模型。其大气模型可以是 IFS 模型（欧洲气象中心的中等尺度天气预报模型），也可以是 ARPEGE 模型。MOTHY 借助从地中海海洋数据库（MODB）和 MERCATOR 模型考虑了大范围海流（10ngscale current）因素，较好的实现模拟数据与观测数据的拟合。目前，MOTHY 已经在北大西洋、地中海被用于追踪海上溢油、海上漂移物的漂移轨迹，该系统也可以被用来对工业污染物源头追踪，在诸如 Prestige、Lyria 等海上溢油事件中得到了成功的应用。

Optimum Towing Support System（OTSS）系统由日本的海上技术安全研究所、海上保安厅、民间海上救助公司、拖缆制造公司、大学联合自 1998 年开始，实施为期 5 年的关于恶劣海况下失去自航能力的传播漂流轨迹的共同研究，建立最优拖带支援系统。通过该系统可以提供运营商预测，如漂移运动，拖缆张力，操纵和拖船所需马力的信息。

Leeway 模式是挪威业务化海上搜救预测模型，模型主要考虑漂移物在表层海流和风作用下的漂移运动。综合了美国和欧洲搜救模型的风致漂移参数共 63 种，采用速度分解的方法而有别于已有搜救预测模式所大量使用的风偏角方法计算风致漂移。模型根据事故发生情况，在最初可能落水区域和时间段内布设大量漂移质点，考虑漂移过程中各种随机性和不确定性因子，基于蒙特卡洛方法得出具有统计意义的随时间变化的最优搜救区域。同时，Leeway 模式还可根据岸界信息和参控制，计算漂移物触岸。

SARMAP 根据美国国家搜寻与救助手册（USCG/IMO，1991. IAMSAR 1999）开发，支持海上搜救力量的动态配置，内含所有搜救力量的状态参数，能够有效的调配海上搜救力量。与大多数搜救信息系统类似，需要初始化表面风场和流场数据，系统内建了漂移物和不同的溢油种类的参数模型（该模海上失控船舶漂移模型研究型由美国海岸警卫队建立并不断更新），能够快速的根据漂移物、溢油种类的不同建模，系统与 GIS 系统高效整合能够提供直观的可视化输出。

7.1.2　失事目标漂移模式的研制

船只失事主要按碰撞、触礁、搁浅、风灾、火灾等分类。对于可自由漂移的目标，在救援人员到达前，准确计算出其自由漂移轨迹，对救助有重大的意义。

7.1.2.1　失事目标漂移模式计算流程

失事目标的漂移路径计算流程如图7.1所示。

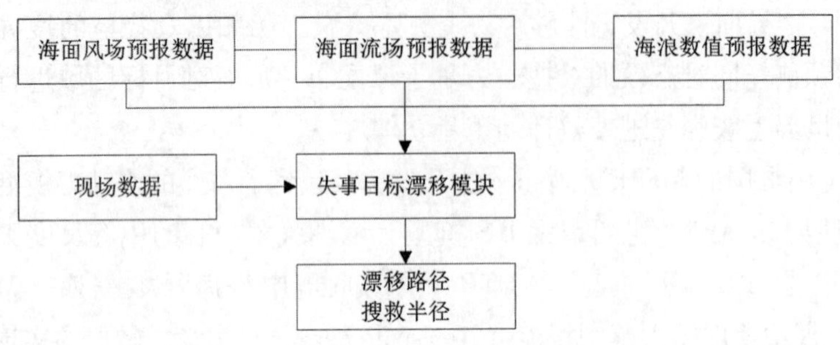

图7.1　失事目标的漂移路径计算流程

收集相关的风场、波浪场、海面流场预报数据结合现场数据进行漂移路径和搜救半径的计算。

7.1.2.2　失事目标漂移模块的计算流程

失事目标漂移模块的计算流程如图7.2所示。

7.1.2.3　失事目标的分类及物理假设

失事目标分为两种：各种无动力自由漂移的渔船、落水人员。其物理假设分别为：

（1）落水人员

人员落水后，只受水的作用力，风力作用忽略，即有：$\vec{R}_a$ 为0。落水人员轨迹等同于表层海流的运行轨迹。假设 $\vec{V}_p = \vec{V}_c$，其中，$\vec{V}_p$ 表示落水人员漂移速度，$\vec{V}_c$ 表示海水表层流速。

（2）各种无动力自由漂移的渔船

无动力自由漂移的船只受空气和水的拖曳力，所以其漂移轨迹是 $\vec{R}_a$，$\vec{R}_f$ 共同作用的结果。其中假设：$|\vec{R}_a| = |\vec{R}_f|$，方向相反。

按环境情况，失事目标在水中漂移时的状态分为两类：

（1）静水环境中的自由漂移

① 海况较好，波高近似为0，波阻忽略，水上部分和水下部分的高度和深度为常数。

② 假定合力最大时，船只偏角最稳定。此时，船偏角应满足正横风或与合力垂

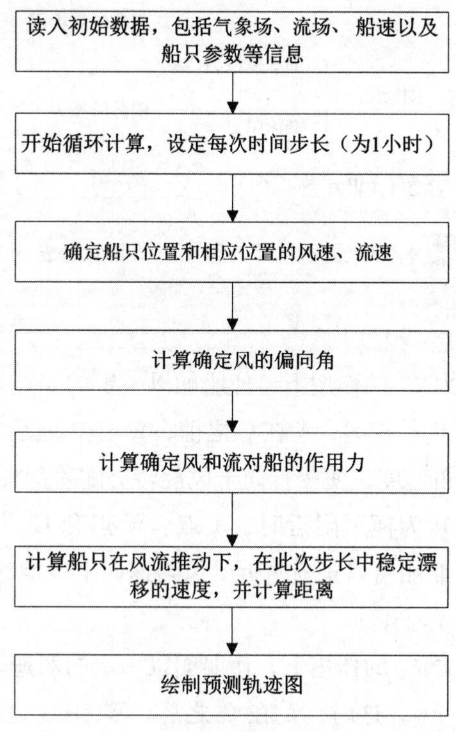
读入初始数据，包括气象场、流场、船速以及船只参数等信息
开始循环计算，设定每次时间步长（为1小时）
确定船只位置和相应位置的风速、流速
计算确定风的偏向角
计算确定风和流对船的作用力
计算船只在风流推动下，在此次步长中稳定漂移的速度，并计算距离
绘制预测轨迹图

图 7.2　失事目标漂移模块的计算流程

直的条件。

③ 漂浮状态：假设为受力瞬间平衡后持续匀速漂浮。

（2）恶劣海况中的自由漂移

当海况恶劣时，前面的静力平衡假设不再适用，此时：

① 波浪振幅很大，波阻很大。

② 全船持续大范围纵摇、横摇，船体几乎全部淹湿，水上部分为 0，水下部分为目标高度。

③ 船速等于表面流速。

失事目标在水面漂移时，受空气和水对失事目标的作用力，空气作用力是指空气对目标水上部分的作用力，水作用力是指水对目标水下部分的作用力，水作用力又可分为目标在静水中漂移时的静水摩擦力和波浪中的汹涛阻力两部分，如图 7.3 所示。

7.1.3　失事目标漂移过程中的受风偏转

落水人员不考虑风的作用，只考虑失事船只在漂移过程中产生的偏转，其偏转规律为：

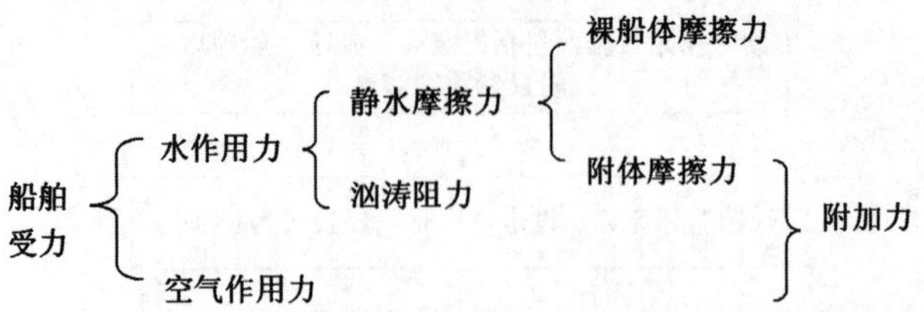

图7.3　失事目标（船舶）的受力组成

（1）正横前来风（$\theta<90°$）

静止中的船舶在风力 F_a 的作用下，使船舶以一定的船速 V，某一漂角 β 向下风运动，进而产生水动力 F_w。这时，A在G之前，W在G之后，合外力矩为 N_a+N_w，在其作用下，产生旋转角速度，使船首向下风旋转。随着船舶的转动，A点和W点都向G点靠拢，当船舶转为横风附近时，A点、W点和G点重合，合外力距 $N_a+N_w=0$。当 $F_a=F_w$ 时，船舶将以正横附近受风匀速向下风漂移，如图7.4左所示。

（2）正横后来风（$\theta>90°$）

静止中的船舶在风力 F_a 的作用下，使船舶以一定的船速V，某一漂角 β 向下风运动，进而产生水动力Fw。这时，A在G之后，W在G之前，合外力矩为 N_a+N_w，在其作用下，产生旋转角角速度，使船尾向下风旋转。随着船舶的转动，A点和W点都向G点靠拢，

当船舶转为横风附近时，A点、W点和G点重合，合外力距 $N_a+N_w=0$。当 $F_a=F_w$ 时，船舶将以正横附近受风匀速向下风漂移，如图7.4右所示。

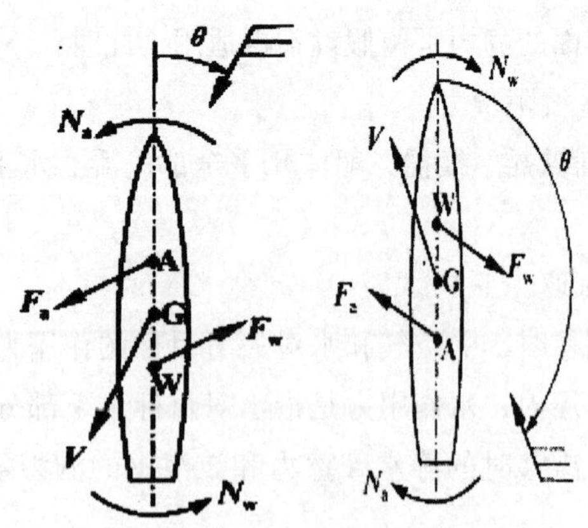

图7.4　正横前来风（左）和正横后来风（右）

7.1.4　失事目标漂移模块中的受力计算公式

（1）空气作用力的计算公式：

空气的作用力几乎全部由黏压力组成，它可表示为：

$$\vec{R}_a = \frac{1}{2} C_a \rho_a A_t \vec{V}_a^2$$

其中：$\vec{R}_a$：风的作用力；

ρ_a：空气的质量密度，可取 1.226 千克/米^3；

A_t：船体水线以上部分在横截面上的投影面积；

$\vec{V}_a$：风对船的相对速度，单位：米/秒；

C_a：空气阻力系数，与船体形状和上层建筑情况有关。

（2）海水作用力的计算公式：

$$\vec{R}_w = \frac{1}{2} C_w \rho_w S_w \vec{V}_w^2$$

其中：$\vec{R}_w$：流的作用力；

ρ_w：海水的质量密度；

S_w：船体湿表面积；

$\vec{V}_w$：流对船的相对速度，单位：米/秒；

C_w：海水阻力系数，与船体形状有关。

7.1.5　失事目标漂移过程中偏转角度的确定

由失事目标漂移过程中的状态分析可知，目标受力平衡后，应与受力方向垂直，即为正横位置附近，所以通过计算风和流的合力方向，可得到目标的偏向角度（图 7.5）。

风和流的合力计算公式为：

$$F_c = R_a^2 + R_w^2 - 2R_s R_w \cos(180 - \alpha - \omega)$$

其中，α 和 ω 分别是空气作用力和流作用力与船的夹角。

7.2　舟山漂移试验

7.2.1　试验情况简介

根据实施方案，为解决渔船漂移轨迹模式参数厘定科学问题，确定于 2013 年 7 月 24 日至 2013 年 8 月 1 日在东海区域的舟山至长江口之间开展无动力船只海上漂移试验和业务化系统保障检验等相关海上科学试验。具体的实验情况如表 7.1 实验

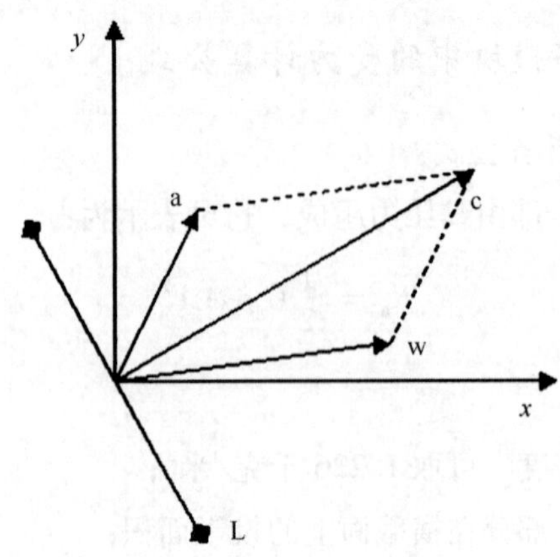

图 7.5　船只（L）受力（a 和 w）的示意图

情况的基本信息表所示。

表 7.1　实验情况的基本信息表

试验序号	起始时间	结束时间	漂移时间	起漂位置（东经）	起漂位置（北纬）	备注
1	7.28 12：15	7.29 13：00	24h	122.623 3°	29.623 6°	
2	7.29 16：00	7.30 16：30	15h	122.683 1°	29.623 3°	

注：在第一次漂移中，07.29 1：37 为避让抛锚的大船启动主机，低速往北偏东方向行驶，01：46 停车此时位置 122°31.750′E，29°47.464′N；07.29 8：05 为了避让外鞍岛（500 米）启动主机，低速往南偏东行驶，08：17 停车此时位置 122°36.269′E，29°52.233′N。

7.2.2　数据采集

试验采集数据包括：经度、纬度（1 分钟 1 个数，自动）；

船速、船向（1 分钟 1 个数，来自船用自动气象站）；

风速（风速计相对船）、风向（风速计相对船头的方向）（同上）；

船头方向（30 分钟 1 个记录，手动）；

流速、流向（5 米深度，5 分钟 1 个数，来自船载 adcp）；

海洋水文、气象要素。

7.2.3　数据处理

获取试验海域实测的海表面风（UA，VA）和 5 米水深的流（UC，VC）。

(1) 计算海表面风（UA，VA）所需观测要素包括：

船速 ss（单位：节）；

船向 sd（单位：度，船漂移的方向，以北为 0，顺时针增加，范围为 0 ~ 360）；

风速 ws（单位：米/秒，风速计相对于船的速度）；

风向 wd（单位：度，风的来向，以北为 0，顺时针增加，范围为 0 ~ 360，风速计相对于船头的方向）；

船头方向 refd（单位：度，以北为 0，顺时针增加，范围为 0 ~ 360）。

计算公式：

Ua = ws * cosd（270.0 -（wd + refd））-（ss * 1.852/3.6）* sind（sd）；

Va = ws * sind（270.0 -（wd + refd））-（ss * 1.852/3.6）* cosd（sd）。

（2）计算 5 米水深的流所需观测要素包括：

取船载 adcp 记录的 5 米水深的流速 cs 和流向 cd；

流速 cs（单位：米/秒）；

流向 cd（单位：度，流的去向，以北为 0，顺时针增加，范围为 0 ~ 360）。

计算公式：

uc = cs * sind（cd）；

vc = cs * cosd（cd）。

7.2.4　漂移预测

针对此次漂移试验开展了共 4 次渔船漂移预测。使用的预测模型是国家海洋环境预报中心研发的关于落水人员和船只的海上漂移预测模型，模型使用的风场均为基于 WRF 研发的国家海洋环境预报中心业务化海表面风数值预报结果，流场有 2 种，分别是基于 POM 模型研发的国家海洋环境预报中心业务化中国海海流数值预报结果（模型 1）、基于 ROMS 模型研发的国家海洋环境预报中心业务化黄渤东海海流数值预报结果（模型 2）。

（1）漂移试验之前，针对初选的 2 个起漂位置和起漂时间进行未来 24 小时的渔船漂移轨迹预测，预测是否会漂至岸边，具体的漂移路径如图 7.6 两个起漂位置和起漂时间未来 24 小时的渔船漂移轨迹预测图所示。

（2）针对第一次漂移试验从起漂时间（2013 年 7 月 28 日 12 时 10 分），利用通过模型 1 和模型 2 进行未来 24 小时的渔船漂移轨迹预测，针对第一次漂移试验从起漂 4 小时之后（2013 年 7 月 28 日 17 时）的位置，利用模型 1 进行未来 20 小时的渔船漂移轨迹预测，预测轨迹图以模型 1 - 1 表示。所有的预测的预测轨迹如图 7.7 所示。

（4）针对第二次漂移试验从起漂时间（2013 年 7 月 29 日 16 时），利用模型 2 和模型 1 进行未来 24 小时的渔船漂移轨迹预测。预测轨迹如图 7.8 所示。

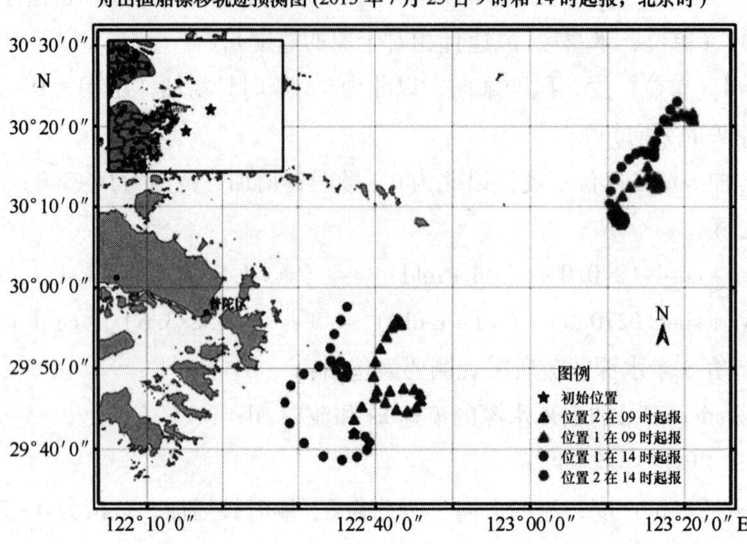

图 7.6 两个起漂位置和起漂时间未来 24 小时的渔船漂移轨迹预测图

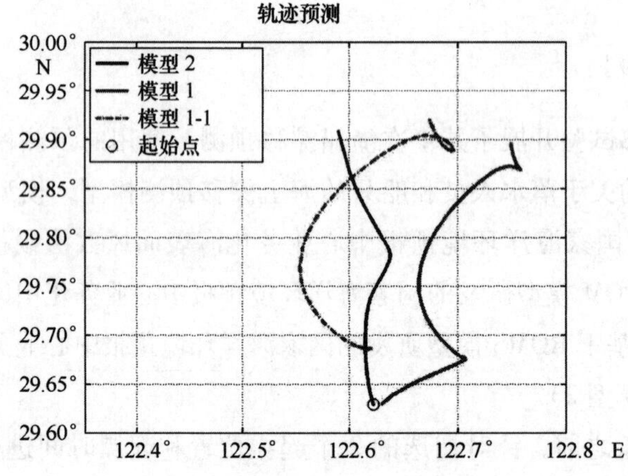

图 7.7 第一次漂移试验漂移轨迹预测图

7.2.5 预测结果检验

7.2.5.1 检验方法

检验对象是利用国家海洋环境预报中心研发的搜救预测模型（文中用 NMEFC 模式来表示）及 2 套海流数据进行的上述无动力渔船 2 次漂移预测结果。

检验采用的数据为在舟山开展的 2 次无动力渔船漂移试验中的实际漂移观测位置，包括观测时间、经度、纬度等要素。

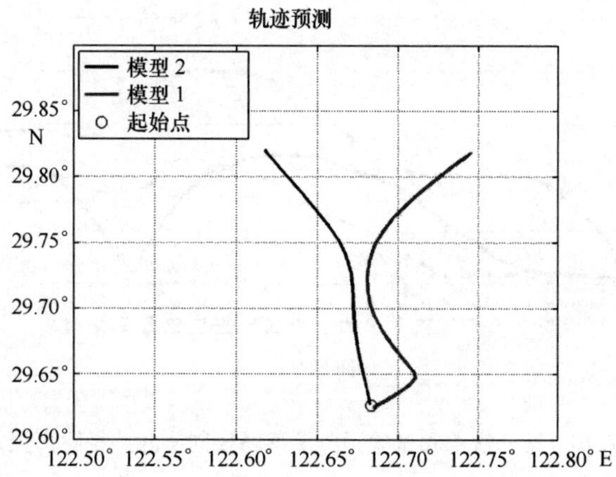

图 7.8　第二次漂移试验漂移轨迹预测图

检验方法分两步：将模型预测的漂移位置在时间上插值到对应时间的实际观测位置，对比实际观测和漂移预测轨迹；再计算并分析预测位置的距离误差；其中：

（1）实际观测的位置的频次定义为 0.5 小时 1 次，预测位置的频次是 1 小时 1 次，将其线性插值到实际观测的对应时间上。

（2）距离误差是指预测位置与实际位置在同一时刻之间的距离差，单位为千米。

7.2.5.2　NMEFC 模型预测轨迹与实际轨迹对比及距离误差分析

（1）第一次漂移试验

NMEFC 漂移模型预测的结果和真实漂移路径的对比如图 7.9 所示。

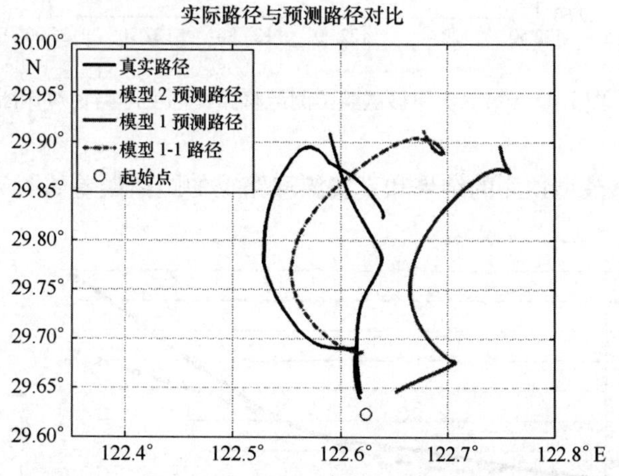

图 7.9　第一次漂移试验预测漂移路径同实际路径对比图

NMEFC 漂移模型预测的结果和真实漂移路径的距离误差如图 7.10 所示。

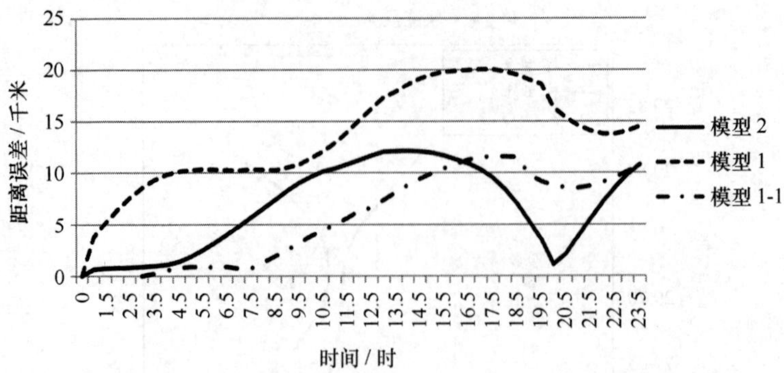

图 7.10　第一次漂移试验预测漂移路径同实际路径距离误差图

（2）第二次漂移试验

NMEFC 漂移模型预测的结果和真实漂移路径的对比如图 7.11 所示。

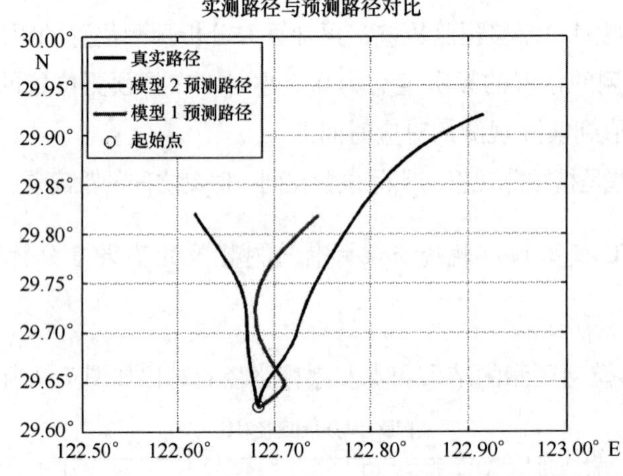

图 7.11　第二次漂移试验预测漂移路径同实际路径对比图

NMEFC 漂移模型预测的结果和真实漂移路径的距离误差如图 7.12 所示。

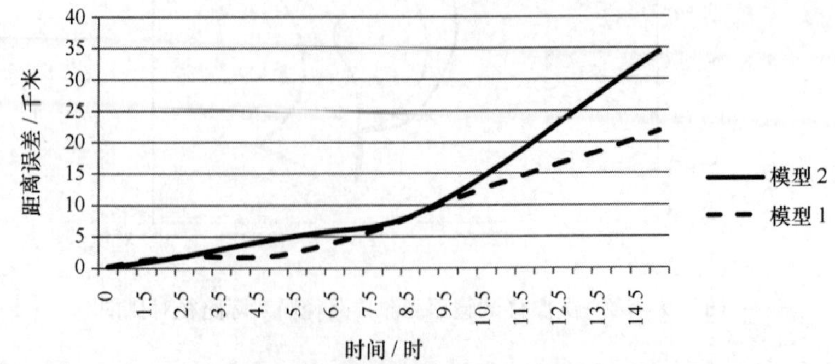

图 7.12　第二次漂移试验预测漂移路径同实际路径距离误差图

7.3　基于舟山实测数据的渔船漂移模式评估

7.3.1　评估方法

评估对象是2种渔船漂移预测模型，分别是国家海洋环境预报中心研发的搜救预测模型，文中用NMEFC模式来表示，第二种是引进的LEEWAY搜救预测模式，文中用LEEWAY模式来表示。

评估采用的观测数据为在舟山开展的2次无动力渔船漂移试验中的观测结果，包括观测时间、海洋表层风速、风向、流速、流向、渔船漂移的经度和纬度等要素。

评估方法分两步：先利用实际观测的海洋表层风、流数据驱动2种搜救预测模型，预测无动力渔船的漂移位置，并于实际漂移轨迹进行对比分析，再计算并分析预测结果的距离误差。其中：

（1）实际观测的海洋表层风、流数据的频次为0.5小时1次。

（2）距离误差是指无动力渔船漂移的预测位置与实际位置在同一时刻之间的距离差，单位为千米。

7.3.2　NMEFC模式和LEEWAY模式评估

通过现场记录的各种数据计算得出的风、流数据的时间间隔是半小时1次，第一次漂移的起始时间记录是2013年7月28日13时30分，共漂移24小时，根据试验记录发现，无动力漂移试验期间有2次为避让其他干扰启动了主机，在有动力情况下分别低速前进了11、12分钟，因此将第一次漂移试验分成了3次无动力漂移阶段，起始位置和起始时刻均按实际记录给定，漂移试验中的预测路径与实际路径对比以图7.13中（1－1）、（1－2）、（1－3）表示；第二次漂移的起始时间记录是2013年7月29日16时，共漂移15小时，期间试验渔船一直是无动力漂移状态，漂移试验中的预测路径与实际路径对比以图7.14表示。

NMEFC搜救模型中渔船类别有1种，LEEWAY模式中渔船类别较多，从中选择了3种，类别41代表无帆运动艇，改进的V船体，类别42代表有中控台和开放驾驶舱的运动渔船，类别43代表几种常见渔船的平均类型。

实测风场和流场强迫NMEFC模式和LEEWAY模式（类型41）得出的预测结果与实际轨迹对比分析及距离误差分析分别如图7.15至图7.18所示。

综上所述，我们在舟山海域开展了2次无动力渔船漂移试验，并利用2套海流产品基于NMEFC搜救预测模型开展了渔船漂移轨迹预测的滚动预报。在获取实际观测的风、流、漂移位置等观测数据之后，我们对数据进行了分析处理，并利用其

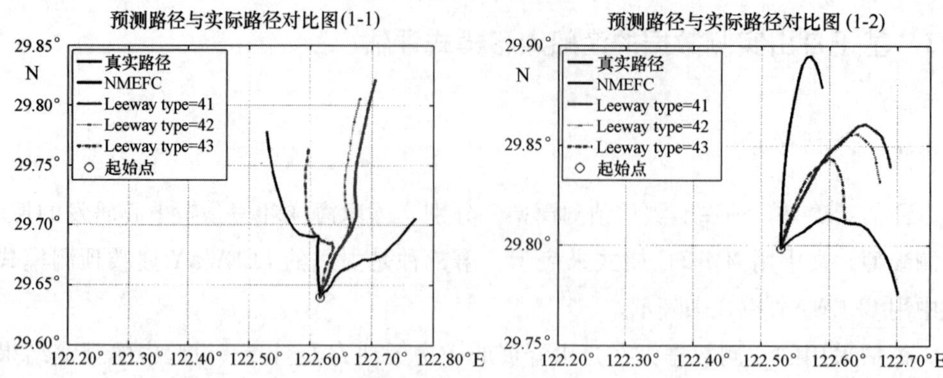

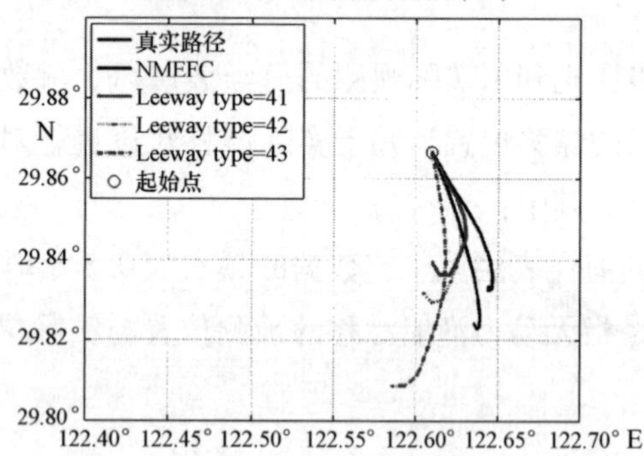

图 7.13 预测轨迹与实际轨迹对比分析图

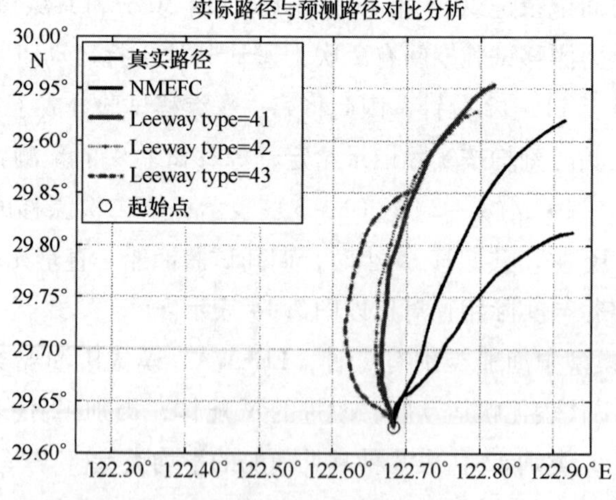

图 7.14 预测轨迹与实际轨迹对比分析图

对我们的滚动预报结果进行了对比检验，此外，还对目前已有的 NMEFC 模型和 LEEWAY 模型进行了评估检验。经过分析，得出如下几点结论：

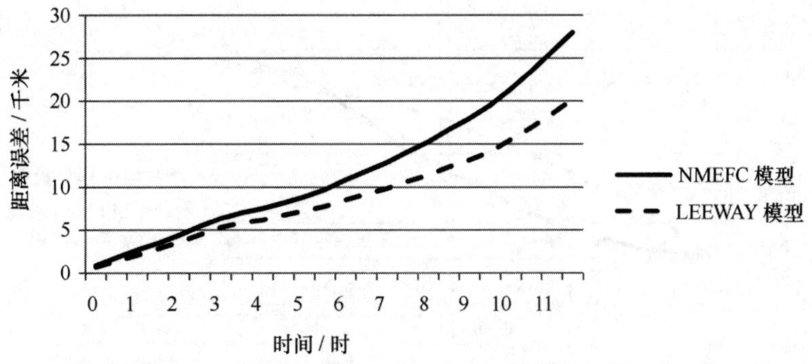

图 7.15　距离误差分析图（1-1）

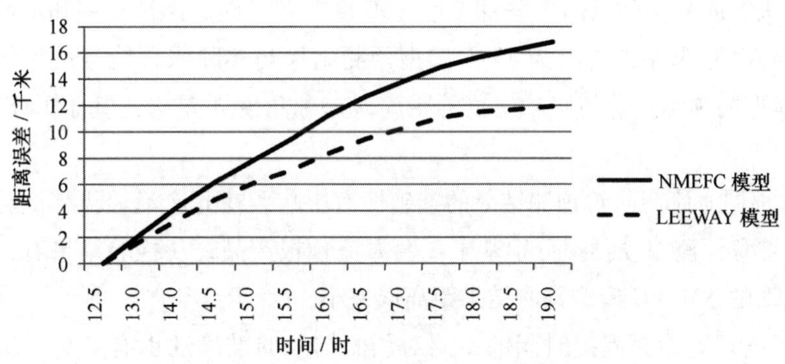

图 7.16　距离误差分析图（1-2）

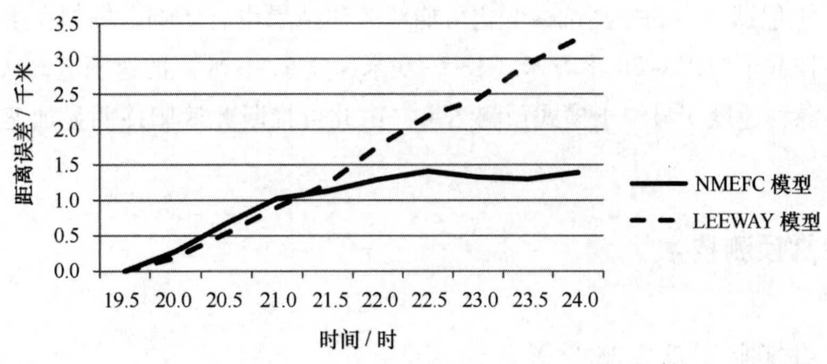

图 7.17　距离误差分析图（1-3）

（1）渔船的船头方向与实际风向之间的夹角对渔船的漂移方向有较大的影响。

当船头方向顺着实际风向（0 度左右）时，NMEFC 模型和 LEEWAY 模型的预测结果较为准确，与实际位置的距离误差和角度误差均在合理范围之内；LEEWAY 模型中的类型为 41 的船型预测结果与实际漂移轨迹最为接近；基于 NMEFC 模型的预测位置与实际位置的距离误差和角度误差均比基于 LEEWAY 模型的小。

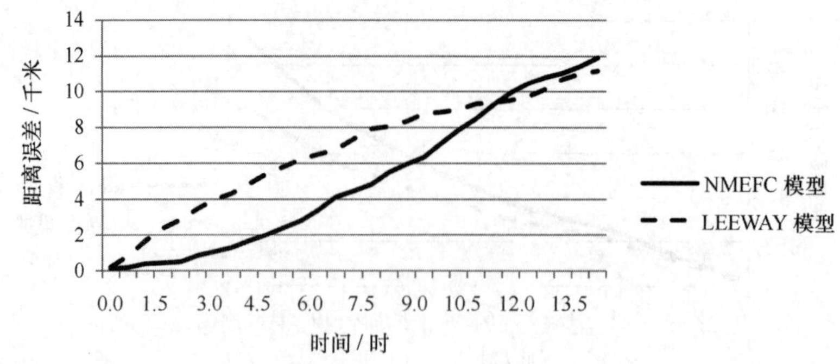

图 7.18　第二次试验距离误差分析图

当船头方向与实际风向呈垂直夹角（90 度左右）时，距离误差和角度误差均很大；LEEWAY 模型中的类型为 43 的船型预测结果与实际漂移轨迹最为接近；基于 NMEFC 模型的预测位置与实际位置的距离误差和角度误差均比基于 LEEWAY 模型的大。

（2）不同海流产品对预测结果的准确性有影响，在此次渔船漂移试验期间对渔船开展的漂移预测滚动预报分别基于 2 套海流预报产品，从检验结果看，模型 1 比模型 2 驱动的 NMEFC 模型预测结果距离误差小。

（3）NMEFC 模型起报时间的不同对预测结果的准确性也有影响，从上述分析可看出，第一次试验中，模型 1 从起漂第 4 小时开始起报的漂移预测结果比从起漂开始起报的漂移预测结果误差小。

（4）渔船试验中的一些细微变化可能对漂移结果也有影响，例如在第二次试验中，船头挂起了约 25 ~ 30 平方米（长 5 ~ 6 米，宽 5 ~ 6 米）的遮阳篷，从预测结果看，实际漂移速度明显快于模式预测结果，由此可推断此遮阳篷明显加速了渔船的漂移速度。

7.4　海雾预测技术

7.4.1　海雾监测及客观分析

使用卫星多通道的实况监测数据进行融合分析，利用可见光反射率阈值法，红外亮温阈值法及双通道差值法，对可见光和红外通道卫星数据进行计算处理，将图像当中的雾/低云进行辨别和范围划定，建立全天候海雾监测算法。将卫星监测的海雾分析产品进行业务化运行，作为海雾监测的主要手段。各手段用途如表 7.2 所示。

表7.2 监测手段

波段	用途
可见光通道	分析大雾区域纹理，估算雾光学厚度。0.58～0.68米通道反射率与雾的光学厚度成正比
近红外通道	对于雾滴的小粒子，反射辐射比云大
中红外通道	在对云雾中粒子大小敏感的同时，对于粒子的形态也十分敏感
红外通道10.3～11.31米	用于测量雾顶温度信息
分裂窗通道11.5～12.51米	与10.3～11.31米通道一起用于测量雾顶之上大气中含水量的信息

海雾在可见光云图上具有明显亮度变化不明显、纹理光滑均匀、与陆地边界较清晰等特征，较容易用肉眼分辨出来，所以在一定程度上可以直接借助可见光云图对海雾进行判别，但当有中高云覆盖时便不容易分辨。在可见光云图上，图像的黑白程度表示地面和云层表面的反照率大小，白色表示反照率大，黑色表示反照率小。一般来说，中高云有着较高的反照率（>0.3），雾/低云次之（0.2～0.4），陆表、海洋、湖泊等下垫面的反照率较小（<0.15）。因此，可通过可见光反照率阈值法来辨识雾/低云区。

具体步骤是对可见光通道数据进行提取投影和辐射定标等预处理，将定标后的可见光通道数据除以太阳天顶角的余弦，得到可见光通道的反照率。其他学者的研究表明，可以将黄、渤海的雾区辨识出来的最低反照率设为0.18。针对我国近海及西北太平洋海雾辨识的最低反照率还需要通过海雾个例的实验研究进行进一步确定。

虽然夜间没有可见光云图，但是在夜间的卫星红外影像上雾区表现为中红外通道的亮温交热红外通道的亮温低，而对于中高云、陆地和海面，两通道的亮温近似相等。利用此算法的海雾辨识方法称为双通道差值法。

此算法的具体方法是在对IR1和IR4通道的数据进行定标后，利用编程计算IR1－IR4，并得到双通道亮温差值的卫星影像，然后采用经验阈值（2～8度）作为识别雾的判据，通过判别阈值的区域被设置成红色，实现雾区的辨识。除了直接标记通过阈值的像素外，还可采用WMO推荐的夜间检测雾的RGB（红绿蓝）彩色合成影响，释用RGB彩色合成影像的原因是，它不仅显示检测到的雾区，还显示中高云和地物背景的信息，因而针对于有中高云覆盖的雾区等干扰较多的情况，仍能做到比较好的判别。在实际处理中，由于直接采用RGB彩色合成雾区颜色较深，和背景不易区分，所以一般采用反色处理，整个产品处理流程如图7.19所示。

通过分析相应海区及相关站点常规观测数据（包括GTS数据和其中的船舶观测

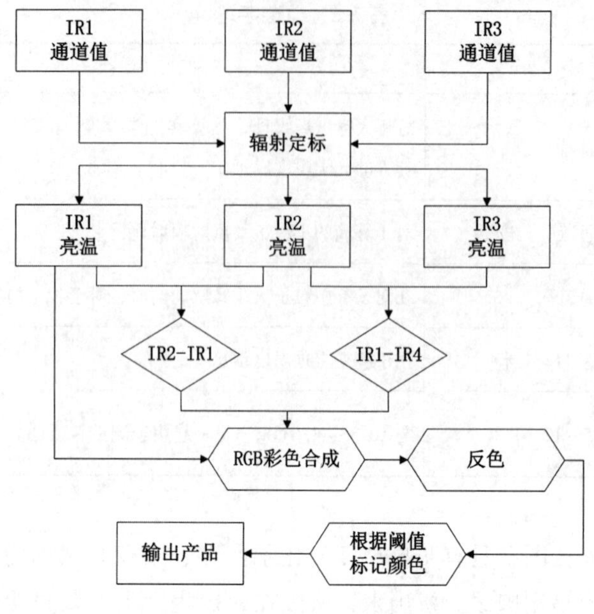

图 7.19　产品处理流程

数据），判断站点及周边海区的能见度状况。

当有海雾发生时，可在美国怀俄明大学网站（http：//weather. uwyo. edu/upperair/sounding. html）下载相关站点的探空数据分析雾区临近测站的湿度和有无明显逆温层出现，并通过逆温层与高湿度层的高度初步判断雾顶的高度。

将以上观测资料与卫星反演观测的雾区进行对比，并辅以天气图，对海雾的范围和能见度进行综合分析判断，并给出相关分析结果。

7.4.2　海雾数值预报

利用中尺度大气模式 WRF 的 3DVAR 模块同化各种观测资料形成初始场，用此初始场驱动 RAMS 模式，利用 RAMS 模式结果进行检验和分析，得到预报产品。该系统可给出海雾信息（雾区水平范围、厚度与能见度等）的监测结果与 48 小时的数值预报产品。

利用 WRF 中的 WPS 前置处理模块，生成地形高度、地表类型和其他数据，这里使用两重网格嵌套，投影方式为兰勃脱投影，最小区域为目标区域，即黄海、东海及周边临近海域；利用全球的预报场格点数据与卫星遥感 SST 实况格点数据插值到所选区域的格点上。在此基础之上输出同化分析的背景场。

这里使用 NMC 方法统计气候背景误差协方差矩阵，NMC 方法（Parrish and Derber，1992）是一种估计气候背景误差协方差的常用方法。这里利用平均预报偏差（例如 1 个月的时间序列，在同一时间用 24 小时减去 12 小时的预报）统计将背景误

差良好的近似地估计出来，

$$B = \overline{(x^b - x^t)(x^b - x^t)^T} = \overline{\varepsilon_b \varepsilon_b^T} = \overline{(x^{T+24} - x^{T-12})(x^{T+24} - x^{T+12})^T}$$

这里 x^t 是真实大气状态，ε_b 是背景误差。上面的横杠表示时间和（或）空间的平均。

3DVAR 需要 3 个数据源作为输入文件，包括第一猜值场（背景场）数据，它是 WRF 的前置处理模块 WPS 生成的预处理结果；背景误差统计，此文件包含与给定的背景场输入相关的误差协方差矩阵；观测场、观测数据通过预处理程序已经转换为模式所需的指定格式并进行了质量控制。

利用这 3 个数据源，3DVAR 进行一个价值函数的最小化，得到一组“最优”分析增量，加到背景场里，生成分析场。

WRF 模式输出的初始场不能直接作为 RAMS 模式的初始场，因为两者在数据存储格式、水平坐标地图投影及模拟区域、垂直坐标等方面存在差异。因此必须将数据进行一定步骤的转换。基本方法是首先将 WRF 模式初始场转换成 RAMS 前置程序能处理的“背景场”，然后由 RAMS 模式自己利用此“背景场”形成初始场，具体步骤如下：

将 WRF 模式初始场从等 sigma 面插值到等压面。

转变上式所得到的等压面数据的存储格式，将其从 netCDF（Network Common Data Form）变为 GRIB（Gridded Information in Binary）。

主要利用 RAMS 模式的前置程序读取 GRIB 格式的等压面数据，形成 RAMS 模式的初始场。此前置程序只能读取 Lambert 投影或规则经纬度的 GRIB 格式等压面数据，如果 WRF 模式采用了非 Lambert 投影方式，那么前一步骤中还需要将 WRF 模式初始场插值到规则经纬度格点上。

由于经过 WRF 模式的 3DVAR 同化过程，最初的背景场质量已经得到了明显提高，而 RAMS 模式具有精细的近海面模式分辨率与更符合实际的云物理参数化过程，所以利用此背景场驱动 RAMS 模式，能够很好的模拟近海面的海雾过程。在 RAMS 模式运行过程当中，不再加入同化观测资料的过程。模式积分预报结果中涉及云雾计算及常规气象预报分析场的要素场主要包括：云雾要素场、地面要素场以及高空要素场。其中，云雾要素场需要经过计算得出。

云雾要素场主要为大气水平能见度。

Stoelinga 和 Warner 提出了一个计算水平能见度分布的公式，β 是消光系数，可能是 x 的函数。在水平能见度方面，可以假定 β 在水平方向是常数，导出下面关于水平能见度的表达式 X_{vis}：

$$X_{vis} = -\ln(0.02)/\beta$$

消光系数 β 可以按照特定的消光现象进行线性划分。由云水消光系数 β_{cw}、雨水消光系数β_{rw}、云冰晶消光系数β_{ci}和雪消光系数β_{sn}共4部分共同组成，即$\beta=\beta_{cw}+\beta_{rw}+\beta_{ci}+\beta_{sn}$，其中质量浓度$C$的单位为克/米^3，消光系数$\beta$的单位为千米$^{-1}$：

$$\beta_{ci}=163.9\ C_{ci}=1.00\ \beta_{cw}=144.7\ C_{cw}=0.88$$

$$\beta_{sn}=10.4\ C_{sn}=0.78\ \beta_{rw}=1.1\ C_{rw}=0.75$$

将RAMS模式输出的预报结果数据由sigma层插值到p-坐标或者z-坐标，形成坐标网格数据；将预报时间间隔做标准化处理，按照要求形成具体时刻预报结果，并利用RIP4绘图程序对预报的海雾要素进行绘制输出。

7.5 热带气旋路径预测

7.5.1 热带气旋预报现状

7.5.1.1 对热带气旋的实时监测

热带气旋的监测目前主要依靠卫星、雷达、GTS常规地面观测站和海洋站、浮标。一般来说在远海，以卫星定位为主；当热带气旋靠近沿海不足300千米时，主要靠气象雷达以及浮标观测数据；热带气旋临登陆我国沿海时，可通过获取GTS常规地面观测数据和海洋站数据来确定热带气旋的位置、强度等信息。热带气旋预报技术路线如图7.20所示。

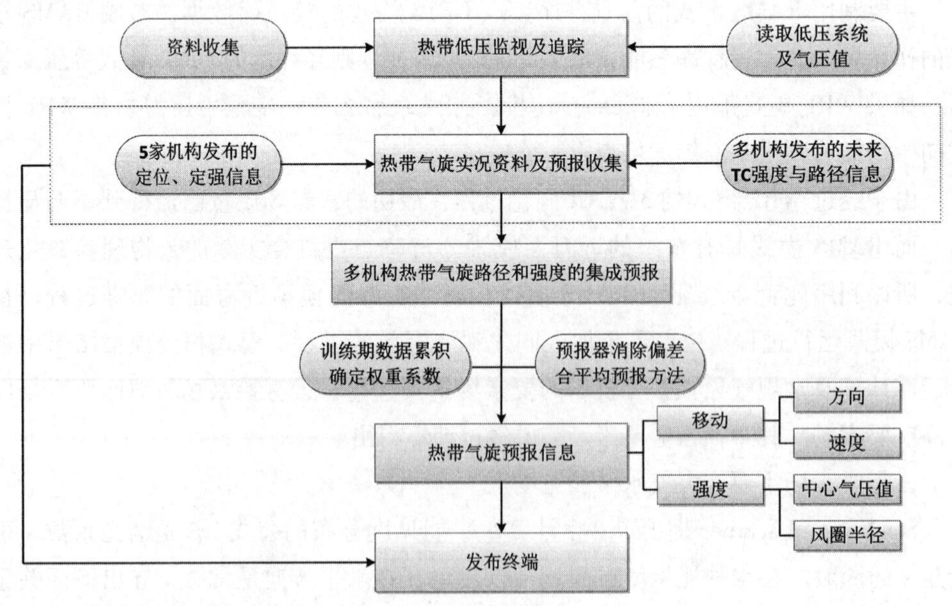

图7.20 技术路线图

(1) 卫星遥感监测

目前，对热带气旋的监测以卫星遥感监测为主。利用我国首颗海洋动力环境监测卫星——海洋 2 号可一天两次提供高精度海面风场反演实况信息，在热带气旋监测业务中发挥了重要作用。另外，也通过协作方式购买中国气象局在轨运行的风云一号 D 星、风云二号 D 星和 E 星以及在轨备份的风云二号 C 星和 F 星，借助风云系列气象卫星和卫星云图分析技术，不仅可以了解热带气旋的定位定强信息，而且还可以了解热带气旋未来的动态和降雨信息，从而及时滚动发布有关热带气旋的预警信息。

(2) 天气雷达监测

多普勒天气雷达作为热带气旋监测的一个主要技术手段，以其高时空分辨率、及时准确的遥感探测能力，在热带气旋监测预警方面成为极为有效的工具。目前我国在沿海地区建设的多普勒雷达监测网络，不但可以及时掌握热带气旋最新动向，而且还可以借助多普勒雷达观测得到的径向速度的变化来实时掌握热带气旋强度的变化。另外通过多普勒雷达反演的降雨和风场产品还可以实时监测有关热带气旋强降雨和强风的发生发展信息，从而为决策服务提供较为真实的热带气旋风雨信息。

(3) GTS 常规地面站、海洋站、浮标站观测

目前，我国沿海已布放浮标、建成海洋站上百个，在陆地沿岸地区建有更加稠密的地面观测站，获取这些观测数据不仅可以采集到更精确的大风、大浪实况，而且其实时监测信息还成为热带气旋业务准确定位和热带气旋短时降雨预报的主要依据。

7.5.1.2　预报技术

渔业安全保障系统中热带气旋客观预报水平的重要技术支撑来自我中心的热带气旋数值模式预报；经验预报方面主要是采用人工订正方法，总结国内外多家权威机构热带气旋数值预报产品优缺点，与天气学分析相结合，针对热带气旋生成不同季节、源地、所处天气环流形势等要素背景，开展预报工作。

(1) 热带气旋数值模式的建立

“八五”期间国家海洋环境预报中心建立了首套三维斜压热带气旋数值预报系统。“十五”期间，建立了基于 MM5 模式的热带气旋预报系统，在原分析的基础上在热带气旋中心附近嵌入理想热带气旋场，采用 NCAR - AFWA 热带气旋参数化方案，首先将热带气旋从初始场中扣除，然后再把理想热带气旋场叠加于滤掉热带气旋扰动的大尺度环境场中。之后开发了中央气象台、日本气象厅和美国联合热带气旋警报中心的集合热带气旋路径和强度产品。“十一五”末期完成了热带气旋预报

系统从 MM5 模式向 WRF 模式的转换。将 MM5 模式系统下的三维多层、水平变量采用 B 网格配置的原热带气旋预报系统，改成 WRF 模式系统下的二维单层、水平变量采用 C 网格配置的新热带气旋预报系统。

(2) 开展数值产品释用工作

计算并输出热带气旋预报相关各类诊断量要素客观预报产品（如垂直切变、水汽通量散度、散度、涡度、位势高度、引导气流等），并推进在热带气旋经验预报中的分析应用，图 7.21 所示。

垂直切变：$\int_{z_1}^{z_2} \frac{\partial \overline{V}}{\partial z} ds / \int_{z_1}^{z_2} dz = (\overline{V}_2 - \overline{V}_1)/(Z_2 - Z_1)$

水汽通量散度：$\nabla \cdot (Vq/g) = \frac{\partial (vq/g)}{\partial x} + \frac{\partial (vq/g)}{\partial y}$

散度：$\mathrm{div}\overline{F} = \frac{\partial P}{\partial x} + \frac{\partial Q}{\partial y} + \frac{\partial R}{\partial z}$

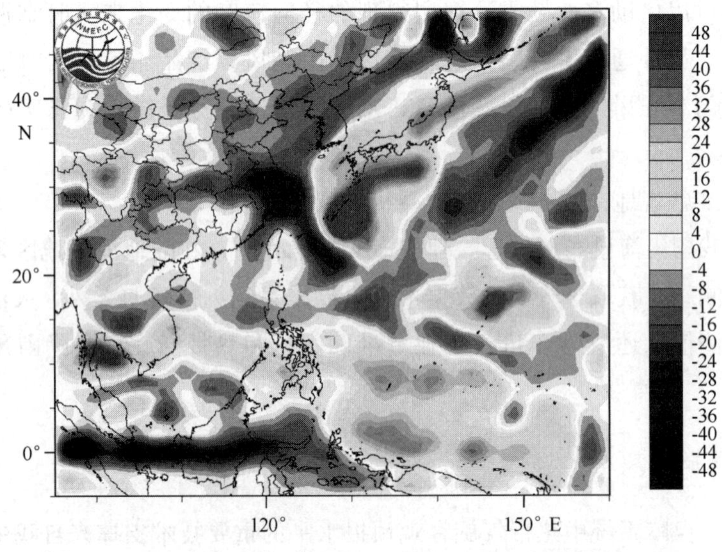

图 7.21　200 百帕散度场 48 小时预报（2013 年 10 月 2 日 20 时）

(3) 加强对卫星反演产品的应用分析

加强预报员对卫星云图的经验分析能力，特别是提高水汽图像和卫星导风产品结合高空环流型分析在热带气旋强度预报中的应用能力。

(4) 热带气旋客观分析与预报保障分系统研发

建立热带气旋客观分析与预报保障分系统，给出热带气旋位置、中心、最低气压、最大风速、大风半径、移动路径等信息，并给出未来 96 小时预报产品。该分系统主要包括：热带气旋实况综合分析子系统和热带气旋路径和强度预报子系统。由于最终用户的使用环境缺乏多源观测数据与预报产品的接收渠道，故在可接收 GTS

报文、国家海洋环境预报中心WRF数值预报产品的业务基础上进行系统的框架构建与功能设置。该系统集报文解码、定位定强综合订正、多家预报路径叠加显示、气旋路径综合统计预报、历史相似热带气旋检索功能于一体，在业务上与服务上无需跨平台操作，自动实现热带气旋的跟踪监测及预报结果的计算生成。

（5）热带低压信息收集

正在开发自动读取转换模块，从GTS报文中提取上述预报机构发布的海上的重要天气报告并进行自动解码。对0°~30°N，60°~170°E之间重要天气报告中的热带低压系统进行重点监视跟踪。筛选“LOW”字母，并提取该段报文内的气压值与经纬度，可同时提取多个低压系统，对其位置与强度格式进行整理，存入数据库中供可视化系统调用并在地图背景上叠加标注。该报文读取程序每天01、07、13、19时（UTC）自动运行，及时更新热低压的发展趋势及情况，使用户在热带气旋编号之前尽早掌握热带扰动的发展趋势。

（6）热带气旋实况及预报资料收集

目前，针对在西北太平洋及南海活动的热带气旋，多个气象机构按照自定格式编发热带气旋报告。常见的发布机构有：中国气象局（CMA，China Meteorological Administration）、日本气象厅（JMA，Japan Meteorological Agency）、香港天文台（HKO，Hong Kong Observatory）以及美国联合热带气旋警报中心（JTWC，Joint Typhoon Warning Center）。各家发布的频次与内容也不尽相同，主要包括发报机构代码、发布时间、热带气旋等级、热带气旋名称、编号、实况的日时分、热带气旋的位置、定位的可靠性、中心气压值、中心最大风速、大风圈半径、过去6小时的移动方向及移速、未来的（包括12小时、24小时、48小时、72小时）经纬度位置、未来中心风速（持续及阵风）、未来移速移向等。

目前正在开发研制的解码模块用于从接收的大量GTS报文中筛选翻译出上述5个机构的热带气旋信息。解码模块始终处于待命状态，每10分钟一次检索接收到的报文，若有新的热带气旋信息，加以提取并翻译成明码格式，同时整理成规范格式自动入库。供可视化系统调用并在地图背景上叠加标注。

（7）热带气旋路径和强度集成预报系统

以多家机构的综合预报结果为基础，使用加权消除偏差集合的方法，对热带气旋的路径和强度（中心气压）进行预报时效为24~72小时的多机构集成预报。在这里引入超级集合预报的思想：超级集合预报方法是把时间轴分为两部分，即训练期和预报期。在训练期使用超级集合预报值与观测值做误差分析，确定参与超级集合的各个模式的回归（权重）系数，权重随空间变化但是随时间不变，相应的权重系数再用于预报期的超级集合预报。类似地，本系统选取2012年为训练期，2013年为预报期，在训练期使用各机构发布的热带气旋路径和中心气压预报值与实际观测值计算误差，根据各模式的误差计算出参与超级集合的各个模式的权重系数，再利用下式将相应的训练期权重系数用于预报期的集合预报。

采用加权的消除偏差集合平均，如下式：

$$F_{\mathrm{VEM}} = \overline{F} + \sum_{t=1}^{N} a_i(F_i - \overline{F})$$

其中，F_{WEM}为加权消除偏差集成预报值，F_i 为第 i 个机构的预报值，$\overline{F}$ 为多家机构训练期预报值的平均，a_i 为权重，N 为参与集合的预报结果个数，本系统内选用日本、北京、欧洲中心、香港天文台及美国联合中心 5 家发布的预报结果，即 $N=5$。在训练期，模式权重满足$\sum_{i=1}^{N} a_i = 1$，权重系数的确定可以取训练期内各机构预报值的平均误差的倒数，直观地解释为模式预报误差越小，在多家机构集成预报中所占权重就越大。

$$a_i = \frac{E_i}{\sum_{i=1}^{N} E_i}$$

其中，E_i 代表各家机构预报结果与实际观测值的误差的倒数，包括经纬度的空间误差及强度大小的数值误差。历史 GTS 资料来自于 5 家机构通过 GTS 发布的西北太平洋及中国南海历史热带气旋路径和强度（中心气压值）预报数据，预报区域选取为（0°~50°N，90°~170°E），预报时效为 24~72 小时，一天预报 4 次（气象整点时刻）。通过对 2012 年训练期各机构的误差计算，得到各家权重系数，再得出集成预报的 24 小时、48 小时、72 小时热带气旋中心位置及强度大小。

（8）热带气旋路径和强度预报效果检验方法

采用平均绝对误差（EMA，Mean Absolute Error）对预报效果进行检验评估。

$$E_{MA} = \frac{1}{N}\sum_{i=1}^{N} | F_i - O_i |$$

其中，F_i 为第 i 个样本的预报值，Q_i 为第 i 个样本的观测值，N 为样本总数，这里取 5。基于由训练期 2012 年得到的加权系数计算得到 2013 年热带气旋的集成预报结果，利用上海热带气旋所整编的西北太平洋热带气旋历史最佳路径数据集（2013 年 1 月 1 日至 12 月 31 日期间热带气旋实况资料），包括最优路径与订正后的强度，计算输出 EMA 用于检验该系统针对预报期活动热带气旋的预报效果。同时，研制自动检验校正模块，针对已累积的多年 GTS 预报资料进行累计统计计算，调整权重系数的数据及大小分配，改进次年的预报期热带气旋路径与强度的预报效果。

（9）热带气旋实况综合分析

根据历史数据得出热带气旋强度与最大风速、大风半径的相关性，在已知热带气旋强度的预测值后，按表 7.3 所示等级划分得到该热带气旋的大风半径，自动入库并供最终叠加显示大风圈时系统读取与调用。

表 7.3　热带气旋大风半径对照表

热带气旋强度等级	中心气压值	最大风速	8 级大风半径
热带风暴	不高于 1 000 百帕	68 ~ 87 千米/时	50 千米
强热带风暴	低于 996 百帕	88 ~ 117 千米/时	130 千米
热带气旋	低于 980 百帕	118 ~ 152 千米/时	160 千米
强热带气旋	低于 965 百帕	> 153 千米/时	200 千米

7.5.2　2013 年热带气旋研究

2013 共有 31 个热带气旋（包括热带风暴、强热带风暴、热带气旋、强热带气旋和超强热带气旋）在西北太平洋或南海生成，或从东北太平洋移入西北太平洋，其路径如图 7.22 所示。进入（包括生成）南海的热带气旋有 13 个，进入东海的热带气旋有 8 个，进入黄海及以北海域的热带气旋为 0 个。其中登陆我国沿海的热带气旋有 9 个，分别是热带风暴“贝碧嘉”BEBINCA（1305），强热带风暴“温比亚”RUMBIA（1306），超强热带气旋“苏力”SOULIK（1307），热带风暴“西马仑”CIMARON（1308），强热带风暴“飞燕”JEBI（1309），超强热带气旋“尤特”UTOR（1311），热带气旋“谭美”TRAMI（1312），超强热带气旋“天兔”USAGI（1319），强热带气旋“菲特”FITOW（1323）。

今年影响我国的热带气旋有以下几个特点：

（1）初台日期早。1 月和 2 月各有一个热带气旋生成。

（2）自 1 月份以来，与常年同期相比，编号热带气旋数偏多 7 ~ 8 个。

（3）生成位置总体偏西，路径多西北行。有 19 个热带气旋生成于 135°E 以西，其中只有 1 个热带气旋转向远海，其余 18 个都取西北行路径影响我国东、南部海域。

（4）影响南海的热带气旋数明显偏多。在南海海域生成的热带气旋有 7 个，由远海西行进入南海的热带气旋有 7 个，总共有 14 个热带气旋影响南海海域，占总个数的 45%。

（5）登陆个数为 9 个，较常年同期偏多 1 ~ 2 个，其中有 5 个登陆我国南海沿海，4 个登陆我国东海沿海。

（6）登陆的热带气旋强度总体略偏强。在登陆的 9 个热带气旋中，有 5 个都是以热带气旋或强热带气旋登陆，分别是 1307 号超强热带气旋“苏力”、1311 号超强热带气旋“尤特”、1312 号热带气旋“潭美”、1319 号超强热带气旋“天兔”和 1323 号强热带气旋“菲特”。详细登陆情况如表 7.4 所示。

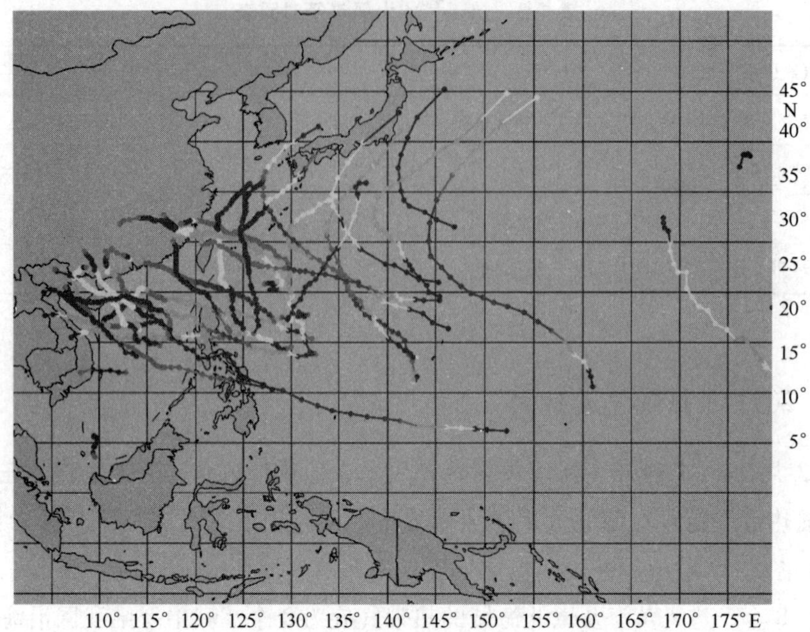

图 7.22　2013 年热带气旋路径图

（7）热带气旋的登陆位置整体偏南。广东 3 个，福建 3 个，海南 2 个，台湾 1 个（二次登陆福建），浙江及其以北地区没有热带气旋登陆，故此可言登陆地段偏南。

表 7.4　2013 年登陆我国热带气旋概况

<table>
<tr><th>国内编号</th><th>中文名</th><th>起止日期</th><th>最大强度</th><th>登陆情况</th></tr>
<tr><td>1305</td><td>贝碧嘉</td><td>6.21—6.24</td><td>热带风暴</td><td>6 月 22 日登陆海南省琼海市</td></tr>
<tr><td>1306</td><td>温比亚</td><td>6.28—7.2</td><td>强热带风暴</td><td>7 月 2 日登陆广东省湛江市</td></tr>
<tr><td rowspan="2">1307</td><td rowspan="2">苏力</td><td rowspan="2">7. 8—7.14</td><td rowspan="2">强热带气旋</td><td>7 月 13 日凌晨登陆台湾省新北市与宜兰县交界处</td></tr>
<tr><td>13 日下午登陆福建省连江县</td></tr>
<tr><td>1308</td><td>西马仑</td><td>7.17—7.19</td><td>热带风暴</td><td>7 月 18 日登陆福建省漳浦县</td></tr>
<tr><td>1309</td><td>飞燕</td><td>7.31—8.3</td><td>强热带风暴</td><td>8 月 2 日登陆海南省文昌市</td></tr>
<tr><td>1311</td><td>尤特</td><td>8.9—8.16</td><td>强热带气旋</td><td>8 月 14 日登陆广东阳江县</td></tr>
<tr><td>1312</td><td>潭美</td><td>8.18—8.23</td><td>热带气旋</td><td>8 月 22 日登陆福建省福清县</td></tr>
<tr><td>1319</td><td>天兔</td><td>9.17—9.23</td><td>超强热带气旋</td><td>9 月 22 日登陆广东汕尾</td></tr>
<tr><td>1323</td><td>菲特</td><td>9.30—10.7</td><td>强热带气旋</td><td>10 月 7 日登陆福建福鼎沙埕镇</td></tr>
</table>

2013 年热带气旋路径的 24 小时、48 小时、72 小时预报误差分别为 100 千米、164 千米、189 千米，低于多年平均值。其中 24 小时、48 小时预报误差相比 2012 年提高近 10 千米，72 小时预报误差提高近 40 千米。详细误差统计如表 7.5 所示。

表 7.5　2013 年热带气旋发布误差统计表

预报时效	24 小时预报		48 小时预报		72 小时预报	
热带气旋编号	发布次数	误差/千米	发布次数	误差/千米	发布次数	误差/千米
1301	14	84	10	129	6	152
1302	2	390	—	0	—	0
1303	11	156	7	270	3	375
1304	14	80	6	233	1	218
1305	11	138	5	234	—	0
1306	17	103	11	219	5	347
1307	24	54	16	83	8	100
1308	3	125	—	0	—	0
1309	11	93	7	85	3	98
1310	5	164	1	262	0	0
1311	29	73	25	176	17	199
1312	29	83	23	123	15	166
1313	10	129	8	176	5	301
1314	21	54	13	115	5	81
1315	21	54	13	115	5	81
1316	—	0	—	0	—	0
1317	9	189	1	520	—	0
1318	11	82	7	148	3	129
1319	29	89	21	119	16	146
1320	19	55	15	54	11	135
1321	15	69	9	165	3	419
1322	7	69	4	120	—	0
1323	32	54	24	114	16	220
1324	19	59	11	110	7	151
1325	25	61	19	122	13	193

续表

预报时效	24 小时预报		48 小时预报		72 小时预报	
热带气旋编号	发布次数	误差/千米	发布次数	误差/千米	发布次数	误差/千米
1326	18	75	14	157	10	256
1327	30	57	24	119	20	217
1328	18	70	14	110	11	96
1329	30	88	24	138	16	194
1330	29	108	23	203	17	261
1331	—	0	—	0	—	0
年平均	—	100	—	164	—	189

7.5.3 2014 年热带气旋研究

2014 年，西北太平洋和南海海域共有 23 个热带气旋生成，其中有 7 个超强台风、2 个强台风、3 个台风、5 个强热带风暴、6 个热带风暴。进入（包括生成）南海的热带气旋有 8 个，进入东海的热带气旋有 9 个，进入黄海及以北海域的热带气旋为 3 个。热带气旋路径如图 7.23 所示。截至目前，共有 5 个热带气旋在我国沿海登陆，3 个登陆我国南海沿海，2 个登陆我国东海沿海。其中登陆福建 1 次，登陆广东 3 次，登陆海南 2 次，登陆台湾 3 次，登陆浙江 1 次，登陆上海 1 次，登陆山东 1 次，登陆广西 1 次（1409 号“威马逊”先后登陆海南、广东和广西，1410 号“麦德姆”先后登陆台湾、福建和山东，1415 号“海鸥”先后登陆海南和广东，1416 号“凤凰”先后登陆台湾、浙江和上海）。详细登陆情况如表 7.6 所示。

表 7.6　2014 年热带气旋登陆情况

编号	中文名	起止日期	最强强度	登陆情况
1407	海贝思	6 月 14 – 18 日	热带风暴	6 月 15 日登陆广东省汕头市
1409	威马逊	7 月 12 – 20 日	超强台风	7 月 18 日 15 时登陆海南省文昌市 7 月 18 日 18 时登陆广东省徐闻县 7 月 19 日登陆广西省防城港市
1410	麦德姆	7 月 18 – 25 日	强台风	7 月 23 日凌晨登陆台湾省台东县 7 月 23 日下午登陆福建省福清市 7 月 25 日下午登陆山东省荣成市
1415	海鸥	9 月 12 – 17 日	台风	9 月 16 日上午登陆海南省文昌市 9 月 16 日中午登陆广东省湛江市

续表

编号	中文名	起止日期	最强强度	登陆情况
1416	凤凰	9 月 18 – 24 日	强热带风暴	9 月 21 日 10 时登陆台湾省屏东县 9 月 21 日 22 时登陆台湾省新北市 9 月 22 日登陆浙江省宁波市 9 月 23 日登陆上海市

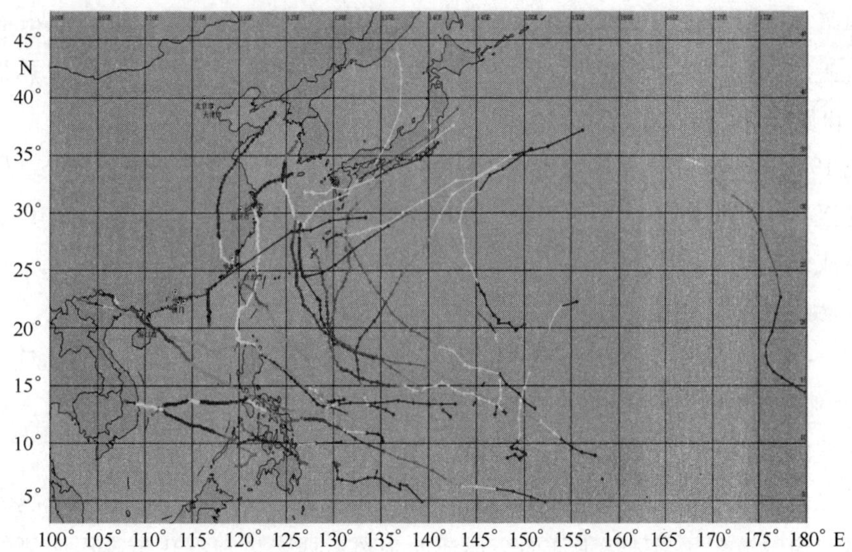

图 7.23　2014 年西北太平洋生成热带气旋路径示意图

统计了 1949—2013 年热带气旋的情况，2014 年热带气旋情况和统计结果对比，有以下几个特点：

（1）热带气旋的生成个数和登陆个数均较常年偏少

西北太平洋和南海海域共有 23 个热带气旋编号生成，与常年平均（27 个）相比，偏少 3 ~ 4 个。其中有 5 个热带气旋先后在我国沿海登陆，较常年平均（7.6 个）偏少 2 ~ 3 个。

（2）初次生成时间和初次登陆时间均偏早

2014 年第 1 号热带气旋“玲玲”的起编时间为 1 月 18 日，比常年（3 月 20 日）明显偏早；另外，2014 年初次登陆我国的热带气旋是 1407 号“海贝思”，它的登陆时间是 6 月 15 日，较常年热带气旋初次登陆的时间（6 月 27 日）稍偏早。

（3）热带气旋生成位置总体偏东

有 14 个热带气旋生成于 130°E 以东海域，路径多近海转向。

（4）影响南海的热带气旋偏少，影响东海的热带气旋偏多在南海海域生成的热带气旋只有1个，由远海西行进入南海的热带气旋有6个，总共有7个热带气旋影响南海海域，占总个数的32%。共有9个热带气旋影响东海海域，占总个数的47%。

（5）热带气旋登陆次数较多

1409号“威马逊”在我国沿海登陆3次，1410号“麦德姆”在我国沿海登陆3次，1415号“海鸥”在我国沿海登陆2次，1416号“凤凰”在我国沿海登陆4次。

（6）夏季生成的热带气旋个数偏少

热带气旋多生成于夏季和秋季。2014年夏季（6月、7月、8月）共生成8个热带气旋，其中8月无热带气旋生成。秋季（9月、10月、11月）共生成热带气旋8个，和夏季持平。

据1949—2013年气象资料统计，8月份平均生成热带气旋个数为6个，最多的年份甚至有8~10个热带气旋生成，如1960年8月和1966年8月，各有10个热带气旋生成；即便最少的年份，如1979年8月，也有2个生成。而在历史上，从未有过8月无热带气旋生成的纪录。分析表明，出现此现象的原因有如下几点：

其一，2014年8月西北太平洋副热带高压一反常态，异常偏南。和常年相比，2014年副高脊线偏南约2-4个纬距，副高偏南导致热带洋面对流不活跃，不利于热带气旋的生成。

其二，2014年8月份越赤道气流非常弱。南半球的冷空气爆发后形成越赤道气流，越赤道气流在北半球热带洋面会形成西南风，西南风与副热带高压南侧的偏东风形成辐合气流，从而有利于热带气旋的生成。2014年8月份正是因为副高偏强，越赤道气流偏弱，导致热带洋面盛行偏东风，西南风很弱，不利于热带辐合带的发展，不利于热带气旋的生成。

其三，2014年南海季风明显偏弱。据统计，西北太平洋和南海热带气旋有70%左右生成于季风槽内，但2014年南海季风明显偏弱。南海季风偏弱的后果就是无法形成稳定的季风槽，所以南海季风偏弱也是今年8月热带气旋异常偏少的重要原因。

表7.7给出的是2014年23个热带气旋预报路径的误差统计情况。其中，年平均24小时预报误差为85千米，年平均48小时预报误差为143千米，年平均72小时预报误差为180千米。表7.7所示。

表7.7　2014年热带气旋发布误差统计表

预报时效	24小时预报		48小时预报		72小时预报	
台风编号	发布次数	误差/千米	发布次数	误差/千米	发布次数	误差/千米
1401	4	76	—	—	—	—

续表

预报时效	24 小时预报		48 小时预报		72 小时预报	
台风编号	发布次数	误差/千米	发布次数	误差/千米	发布次数	误差/千米
1402	2	111	—	—	—	—
1403	17	101	13	160	9	112
1404	13	104	9	195	5	316
1405	9	137	5	286	1	424
1406	—	—	—	—	—	—
1407	3	45	—	—	—	—
1408	32	59	25	107	17	161
1409	43	76	35	130	27	130
1410	34	106	29	166	23	253
1411	49	71	45	150	38	240
1412	29	87	24	118	16	192
1413	7	104	5	200	3	177
1414	7	69	5	74	1	268
1415	22	56	14	124	9	255
1416	32	99	26	139	18	191
1417	17	84	13	166	9	373
1418	23	69	20	128	16	248
1419	44	59	36	134	28	224
1420	21	72	17	101	13	132
1421	5	64	1	78	—	—
1422	27	81	32	116	29	141
1423	2	60	1	80	—	—
年平均	—	85	—	143	—	180

在预报方法的改进方面，针对欧洲中心 51 个成员集合预报数据，气象室成立集合预报释用小组，通过一系列调研、学习，初步掌握使用技巧及方法，开展预报员相互交流、总结使用心得的工作。目前输出产品有：500 百帕面条图、单点箱线图、850 百帕温度散度图、总降水邮票图、六级、八级以上大风概率预报图、对流有效位能概率图等。同时，将集合预报产品的使用思路及方法向预报员推广，并尝试应

用在周会商、月会商。2014 年年底，配合卫星中心与欧空局的技术交流工作，提供了使用情况说明以及汇报素材。

尝试在台风预报中使用台风集合预报产品，经过 2014 年汛期的台风预报工作，使用情况如下：对未来 5 ~ 10 天较长时效台风路径和强度的预判，以及对受影响区域的范围和可能出现的风雨天气进行预估，具有一定积极效果，尤其对进入南海偏西行的台风路径、强度的预报，有较好的改进作用。

7.6 数值预报产品释用

7.6.1 东海区基础地理信息数据收集整理

收集东海区特别是沿海海域大比例尺水深高程数据和最新岸线数据资料，本项目所用岸线资料为：江苏 - 上海 - 浙江沿岸岸线采用实测岸界；福建沿岸采用海图数字化成果；其他岸线皆来源于 NOAANGDC，下载地址为 http：//www. ngdc. noaa. gov/mgg_coastline/。

在此基础上开展东海区渔区渔场精细化数值预报模型系统研制工作。

7.6.2 东海渔区海浪预报模型研制

7.6.2.1 模型选型

本研究采用无结构网格近岸海浪模式 SWAN（Simulating Waves Nearshore），并于波浪计算中考虑海流和水位变化（由 FVCOM 模式预报结果提供）的影响。

7.6.2.2 海浪模式介绍

SWAN 波浪模型（Version 40. 81）是荷兰 DELFT 理工大学 Faculty of Civil Engineering and Geosciences Enviromental Fluid Mechanics Section 在第三代海浪模型 WAM 的基础上发展起来的，处于不断完善的过程当中。

模式可采用正交曲线网格和无结构三角形网格两种网格形式、采用 MPI 和 OpenMPI 并行计算以提升计算速度。本项目研究中采用无结构网格和 OpenMPI 并行计算方式。

SWAN 模型基于能量平衡方程的谱模式，考虑到水流对波浪的影响，其基本控制方程为波作用量守恒方程：

$$\frac{\partial}{\partial t}N + \frac{\partial}{\partial x}C_x N + \frac{\partial}{\partial y}C_y N + \frac{\partial}{\partial \sigma}C_\sigma N + \frac{\partial}{\partial \theta}C_\theta N = \frac{S}{\sigma}$$

式中，波作用量 N（σ，θ）与能谱密度 E（σ，θ）的关系为 N（σ，θ）$=E$（σ，

θ）$/\sigma$，其中 σ 为相对频率，θ 为波向。该方程中等式左边第一项为波作用量随时间的局地变化；第二、三项代表波作用量在地理空间上的传播，其中 C_x、C_y 分别为波作用量在 x 方向和 y 方向上的传播速度；第四项是频移项，主要由水深和流速的变化产生，C_σ 为波作用量在频率空间中的传播速度；第五项代表由于水深和流而引起的折射，C_θ 为波作用量在波向空间中的传播速度。方程右边 $S(\sigma, \theta)$ 表示能量的输入，耗散。

在球坐标系中，空间坐标以经度 λ 和纬度 φ 表示。

$$\frac{\partial}{\partial t}N + \frac{\partial}{\partial C_\lambda}N + (\cos\varphi)^{-1}\frac{\partial}{\partial\varphi}C_\varphi\cos\varphi N + \frac{\partial}{\partial\sigma}C_\sigma N + \frac{\partial}{\partial\theta}C_\theta N = \frac{S}{\sigma}$$

式中，C_λ 和 C_φ 分别为波作用量在经度方向和纬度方向上的传播速度。

模型主要考虑波浪在近岸的物理过程，包括风能量的输入、底摩擦能量损耗、波浪破碎、波波相互作用、白帽耗散、折射、水流对波浪的作用、波浪绕射等。对波浪绕射处理采用相平均的办法，忽略波浪相位信息进行简化，因而不能计算波浪之间的干涉效应。

近岸海域波浪除局地风浪外，外海传入受岛屿绕射进入近岸以及遇岛屿反射的波浪是形成近岸波浪场分布的主要原因。SWAN 模型采用缓坡方程模型（Mild Slope Equation）的方法计算波浪绕射。

7.6.2.3　模型建立

为充分考虑涌浪作用，采用区域嵌套方式建立海浪数值预报模型，模型网格设计如图 7.24 所示。

7.6.3　东海渔区气象预报模型研制

东海渔区气象预报模型采用中尺度 WRF（Weather Research Forecast）模式。中尺度模式 WRF 是非静力预报模式和资料同化系统（3Dvar、四维同化），具有研究和业务预报功能，应用范围广泛。该模式由美国国家大气研究中心（NCAR）、国家大气海洋局的预报系统实验室、国家大气环境研究中心（NCEP/NOAA）和俄克拉荷马大学的暴雨分析国家海洋环境预报中心等多单位联合发展起来，是新一代非静力平衡、高分辨率预报系统。

模式采用全新的程序设计，该模式重点考虑从云尺度到天气尺度等重要天气的预报，水平分辨率重点考虑 1 ~ 10 千米。因此，模式包含高分辨率非静力应用的优先级设计、大量的物理选择、与模式本身相协调的先进的资料同化系统。WRF 模式开发和研究的最终目标将取代目前正广泛应用的 PSU/NCAR 的 MM5 模式，目前已初步应用于业务预报试验，在北美地区的预报工作中取得了较好效果。该模式目前

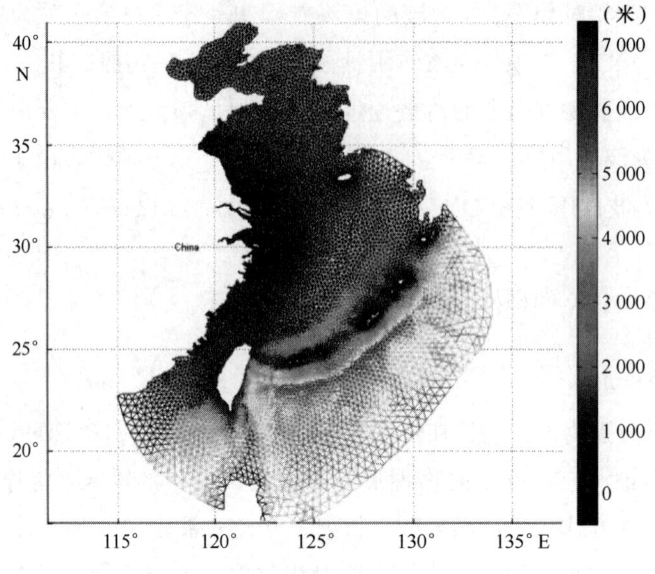

图 7.24　波浪模式网格设计

为显式分离的欧拉模式，它分为地形追随质量坐标和高度坐标，其中气压和温度由热动力方程诊断出来。

7.6.4　预报系统设置

针对东海渔区研究海域建立的精细化气象预报系统网格采用矩形网格嵌套设置(2 Domains)。海面气象要素预报大区域覆盖范围为10°~46°N，90°~140°E，分辨率为60千米，小区域覆盖范围为整个东海海区，分辨率为20千米。

通过数值模型计算24小时、48小时、72小时东海渔区海浪预报，以及调试风场数值模型，通过数值模型计算24小时东海渔区风场预报。

7.7　潮汐预报

在风、浪、流、潮汐、温度、盐度、密度等海洋环境要素中，潮汐是海洋活动中最为显著的动力现象，是海上交通运输、海洋工程施工、海港安全作业、滨海旅游、潜水作业等重要关注的因素。潮汐观测、分析和利用，由于对沿海地区社会经济活动具有直接影响，一直是人类关注的重点。对于发生在海边的这种海水周期性地潮进潮退现象，我国劳动人民进行了观测分析，很早就发现潮汐与月亮圆缺之间的关系，并总结出了八分算潮法，一种基于农历日期就可推算出的高潮时间的简便实用的潮汐预报方法。西方在19世纪后期，随着牛顿平衡潮展开理论的应用，潮汐分析得到了突飞猛进的发展，达尔文调和分析预报能更加逼近真实情况，不仅能预报高潮时间，而且还能预报任一时刻的潮汐水位。随着生产和科学的发展，人们对潮汐预报精确度的要求愈来愈高，同时对潮汐现象的认识也逐步深化，因而预报方法也更趋完善。到目前为止，按计算方法分，潮汐预报方法大致可分为 3 种类型，即非调和法、调和法和感应法。下面我们来介绍一下这些方法的基本内容。

7.7.1　非调和法

非调和法原先是一种将预报地点的高、低潮的时间和高度同月亮及太阳运动的一些主要要素联系起来的经验统计方法，而标志这两者关系的常数就叫做非调和常数。非调和常数通常用急眼统计的方法得出，但在调和方法出现之后，也可以用调和常数来计算。由于历法主要是根据太阳和月亮相对于地球的运动而确定的，因此非调和法也可以将潮汐状况同日历直接联系起来。

7.7.2　调和法

调和法是目前潮汐分析和预报中采用的一个基本的主要得方法，近年来这方面的科研工作大都在潮汐的预报区域和预报精度上而展开。目前，国内外公开发布的潮汐预报产品，一般都是以天文潮调和分析为主的潮汐表，预报时效为一年或更长。

我们都知道，月亮和地球的运动是具有周期性的，因此月亮和太阳作用于地球的引潮力也具有周期性。当然，地球和月亮的运动不能用一个简单的调和项来代表，但是它们有几种主要的基本周期。第一是地球自转的平均周期，叫做恒星日；第二是月亮围绕地球公转的平均周期，叫做回归日；第三是地球绕太阳公转的平均周期，叫做回归年；第四是月亮近地点运动的平均周期；第五是月亮升交点运动的平均周期；第六是太阳近地点运动的平均周期。通过这 6 个周期可以计算出 6 个角速率，这 6 个角速率就是引潮力所具有的基本角速率。

引潮力的调和展开是由英国潮汐学家达尔文（Darwin，1883）和杜德森（Doodson，1921）完成的。展开式可写作如下形式：

$$F = \sum_{k} C_k \cos(\sigma_k t + \theta_k) \tag{1}$$

式中，等号右边的每一调和项叫做一个分潮，k 表示分潮的序号，而各个分潮的角速率 σ 都是前述 6 个基本角速率的线性整数组合：

$$\sigma = n_\tau \sigma_\tau + n_s \sigma_s + n_n \sigma_n + n_p \sigma_p + n_{N'} \sigma_{N'} + n_{p'} \sigma_{p'} \tag{2}$$

式中，$n_\tau \cdots$，$n_{p'} = 0$，± 1，± 2，…为一些小的整数，它们取不同的值就构成不同的分潮。

杜德森算出了系数大于 0.000 1 的项，计有 300 多项。其中绝大多数是很小的分潮。在实际潮汐预报中考虑的一般只有三四十个。

引潮力是一种作用于海洋中所有水质点上的外力，在这种力的作用下，海水如何运动，还要受流体力学方程的制约。由流体动力学方程我们可以知道，如海深比潮汐涨落高度差大得多，则运动过程是线性的，这时引潮力有什么频率的振动，海水的潮汐运动便也只有这几种频率。这样，某一定地点的潮高便可由下式表示：

$$\zeta = \sum_k H_k \cos(\sigma_k t + \theta_k - g_k) \tag{3}$$

式中，各个 σ 的数值与式（1）一样的，H_k 和 g_k 则随地点变化，它们叫做各个地点的调和常数，其中 H 叫振幅，g 叫迟角。

这样通过上述 3 个公式，潮汐预报成了一件相当简单的事情，只要知道相应的调和常数按公式（3）计算就行。而调和常数的求得也不困难，只要有足够数量的潮高观测值即可。随着计算机技术的发展和海洋观测站资料的积累，采用上述方法可以轻松地将潮汐调和分潮展开到 200 多项，大大地提高了预报潮位和实际潮位的逼近程度。

7.7.3 感应法

感应法是 1966 年美国和英国海洋学家芒克（Munk）和卡特雷特（Cartwright）提出的。这个方法在理论上比调和法更加严整，但其基本思想却颇为简单。

引潮力是时间和地点的函数，可写成 F（t，φ，λ），这里 φ 为纬度，λ 为经度。显然位于（φ，λ）的一个地点在时刻 t 的潮高 ζ（t）决定于该地及周围海区在时刻 t 以前的引潮力。

$$F(T - s\Delta\tau, \varphi + p\Delta\varphi, \lambda + q\Delta\lambda)$$

式中，$s=0, 1, 2, \cdots$；$p=0, \pm 1, \pm 2, \cdots$；$q=0, \pm 1, \pm 2, \cdots$。这里 $\Delta\tau$，$\Delta\varphi$，$\Delta\lambda$ 为时间和经纬度间隔。如果潮汐运动过程是线性的话，则 ζ（t）可表为上述各处各时刻的引潮力的线性函数。

$$Z(t) = \sum_{spq} w(p,q,s) F(t - s\Delta\tau, \varphi + p\Delta\varphi, \lambda + q\Delta\lambda)$$

这里权系数 w（p，q，s）代表地点（$\varphi + p\Delta\varphi, \lambda + q\Delta\lambda$）在时刻 $t - s\Delta\tau$ 的引潮力的一个单位脉冲对地点（φ，λ）在时刻 t 的水位的影响，或者说是后者对前者的感应，所以这个方法就叫感应法。

目前感应法还仅限于在理论分析研究中使用，实际潮汐预报中尚未见应用。一个原因是调和法沿用日久，已积累了大量分析结果，其预报效果又不比感应法差多少，很难改而采用感应法。另一个重要原因在于感应法还有一些不便之处，其分析和预报的计算量比调和法大，程序也较复杂。但是应当看到，随着计算工具的改进，感应法本身的改善，在实际使用中会逐渐多起来。

7.7.4 短期潮汐预报

针对特殊要求的精细化保障服务，作者将调和分析方法和统计分析方法相结合，实现了短期潮汐预报的实践应用，利用全球300个多自动水位观测站的准实时资料，构建了预报时效3天的全自动的每小时水位预报系统。

7.1.4.1　原理方法

实际工作中经常听到海事、港口航运、潜水打捞、军事等部门人员对潮汐表不准的抱怨。细究一下，实际上并不是潮汐表真的不准，而是现实海洋活动对潮汐预报的要求提高了。例如，潜水水下打捞作业，水位和潮流预报直接关系到作业人员的生命安全，需要更加精确的潮汐预报产品来支持。传统的基于调和分析的潮汐表本身是一个长时效的预报产品，基于几十年长期海洋观测数据，通过求解调和分潮来预测天文背景下的1年或多年的潮汐水位变化，其预测精度在20~30厘米之间，如果遇到大风、台风、海啸等影响，其预测水位误差更大。潮汐表在日常海洋经济活动中确实能为公众提供一个基本的水位预报，为大部分海洋活动如游泳、海钓、水产养殖等提供参考。但是，随着海洋活动深入开展，对于海上测绘、海底打捞、港口作业规划、救灾应急、军事行动等有特殊要求的应用来说，预报精度是第一位的，此时潮汐表的预报精度就无法满足要求，相反，预报时效上倒是没有太高的要求，例如，潜水作业、港口航运计划编制等应用中只要提前24小时预报也就够了。但是，水位预报要求精准，预报时要求能给出综合水位预报，哪怕是在大风、台风等影响下，这就完全颠覆了原来潮汐预报分析中潮汐表反映的潮汐预报的概念，将潮汐预报工作提升到真正的精细化要求水平上来。

随着这些应用需求在预报精度方面的增加，短期潮汐预报的研究也在相应开展。短期潮汐预报是指预报时效在1~3天的潮汐水位预报，与基于长时间观测数据的天文潮调和分析预报有所不同，其侧重点更加重视每个小时的水位预报的准确性，在概念上更加接近精细化预报的范畴。在短期预报上，充分利用现代海洋观测站提供的观测数据及准实时的网络传输优势，利用最近的观测数据，建立自动化的计算机的数据处理系统，构建一套高精度短期预报的业务化方案。

许多研究表明，即使使用长时间的海洋观测数据，调和分析预测的最好精度约在20~30厘米，也就是通常潮汐表的预报精度。如果抛开实时观测数据，无法克服因为气象等易变因素以及潮汐调和参数误差的影响，这是由于潮汐调和预报技术的自身不足所决定的。

在研究全国南北近40多个测站的数据时发现，在时间序列的余水位不仅具有正态分布特性，而且，其总体趋势是平衡的，也就是观测值与预测值的差值，在整个时间序列上来衡量其总量趋于0。这种现象一方面是由天文潮调和分析时的最小二乘拟合法的算法决定的，另一方面，这也许与自然过程中的现象是一致的，即在天气过程中有风暴增水，同时也有减水，在一个完整天气过程后，增水与减水总量相等，系统趋于新的平衡。本文提出的统计分析预测方法，就是基于这样的平衡理论而展开的。

短期预报解决方案的基本思路，是以天文潮调和分析为基本框架，利用近期观测数据与调和分析预测值之间的误差（余水位）作为统计分析样本，分析余水位的时序变化特征，为未来1~3天的潮汐水位短期预报提供统计意义的参考，从而修订下一个天气过程中可能的短期水位变动。即利用最近观测资料，来推算未来短期内（1~3天）潮汐水位，并要求预报方法能综合天文和天气过程这两个影响因子。

短期潮汐预报方法是基于余水位的统计特征分析而展开的，在宏观上可以与传统的八分潮估计相类似，即利用最近几天的潮汐特征来推断当天的潮汐情况。方法提出的平衡理论在概念模型上与自然过程中的风暴增水与减水对应，同时也与天文潮调和分析算法（最小二乘法）误差分布是一致的。但是，预测模型都不能给出明确的物理机制与潮汐变化规律一一对应，具有一定的局限性，因此，只能说从统计上来讲具有应用价值。

7.1.4.2 实践应用

特点：充分利用目前潮汐水位实时观测资料，将传统潮汐调和分析与统计分析进行了紧密结合，实现了高精度短期水位预报。预报时效为24小时的潮汐逐时水位预报精度小于10厘米，比传统调和分析（潮汐表）提高50%以上。

性能：基于网络技术构建全自动的观测数据收集、入库、预报发布的业务化运行平台，将水位实时观测数据传输、潮汐调和分析、余水位特征统计分析、预报误差评估、预报产品WEB发布等功能模块集成为一体，达到无人值守的高度自动化运行要求。

潜在应用：为沿海港口作业提高更高精度的实时水位预报，为船只进出港的导航平台提供更为安全可靠的水深信息，对一些需要乘潮进出港口的大型船舶提供更加精准的时间窗口。为一些对潮汐水位预报精度要求较高的特殊行业（如深水打捞、海底测量等）提供更为精确的实时预报保障。基于WEBGIS界面水位预报系统访问地址：http：//202.108.199.12：8080/tide，见图7.25。

精度评估：

（1）业务化运行能力

Quarry Bay观测站位于香港，观测站全球唯一编码为quar。根据系统试运行结果对水位短期预报时效为24小时的预报精度进行分析，结果如下：① 根据2014年3月20日至2014年12月31日期间共287天的统计分析，预报误差为7.9厘米。② 选取1周（2014年11月23日至2014年11月30日，没有缺测数据）进行统计分析，预报误差为6.3厘米。

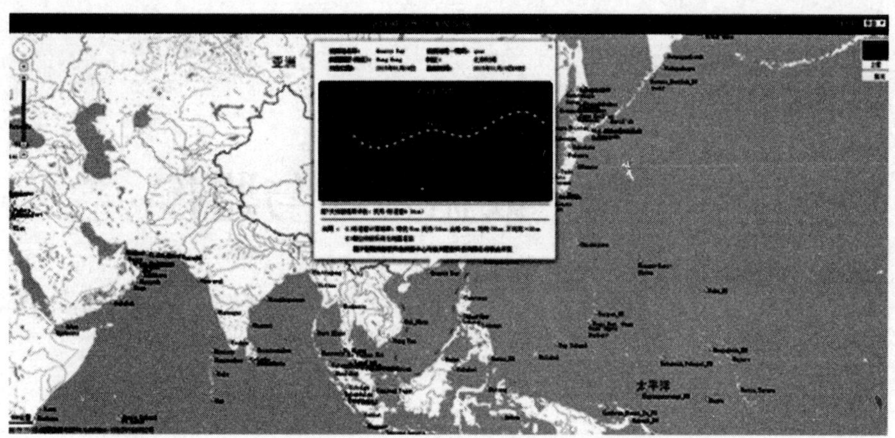

图 7.25　潮汐水位预报系统

（2）简单对比

为了分析自行研发的潮汐水位预报系统的预报误差水平，选择美国 NOAA 目前在网上运行的业务化系统（http：//tidesandcurrents. noaa. gov/map）中的 Woods hole 站的预报结果进行比较，本系统预报精度优于 NOAA 的预报结果。NOAA 预报误差为 8. 41 厘米，本系统预报误差为 4. 40 厘米。

从应用案例的试验结果来看，该方法在缺测数据补插时具有很好的效果，可以在潮汐观测数据的再分析数据制作中发挥作用，对于为期 3 天的短期预报，也表现出良好的预测效果，可以满足业务应用需求，尤其是对于一些新建观测站或者海洋测绘过程中的临时观测站，当缺少长期观测资料支持时，该方法具有一般较好应用前景。

第 8 章　数据传输与监控

8.1　电子海图更新

电子海图支持 GIS 标准的 SHAPE 文件和 IHO – S57 标准海图文件，国家级中心建立电子海图数据集，并定期提供更新服务。海区级和省级中心的客户端软件进行下载，实现电子海图与国家级中心同步。

8.2　渔船基础信息同步

8.2.1　流程描述

省渔业安全指挥中心在进行渔船基础信息数据库的增加、修改、删除操作时，相关的操作过程保存在数据库共享表中，并形成命名唯一的记录文件。省预报中心定时获取共享表记录文件，省级预报中心再将数据库共享表记录文件传输给国家和海区中心，国家和海区中心依据此记录文件，进行数据库记录的更新，完成数据同步。渔船基础信息同步数据流程如图 8.1 所示。

针对渔船基础信息相关的 3 个表（渔船资料表、终端资料表、渔船与终端关系表）记录的添加、修改、删除等操作，分别保存对应的数据库操作记录文件。通过文件传输方式，定时从省渔业安全指挥中心传输到省预报中心，再由省预报中心传输到国家和海区预报中心。国家和海区预报中心完整接收操作记录文件后，依据操作记录更新本地数据库。

8.2.2　接口描述

操作记录文件格式采用 xml 文件格式，字段基本格式及描述如表 8.1 所示。

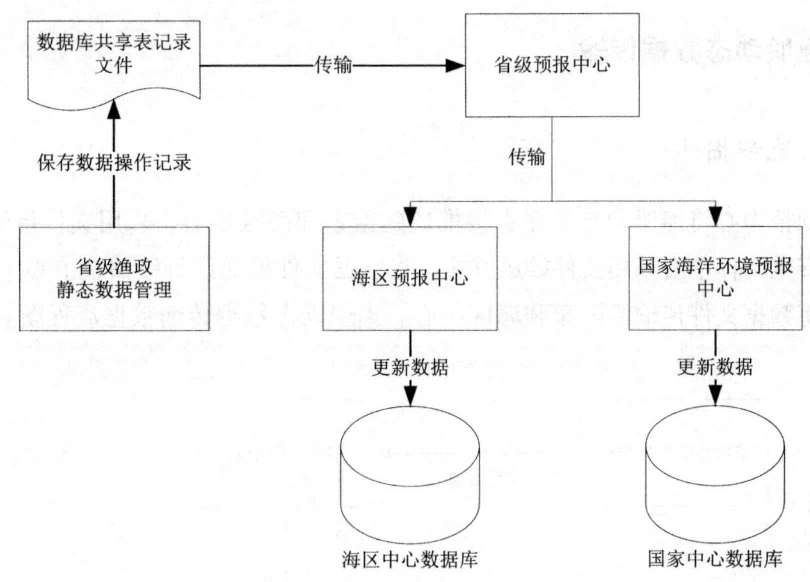

图 8.1　渔船基础信息同步数据流程

表 8.1　数据库操作记录

名称	字段名	类型	描述
操作单位	Oper_ unit	字符串	省级
操作时间	Oper_ time	十进制整数	UTC 时间
操作类型	Oper_ type	十进制整数	1：增加 2：更新 3：删除
操作表名	Table_ name	字符串	操作数据库表名
锁定操作记录判断条件	Oper_ key	字符串	当编辑、删除时使用
操作数据字段名称 1	Field1	字符串	操作数据字段名称
操作数据字段值 1	Value1	具体类型	操作数据字段值
…	…	…	
操作数据字段名称 n	Fieldn	字符串	操作数据字段名称
操作数据字段值 n	Valuen	具体类型	操作数据字段值

8.3 渔船动态数据传输

8.3.1 流程描述

省预报中心将渔船动态数据直接推送到国家和海区中心，采用文件传输方式：省渔业安全指挥中心采用文件推送方式，将数据文件推送到省级预报中心，省预报中心再将数据文件传输给国家和海区中心。渔船动态数据传输数据流程图如图 8.2 所示。

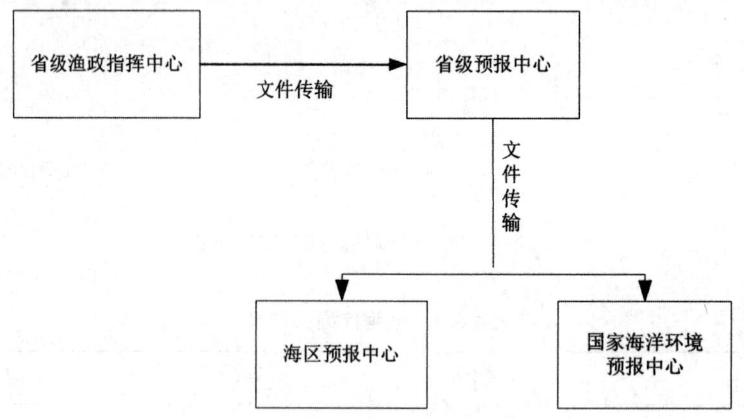

图 8.2 渔船动态数据传输数据流程

8.3.2 接口描述

渔船动态数据包括终端上传的位置数据、终端发送的短信息以及终端实时采集的风力信息，数据编码方式采用二进制编码。

8.3.2.1 位置数据

位置数据基本格式如表 8.2 所示。

表 8.2 渔船位置数据格式

字段名称	字段名	类型	长度/字节	备注
定位点编号	msg_ id	十进制数	4	数据流水号
终端类型	terminal_ type	十进制数	2	北斗、短波等
终端卡号	terminal_ id	字符串	18	终端号码
位置类型	pos_ type	十进制数	1	经纬度信息
保留字段 1	Reserved1	字符串	3	保留字段 1

续表

字段名称	字段名	类型	长度/字节	备注
回传时间	Recv_ time	十进制数	4	回传轨迹点时间（UTC）
定位时间	Pos_ time	十进制数	4	UTC
经度	longitude	十进制数	4	百万分之一度
纬度	latitude	十进制数	4	百万分之一度
方向	course	十进制数	2	对地运动方向，单位 0.1 度
船首向	trueheading	十进制数	2	船首方向，单位 0.1 度
船速	speed	十进制数	2	船速，单位 1 节 （1 节 =1 海里/时 =0.51 米/秒）
信息来源	Info_ source	十进制数	2	国家、海区或省级节点
是否有效	Is_ Valid	十进制数	1	标记飞点： 0：无效 1：有效
保留字段 2	Reserved2	字符串	3	保留字段 2

8.3.2.2　短信数据

短信息数据基本格式如表 8.3 所示。

表 8.3　短信息数据格式

字段名称	字段名	类型	长度/字节	备注
短信编号	msg_ id	十进制数	4	数据流水号
短信类型	msg _ type	十进制数	1	普通或报警
保留字段 1	Reserved1	字符串	3	保留字段 1
发送方终端类型	sendterm_ type	十进制数	2	北斗、短波等
发送方终端卡号	sendterm_ id	字符串	18	终端号码
接收方终端类型	Recvterm_ type	十进制数	2	北斗、短波等
接收方终端卡号	Recvterm_ id	字符串	18	终端号码
发送时间	Send_ time	十进制数	4	短信发送时间（UTC）
信息来源	Info_ source	十进制数	1	国家、海区或省级节点
保留字段 2	Reserved2	字符串	1	保留字段 2
短信长度	Content_ length	十进制数	2	短信长度
短信内容	content	变长字符串	变长字符串，最大 1 024	短信内容

8.3.2.3 风力数据

风力信息数据基本格式如表 8.4 所示。

表 8.4 风力信息数据格式

名称	字段名	类型	长度/字节	描述
数据序列号	msg_ id	十进制数	4	数据流水号
终端号码	term_ id	字符串	18	终端号码
终端类型	term_ type	十进制数	2	北斗、短波等
风力采集时间	wind_ time	十进制数	4	风力采集时间
风速	wind_ speed	十进制数	4	单位：0.1 米/秒
风向	wind_ angle	十进制数	2	单位：0.1 度
信息来源	Info_ source	十进制数	1	国家、海区或省级节点
保留字段	reserved	字符串	5	保留字段
经度	wind_ longi	十进制数	4	单位：1/1 000 000 度
纬度	wind_ lati	十进制数	4	单位：1/1 000 000 度
发送时间	Send_ time	十进制数	4	信息发送时间（UTC）

8.3.2.4 终端类型定义

终端类型用来区分接入系统的通信网络类型和终端型号，系统采用 4 位数字表示终端类型，前两位表示通信网络类型代码，后两位表示终端类别，表 8.5 给出通信网络类型定义，终端类型如表 8.6 所示。

表 8.5 通信网络类型定义

类型代码	通信网络类型
10	海事卫星
11	北斗卫星
12	AIS
13	公众移动通信网
14	短波
15	超短波
16	RFID

续表

类型代码	通信网络类型
17	雷达目标
18 ~ 99	待定

表 8.6　终端类型

类型代码	终端类别
1001	海事运营商 1 终端
1002	海事运营商 2 终端
…	…
1101	北斗运营商 1 终端
1102	北斗运营商 2 终端
…	…
1201	AIS CLASSA
1202	AIS CLASSB
…	…
1301	GSM 终端
1302	CDMA 终端
…	…

注：终端类型代码中前两位表示通信网络类型，后两位代表不同的终端类别。

8.3.2.5　位置类型定义

渔船位置类型定义如表 8.7 所示。

表 8.7　位置类型定义

类型代码	说明
0	定时回传位置
1	单次回传位置
100	报警回传位置
200	出港报
201	进港报

8.3.2.6 短信类型定义

短信类型定义如表 8.8 所示。

表 8.8 短信类型定义

类型代码	说明
0	普通信息
1	报警信息

8.3.2.7 终端状态定义

终端状态定义如表 8.9 所示。

表 8.9 终端状态定义

类型代码	说明
0	正常
1	终端故障

8.3.2.8 信息来源定义

信息来源定义数据信息来源于哪个节点。信息来源定义如表 8.10 所示。

表 8.10 信息来源定义

类型代码	节点说明
1	国家海洋环境预报中心
2	北海区台
3	东海区台
4	南海区台
5	辽宁省
6	山东省
7	江苏省
8	浙江省
9	福建省
10	广东省
11	海南省
…	…

8.4　船位动态历史数据获取

省级渔业安全指挥中心提供船位动态历史数据接口，国家或海区预报中心发出获取指令，省级预报中心接收到获取指令后，链接省级渔业安全指挥中心动态历史数据接口，获取数据后可采用文件方式转发至国家级或海区中心。船位历史动态数据流程图如图 8.3 所示。

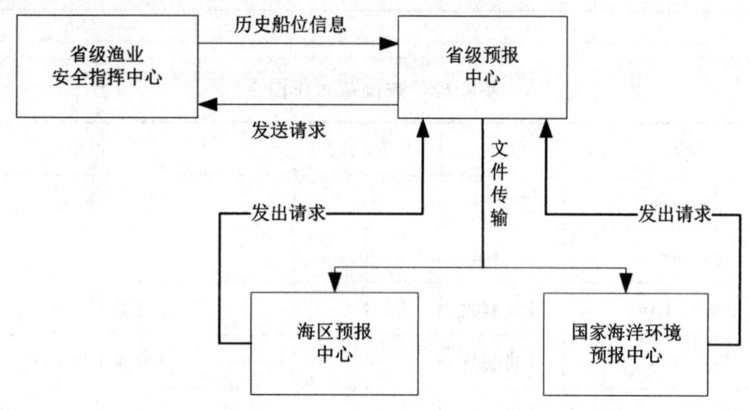

图 8.3　船位历史动态数据流程

查询船位历史动态数据提供两种查询条件，一种查询条件为终端卡号、终端类型、起始时间、结束时间，一种查询条件为起始时间、结束时间、起始经纬度、结束经纬度。

查询船位历史动态数据的查询接口基本格式如表 8.11 和表 8.12 所示。

表 8.11　查询基本接口 1

方向	参数	类型	长度/字节	说明
输入	username	字符串	32	用户名
	password	字符串	16	密码
	Term_ type	十进制数	2	北斗、短波等
	term_ id	字符串	18	终端号码
	Begin_ UTC	十进制数	4	起始 UTC 时间
	End_ UTC	十进制数	4	结束 UTC 时间
	Reserved1	字符串	4	保留字段 1

续表

方向	参数	类型	长度/字节	说明
输出	tracksum	十进制数	4	Track 结构体个数
	Reserved2	字符串	4	保留字段 2
	GetTracksByIDResponse	Track 数组	变长数组	变长数组，最大 1 024 * 1 024 个 Track 结构体

表 8.12　查询基本接口 2

方向	参数	类型	长度/字节	说明
输入	username	字符串	32	用户名
	password	字符串	16	密码
	Begin_ UTC	十进制数	4	起始 UTC 时间
	End_ UTC	十进制数	4	结束 UTC 时间
	Begin_ longi	十进制数	4	东经为正，西经为负。单位 1/1 000 000 度
	End_ longi	十进制数	4	单位 1/1 000 000 度
	Begin_ lati	十进制数	4	北纬为正，南纬为负。单位 1/1 000 000 度
	End_ lati	十进制数	4	单位 1/1 000 000 度
	Reserved1	字符串	4	保留字段 1
输出	tracksum	十进制数	4	Track 结构体个数
	Reserved2	字符串	4	保留字段 2
	GetTracksByIDResponse	Track 数组	变长数组	变长数组，最大 1 024 * 1 024 个 Track 结构体

8.5　预警报产品

国家海洋环境预报中心制作大面的综合预警报产品，以文件形式传输给海区和省预报中心，产品包括矢量图、预警报图像及相关描述信息；海区制作针对渔场的预警报产品以文件方式传输给省预报中心；省预报中心制作预警报短信传输给省渔业安全指挥中心，由其将预警报短信转发给船载终端；预警报图像及相关描述信息，描述信息格式一致，确保省级、海区级和国家级中心可互相共享。

预警报产品发布流程如图 8.4 所示。

采用 TCP 协议进行传输。海区风场预报传输文件类型为二进制数据文件，海浪

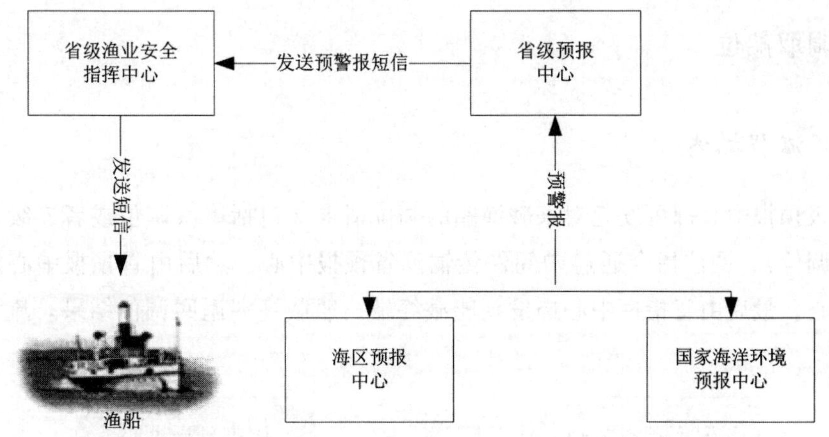

图 8.4　预警报产品发布流程

产品传输文件类型为矢量图压缩包。预警报产品每天发布 2 次，超过 TCP 协议退避算法计算的重传次数 10 次（可配置）即认定传输失败，发出错误提示，同时作为错误记录记入日志。其中橙色警报发布时次为 3 次，超过 TCP 协议退避算法计算的重传次数 5 次即认定传输失败，发出错误提示，同时作为错误记录记入日志。红色警报发布时次为 4 次，超过 TCP 协议退避算法计算的重传次数 3 次即认定传输失败，发出错误提示，同时作为错误记录记入日志。数值预报产品的大文件采用 FTP 协议进行传输。

预警报短信的传输交换基本接口格式如表 8.13 所示。

表 8.13　预警报下发短信基本接口格式

名称	字段名	类型	长度/字节	描述
数据序列号	msg_ id	十进制数	4	数据流水号
发布时间	publish_ time	十进制数	4	UTC 时间
发布单位	publish_ unit	字符串	256	国家、海区或省级节点
信息来源	Info_ source	十进制数	1	国家、海区或省级节点
保留字段 1	Reserved1	字符串	3	保留字段 1
终端类型	term_ type	十进制数	2	北斗、短波等
终端卡号	term_ id	字符串	18	字符类型
短信长度	Content_ Length	十进制数	2	数字类型
保留字段 2	Reserved2	字符串	2	保留字段 2
短信内容	content	变长字符串	1 024	变长字符串

8.6 调取船位

8.6.1 流程描述

各级预报中心都可发起对某艘渔船的调位请求（包括单次调位或者连续多次的周期性调位），调位指令通过中间件传输到省预报中心，然后由省预报中心发往省指挥中心，最后由省指挥中心播发到船载终端，船载终端返回调位结果。流程如图8.5所示。

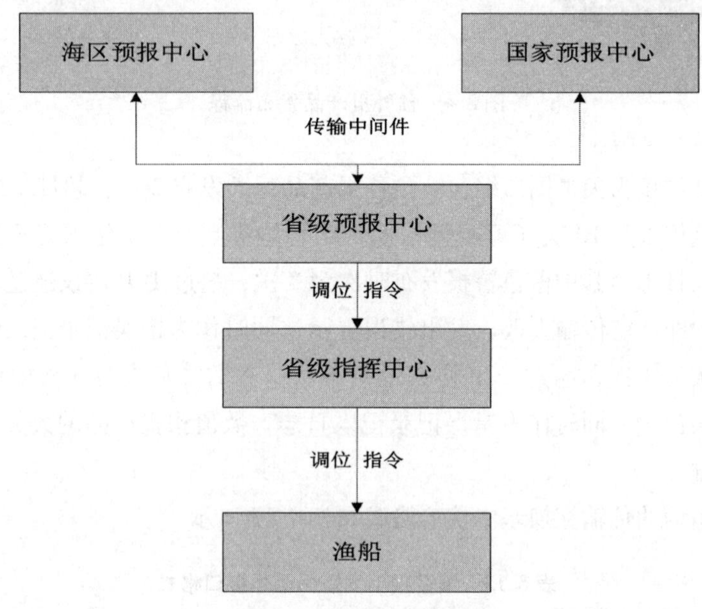

图8.5 船位调取流程

8.6.2 接口描述

调位指令定义如表8.14所示。

表8.14 调位指令定义

名称	字段名	类型	长度/字节	描述
数据序列号	msg_ id	十进制数	4	数据流水号
终端ID	term_ id	字符串	18	终端ID
终端类型	term_ type	十进制数	2	北斗、短波等
调位方式	getpos_ type	十进制数	1	0：单次调位 1：连续调位

续表

名称	字段名	类型	长度（字节）	描述
保留字段	reserved	字符串	3	保留字段
连续调位起始时间	time_ start	十进制数	4	UTC 时间
连续调位时间间隔	time_ interval	十进制数	4	单位：秒

8.7　短信息下发

8.7.1　流程描述

省级预报中心制作预警报产品短信，通过渔业安全指挥部门发送给渔船船载终端。在集成显示界面上，输入短信息，指定发往的渔船，通过中间件传输，然后由省级预报中心发往省级渔业安全指挥部门，最后统一由省级渔业安全指挥部门后台播发到用户终端（必须为可通信终端，如北斗终端、CDMA 终端等），同时通过中间件将短信产品内容和统计结果发送至海区和国家海洋环境预报中心。流程如图 8.6 所示。

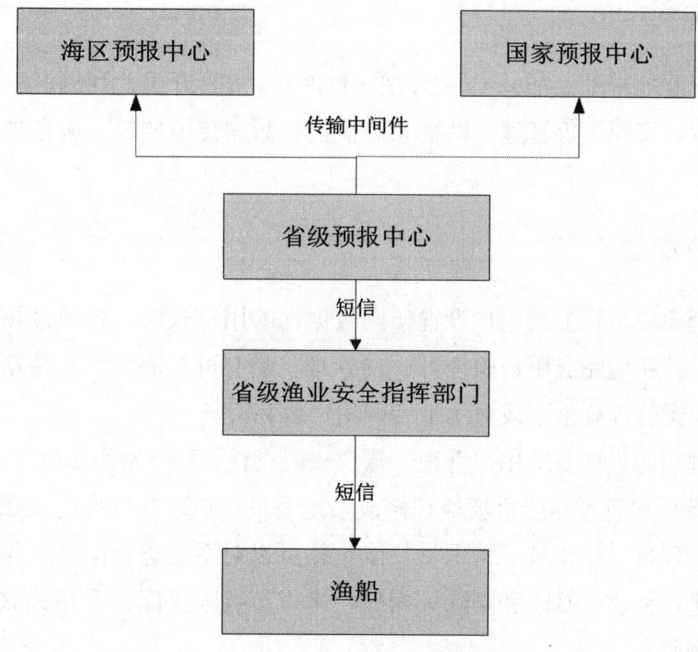

图 8.6　短信息下发流程

8.7.2 接口描述

短消息下发格式定义如表 8.15 所示。

表 8.15 短信息下发定义

名称	字段名	类型	长度/字节	描述
数据序列号	msg_ id	十进制数	4	数据流水号
发送类型	Send_ Type	十进制数	1	0：广播 1：通知 2：告警
保留字段	reserved	字符串	3	保留字段
通信终端类型	Term_ type	十进制数	2	通信终端类型
通信终端 ID	Term_ ID	字符串	18	通信终端唯一标示
短信长度	Length	十进制数	4	短信长度
短信内容	Content	变长字符串	变长字符串，最大 1 024 字节	短信内容

8.8 状态监控

系统运行监控基于 windows 系统，采用 C#. net 进行开发，利用 FTP 数据传输和多线程等技术，实现用户管理、网络状态监控、数据传输监控、服务器运行监控等功能。

8.8.1 用户管理

用户管理模块负责根据用户设置访问数据库的用户权限，各单位预警报信息的发布范围等，并相应完成用户验证方式的管理，具有可扩展性，支持新用户、新信息的增加；负责管理登录集成显示平台的用户名和密码。

用户管理功能包括系统用户管理、账户权限设置、账户密码修改。

（1）系统用户管理功能可新增和修改系统登录账户，并可自定义账户权限。账户权限包括管理员、操作员。管理员权限包括可以对系统进行配置，用户管理，即对用户账户进行创建、修改和删除等操作；操作员权限只能查看相关数据，可修改自己的登录密码。

（2）账户权限设置支持系统管理员账户对其他账户的用户权限及信息进行管理的功能。

（3）账户密码修改支持当前登录用户对密码进行修改的功能。

在数据库中创建相应的库表，包括：用户名、密码、权限等。用户管理功能读取此表内容显示给管理员，管理员可对已存在的用户进行修改及删除操作，并可新增管理员和操作员账户，最后将修改存入数据库。

8.8.2　网络状态监控

监控数据传输服务器的网络连接状态。直观反映设备的网络状态，故障情况下进行报警提示，具备故障日志记录能力。对系统所使用的各条专线进行实时监控，具体监控内容如图 8.7 所示，包括数据传输情况、网络设备运行状态、实时设备性能查询（包括实时 CPU 使用率，当前内存使用率）等。

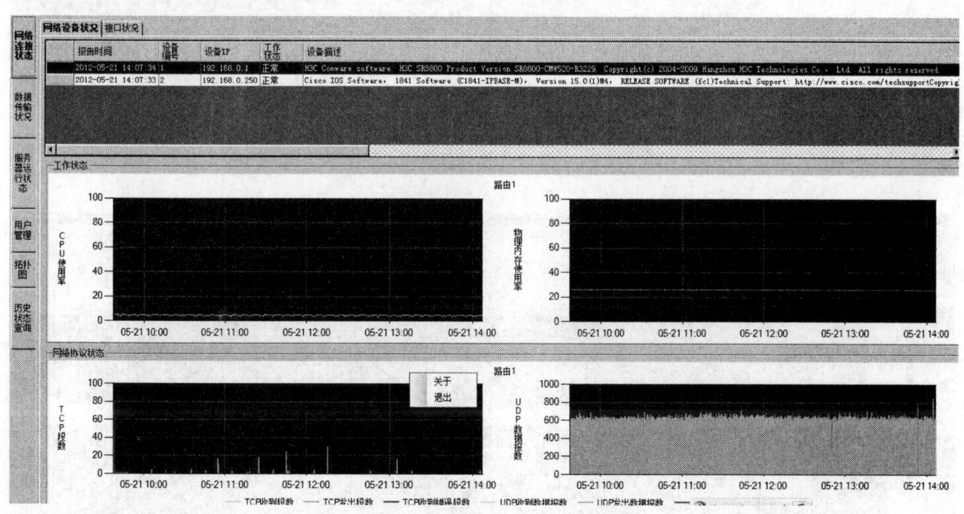

图 8.7　网络设备监控

8.8.3　数据传输监控

可视化监控数据传输过程，监控文件发送队列的生成、文件推送传输状态、文件接收是否成功以及推送数据的种类、推送频次、推送优先级等，数据传输过程中，对文件读取、传输状态等出现的错误进行日志记录和异常处理。对延时、缺失的数据进行日志记录，设置反馈机制，对渔船动态数据超过 10 分钟未到则标记为迟到，反馈到各省数据传输模块，进行数据重传等措施，30 分钟未到则进行报警提示。服务器运行监控对各种服务器、系统服务以及渔业环境保障服务系统的运行状态进行监控，故障情况下进行报警提示，具备故障日志记录能力。

数据传输监控如图 8.8 和图 8.9 所示，分为总体情况和各节点情况两个页面，总体情况页面中将所有省份，海区的各种数据传输情况全部以柱状图形式，以不同的颜色显示出来；各节点情况将各分阶段的数据传输情况显示出来。

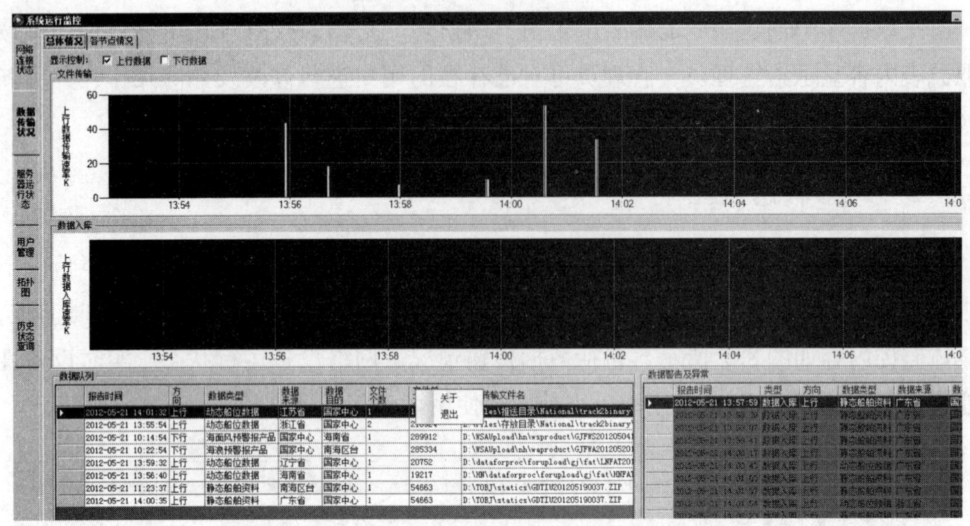

图 8.8　系统总体运行情况监控

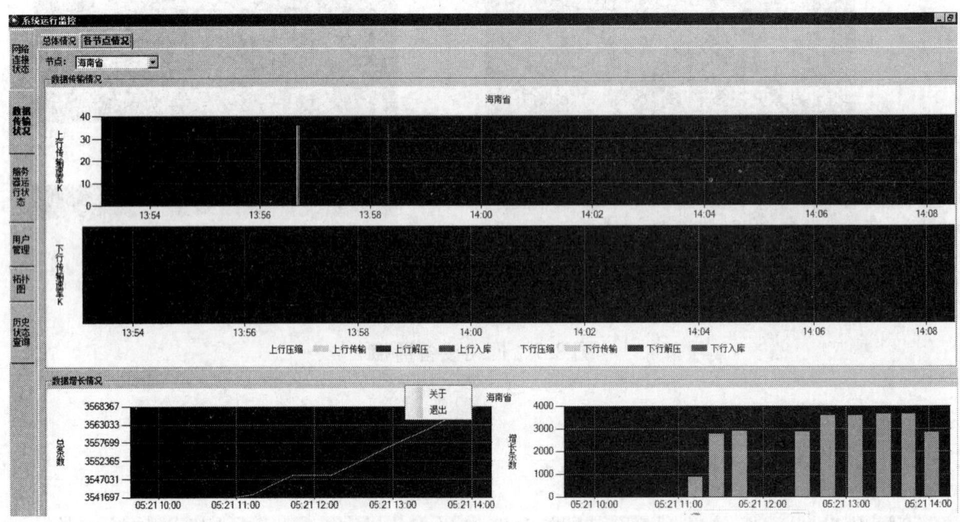

图 8.9　各省级节点数据运行监控

8.8.4　服务器运行状态监控

对监控数据库服务器、中间件服务器、应用服务器的相关进程进行实时动态监控，出现进程阻塞、异常终止、假死等故障时，立即报警提示，并进行故障日志记录，保障服务器的正常稳定运行，如图 8.10 所示。

获取服务器的相关进程的运行状态，包括 CPU 占用率、内存使用情况等。监控的服务器及进程通过数据采集模块配置，以文件的形式保存至本地，供软件下次启动时读取。进程出现异常时，通过弹出对话框、播放报警声音的方式提示值班人员，值班人员可通过界面停止报警。此时该报警转为正在处理状态，在指定时间（可配置）内的相同报警不再提示值班员。

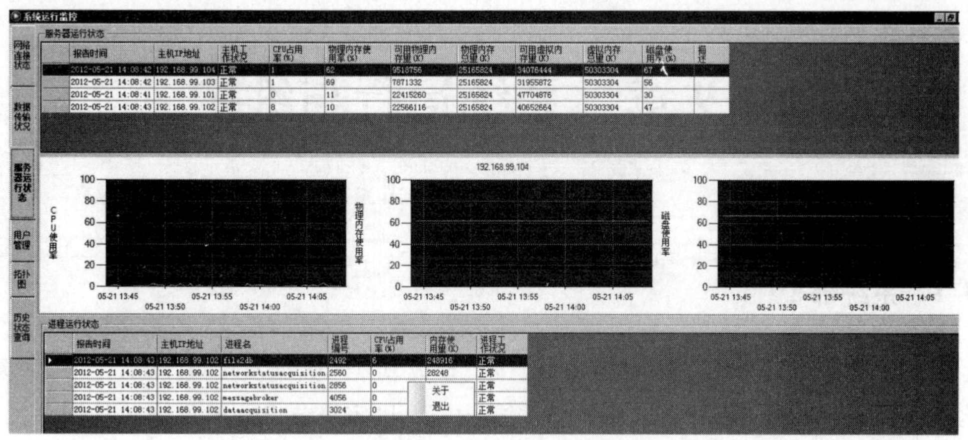

图 8.10　服务器运行状态监控

8.8.5　历史状态查询

网络、数据、服务器等监控所记录的数据均存放在数据库相应表格中，设置开始和结束时间，可查询指定时间段系统里的网络连接状态、数据传输状态、服务器运行状态等数据信息，通过曲线图和列表等方式展示历史状态数据，如图 8.11 所示。

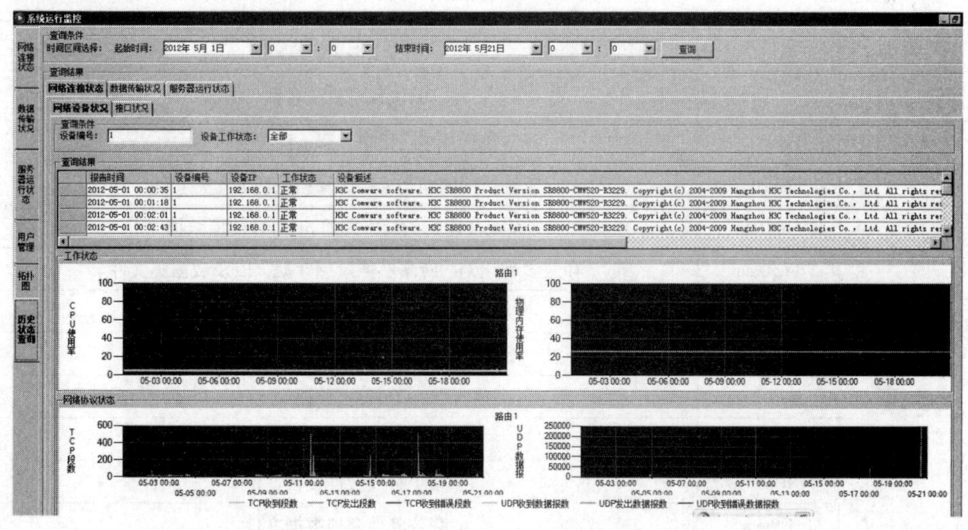

图 8.11　历史状态监控

第9章 系统运行与维护

9.1 系统部署

国家级节点利用现有视频会商专线接收省级节点的数据及预报产品，并将渔场预报产品通过专线下发到和海区和省预报中心。国家级节点同时搭建包括服务器、网络基础设施、网络安全、应用管理、辅助支撑在内的完备的系统应用环境。国家级节点至海区级和省级节点之间的组网方式采用网络专线方式，国家、海区、省采用专线两两互联、互为备份，从而保证数据传输的稳定性和可靠性。

9.1.1 系统配置

系统运行环境采用 Windows XP（SP2）操作系统，需要 DOTNET 3.0 以上的支持，硬盘空闲空间1G 以上，如9.1 所示。

表9.1 系统文件列表

软件目录	子目录	说明
FishEnvi		系统顶层目录名称
	FishApp	执行程序、用户手册、配置文件等
	FishDLL	系统使用的动态链接库及相关辅助支持软件
	ShpData	系统使用的矢量格式的 SHAPE 图层数据
	ImgData	存放多种比例的背景影像遥感数据，以及数据集文件
	ShipPos	与渔船动态船位相关的数据文件
	ShipInfo	基本的渔船信息数据文件
	Forecast	预警报数据
	Licence	用于存放软件许可文件
	ExChange	用于存放数据交换文件
	Others	存放其他杂项数据文件

系统采用的执行文件和配置文件如表9.2。

表 9.2　系统文件描述

文件名	文件描述
FishSE. exe	客户端运行主程序文件
HaiTuZu. def	海图数据组织与定义文件
WeiPianZu. def	卫星图片数据组织与定义文件
YingYan. def	鹰眼数据组织与定义文件
YJB *. def	预警报产品数据组织与定义文件
ToolBar. def	自定义工具栏定义文件
BkMusic. def	背景音乐定义文件
InitWindow. def	初始显示区域定义文件
SysParas. def	系统参数定义文件

WeiPianZu. def 为鹰眼数据组织与定义文件，包含文件名、更新时间等信息。

YJB *. def 为预警报产品数据组织与定义文件，包含数据个数、获取时间和文件名等信息。

ToolBar. def 为工具栏定义文件，保存自定义工具栏按钮的信息和状态，包含工具栏按钮、菜单项、图片、移动地图配置等。

BkMusic. def 为背景音乐定义文件，包含背景音乐文件名、开关和重复播放选项。

InitWindow. def 为初始显示区域定义文件，包含初始窗口大小配置和最大显示区窗口大小配置。SysParas. def 为系统参数定义文件，包含服务器 IP 和端口号信息。

COM 目录配置如所表 9. 3 示。

表 9.3　COM 目录配置

目录	描述
HTECWLIB	卫星图片显示与管理组件目录 COM
MapWinGIS	海图显示与管理 COM 组件目录
SSX	符号库 COM 组件目录
HTGISTemp	符号库文件

使不同比例尺显示时，可以使用不同的海图数据组，比例尺从大到小向下排列，越往下地图显示越详细。

9.1.2 系统安装

系统运行环境要求 Windows XP（SP2）操作系统，需要安装 DOTNET 3.5 支持，硬盘空闲空间 5G 以上，运行 setup.exe 文件，进入安装程序，安装过程如图 9.1 至图 9.8 所示。

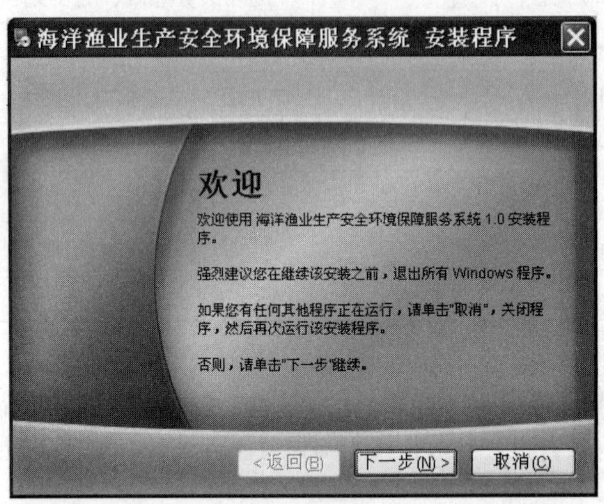

图 9.1 安装第一步

单击下一步，进入图 9.2 所示安装界面。

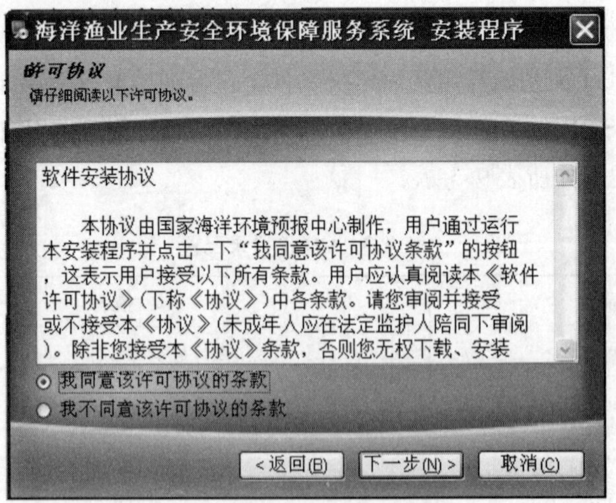

图 9.2 安装第二步

点选我同意该许可协议的条款，然后单击下一步，进入图 9.3 所示安装界面。

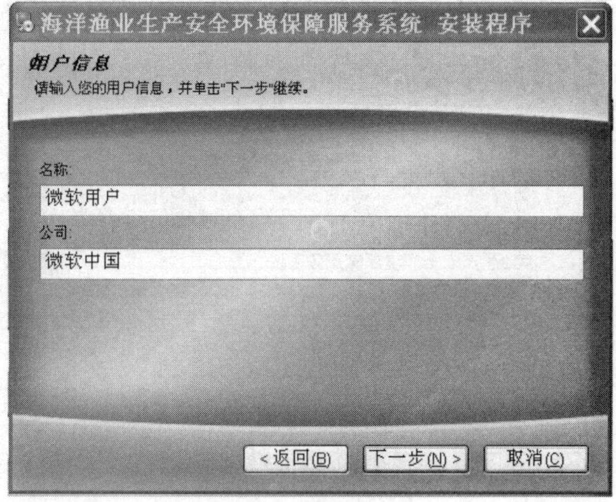

图 9.3　安装第三步

单击下一步，进入图 9.4 所示安装界面。

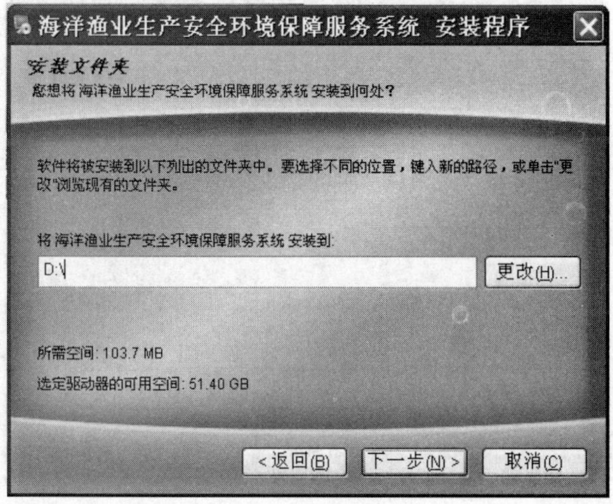

图 9.4　安装第四步

更改安装路径到 D：\ ，单击下一步，进入图 9.5 所示安装界面。

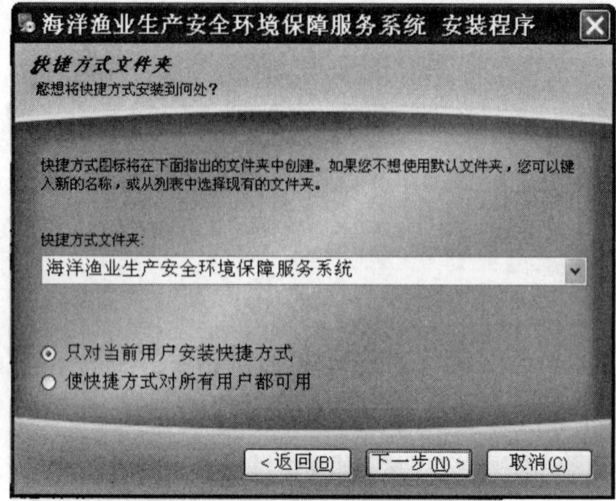

图 9.5　安装第五步

选择快捷方式的使用方式，单击下一步，进入图 9.6 所示安装界面。

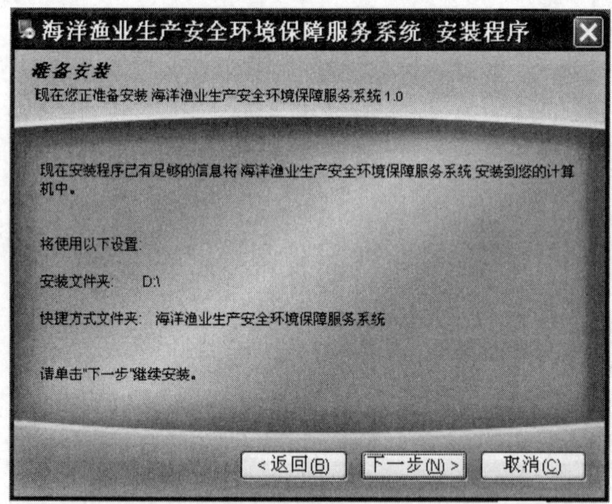

图 9.6　安装第六步

单击下一步，在安装过程中出现如下对话框，如图9.7所示。

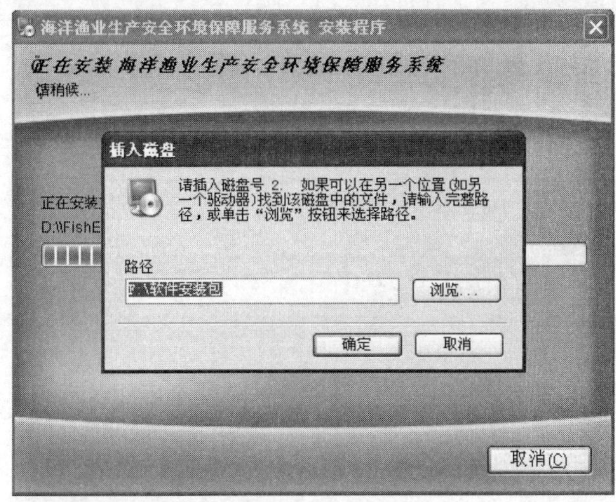

图9.7 安装第七步

选择“setup.2”文件所在位置，点击确定，程序安装成功，如图9.8所示。

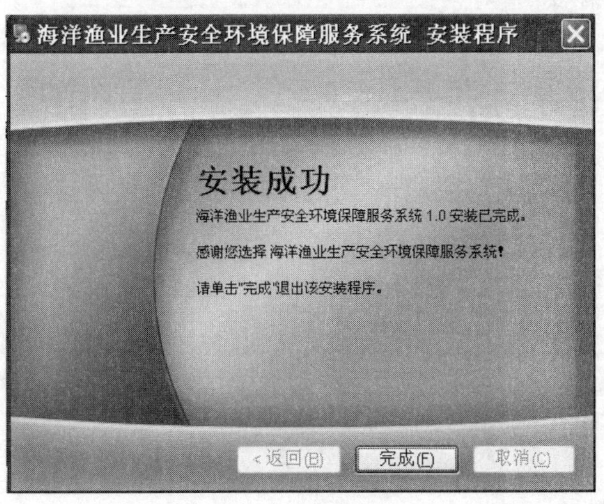

图9.8 安装第八步

9.1.3 使用说明

9.1.3.1 系统登录

双击D：\FishEnvi\FishApp\FishSE.exe程序或桌面图标快捷方式，进入系统，出现登录界面，如图9.9所示。输入用户名称和用户密码，点击登录进入程序操作主界面。

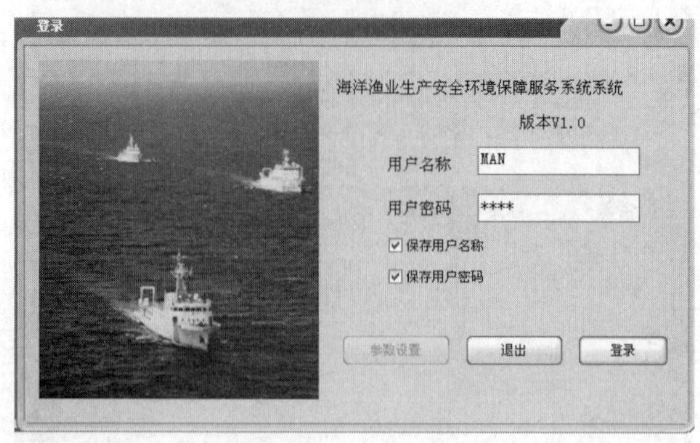

图9.9　登录界面

如果需要调整连接服务器的有关参数，点参数设置进行修改，如图9.10所示。

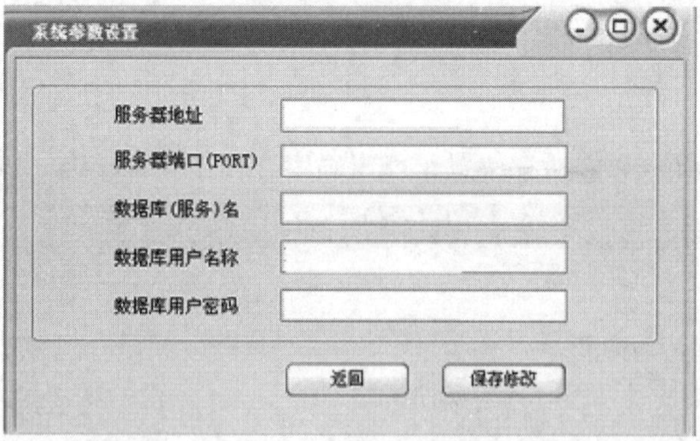

图9.10　系统参数设置

进行首次配置后，下次登录参数设置按钮将被灰化，如果需要重新修改配置，可以从主界面菜单修改，或者删除 FishEnvi \ FishApp \ 目录下的 SysParas. def 文件重新进行登录配置。

9.1.3.2　系统管理

系统管理功能主要包括用户管理、程序和数据更新升级以及一些参数设置等功能。

关于用户密码修改，输入原密码和新密码，确认保存，如图9.11所示。

关于用户管理功能，包括新增用户、删除用户以及修改已有用户信息与权限等功能。

关于系统软件升级，自动检查服务器端，如有新的应用程序版本，则自动更新升级。

关于数据更新，主要是指在综合信息管理平台运行时查询并同步服务器端最新

图 9.11　修改密码

的渔船基本数据。

关于系统参数，可对服务器端地址、端口进行配置和修改，如图 9.12 所示。

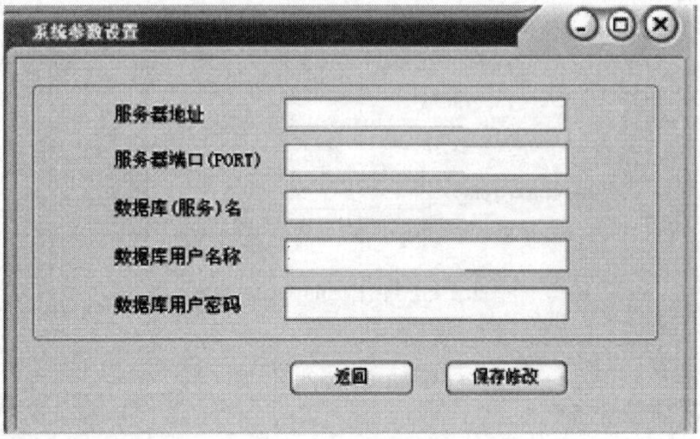

图 9.12　系统参数设置

关于 shape 文件添加管理，通过“系统管理”中“添加 Shapefile 文件”选项，选择某已有的 Shapefile 文件并加入到当前地图中叠加显示，如图 9.13 所示。

图 9.13　添加 Shapefile 文件

关于 shape 文件导出管理，通过“系统管理”中“导出 Shapefile 文件”选项，选择某些图层和保存位置，Shapefile 文件被保存到本地计算机的特定位置，如图 9.14 所示。

图 9.14　导出 Shapefile 文件

9.1.3.3　系统界面与定制

系统操作界面由以下几部分组成：菜单栏、工具栏、监控列表、主海图显示区、鹰眼、状态信息栏等，如图 9.15 所示。

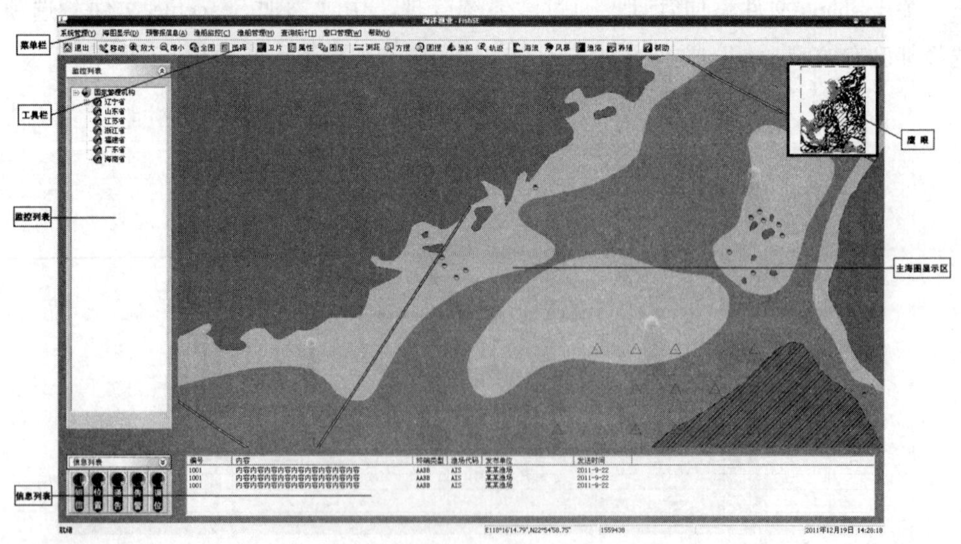

图 9.15　操作界面

系统主菜单位于界面顶部，如图 9.16 所示。

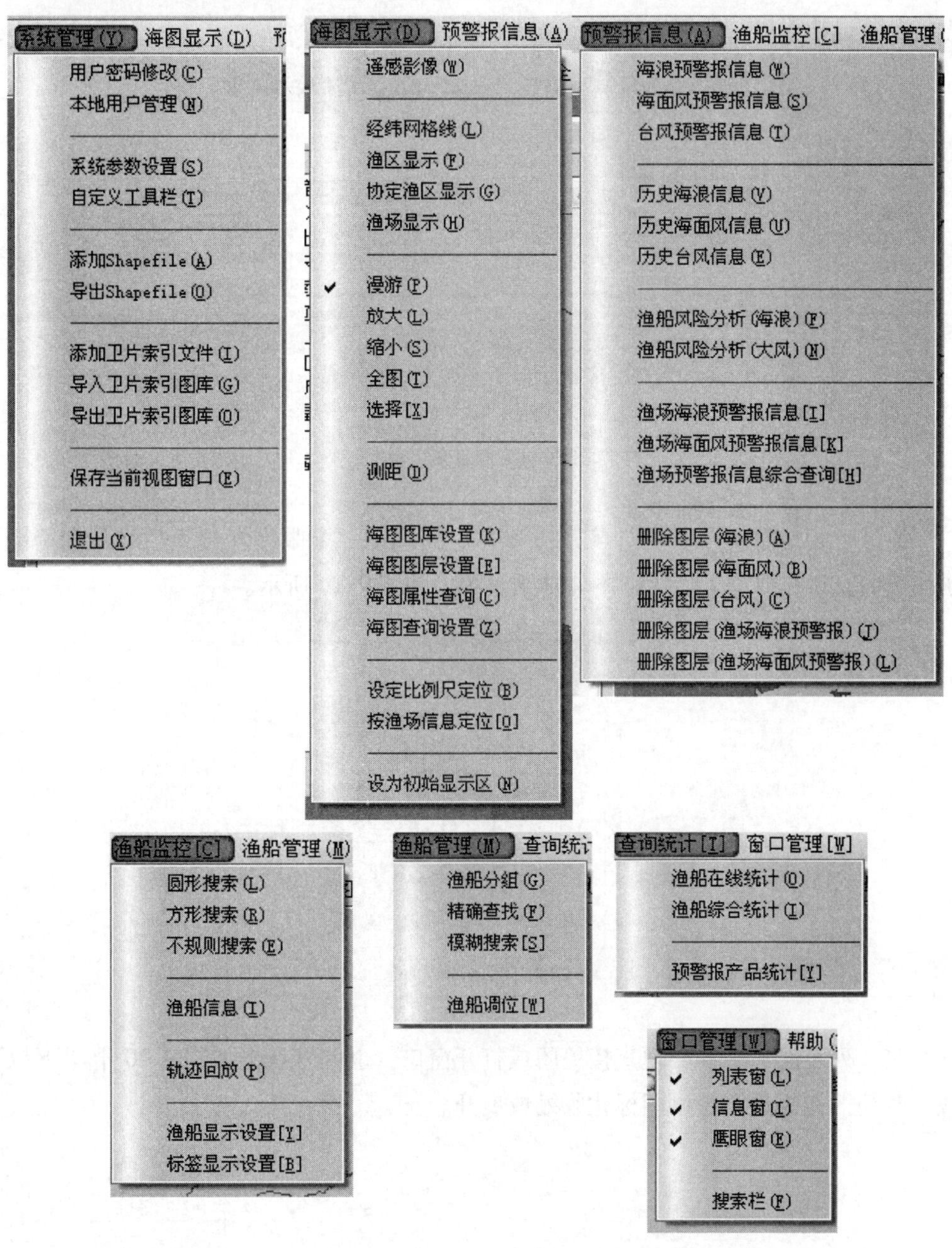

图 9.16　主菜单示意图

工具栏位于主菜单下方，可方便地调用常用的系统功能，如图 9.17 所示。

退出　移动　放大　缩小　全图　卫片　属性　图层　测距　方搜　圆搜　渔船　轨迹　海浪　风暴　渔港　养殖　帮助

图 9.17　工具栏示意图

工具栏被设计成可以改变的模式，可根据个人使用要求定制工具栏的内容，根据需要勾选功能项，保存后显示在工具栏中，如图 9.18 所示。

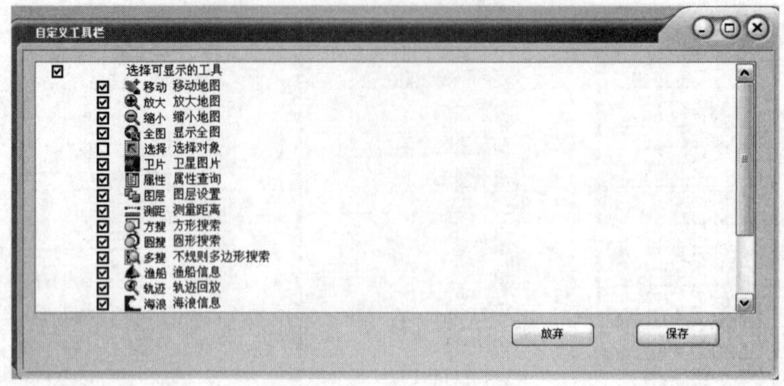

图 9.18　自定义工具栏

通过“窗口管理”功能，实现列表窗、信息窗、鹰眼窗和搜索栏显示和隐藏，被勾选的窗口在屏幕上显示，不勾选则隐藏，如图 9.19 所示。

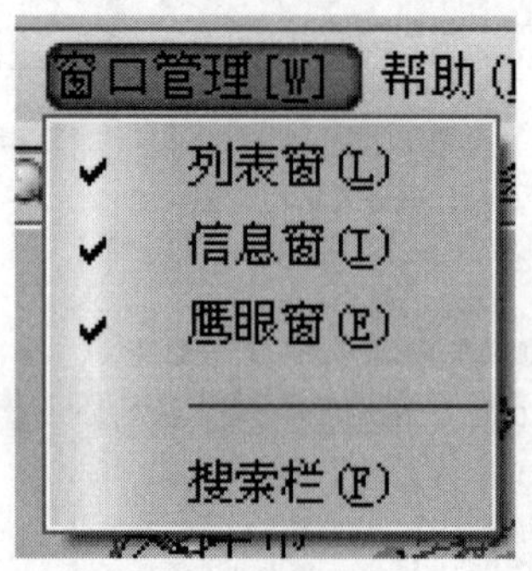

图 9.19　窗口管理

在“列表窗”中，实现直接关闭或打开窗口，也可以点击如图 9.20 中“下拉”或“收缩”图标进行窗口图标化收缩或展开。

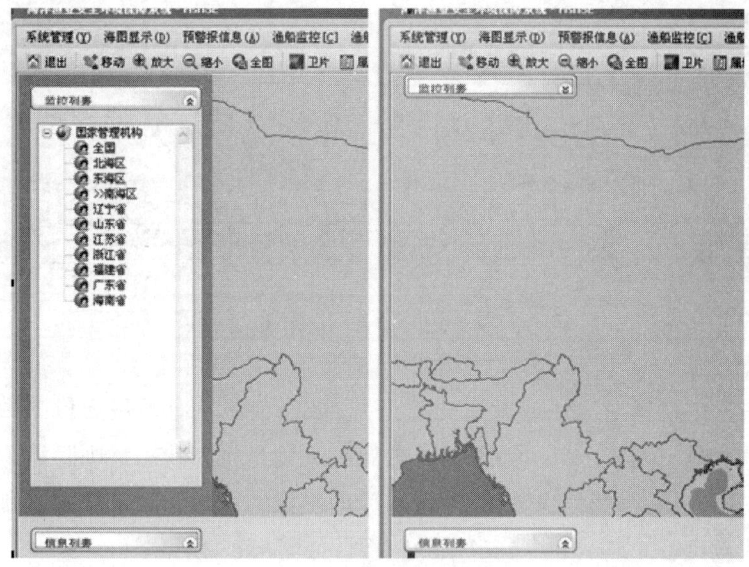

图 9.20　列表窗示意图

在“鹰眼窗”中，通过“窗口管理”功能实现关闭或打开。“鹰眼窗”通过缩略方式显示系统全图，实现地图位置的快速定位显示，如图 9.21 所示。

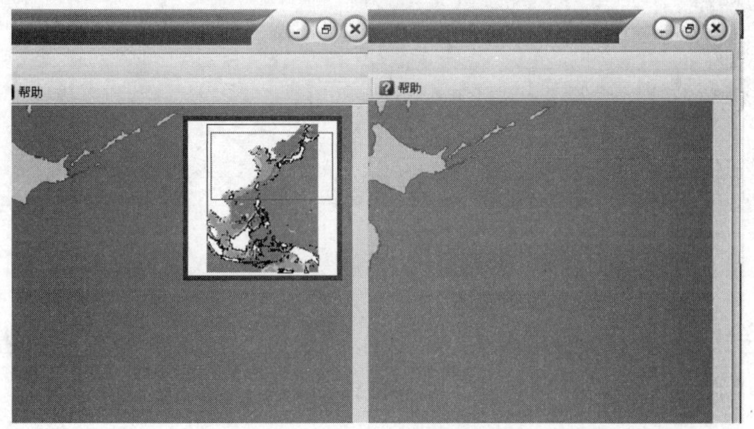

图 9.21　鹰眼窗示意图

在“搜索栏”中，全局搜索工具栏位于工具栏下方，根据输入信息，例如输入的渔船编号、渔船名称等信息，进行全局搜索，如图 9.22 所示。

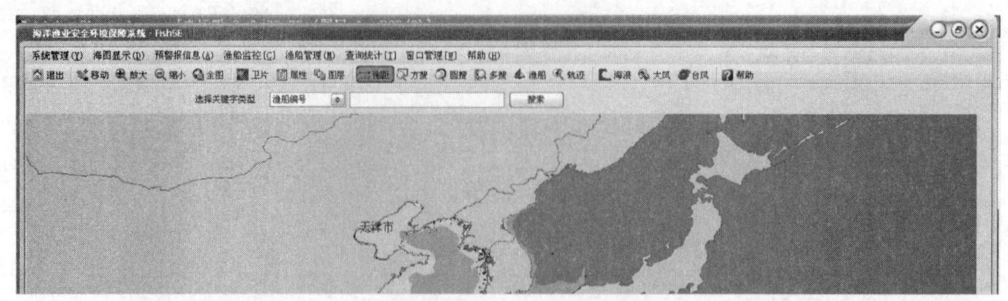

图 9.22　搜索栏示意图

在工具栏中选择卫片（或者遥感影像），如当前区域有卫星影像图数据，则卫星影像会加载显示到该区域，如果卫星影像图开关是打开状态，则隐藏卫星影像的显示。卫星影像能否显示及显示哪种分辨率的影像，由预先的系统定义确定，即放大到一定比例尺后才显示某个分辨率的影像，如图 9.23 所示。

图 9.23　卫星影像示意图

通过选择各种网格线显示开关，可以打开或关闭经纬网格线，例如选择“海图显示”中“经纬网格线”，则打开经纬网格线的显示，如图 9.24 所示。

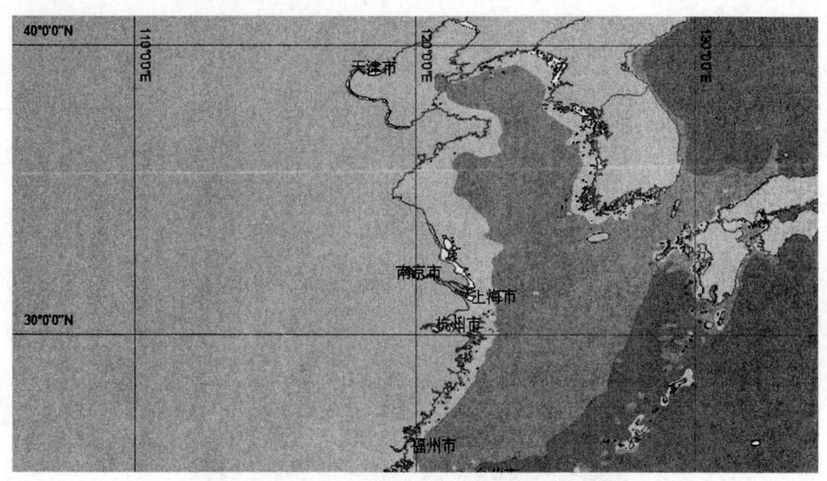

图9.24　网格线示意图

通过选择渔区显示开关，可以打开或关闭渔区显示，例如选择“海图显示”中“渔区显示”，则打开渔区显示，如图9.25所示。

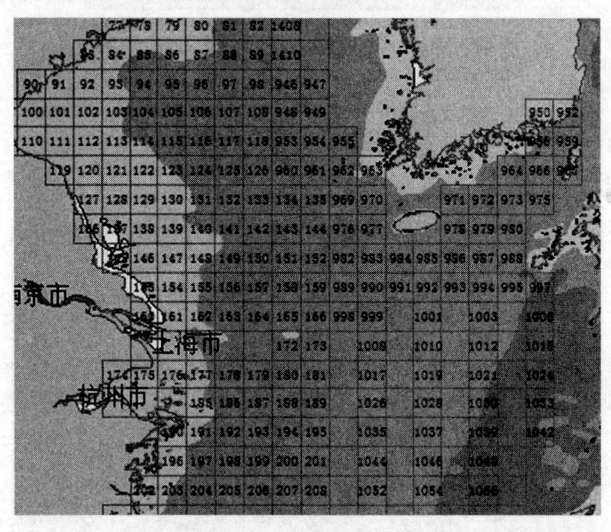

图9.25　渔区示意图

通过选择协定渔区显示开关，可打开或关闭渔区显示，例如选择“海图显示”中“协定渔区显示”，则打开协定渔区的显示，如图9.26所示。

图 9.26　协定渔区示意图

通过选择渔场显示开关，可打开或关闭渔场显示，例如选择“海图显示”中“渔场显示”，则打开渔场的显示，如图 9.27 所示。

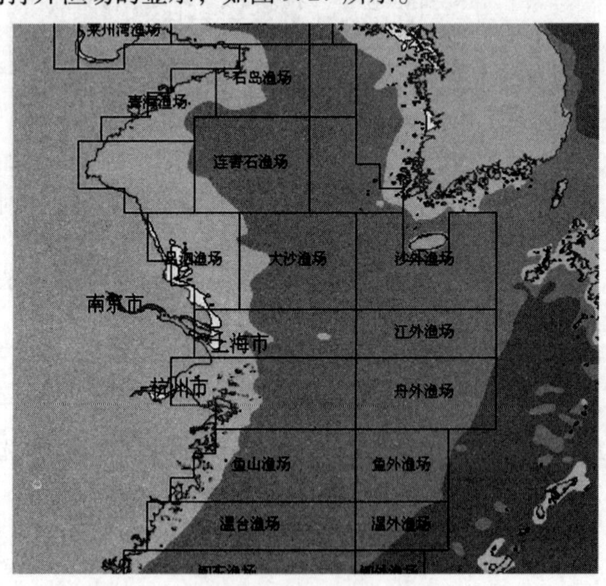

图 9.27　渔场显示

9.1.3.4　地图操作

在工具栏中选择“移动”选项，拖动鼠标则图形内容随鼠标拖动发生变化。

在工具栏中选择“放大”或“缩小”选项，单击鼠标则以鼠标位置为中心，以一定的放大或缩小比例进行放大或者缩小；拖动鼠标画框放大，则把框内内容放大到整个图形；拖动鼠标画框缩小，则把整个图形缩小至框内。

用鼠标滚轮上下翻滚可以逐级倍率的放大或缩小。

鼠标右键快捷菜单选择放大或缩小，再点击可进行逐级倍率的放大或缩小。

在工具栏中选择“全图”选项，在主海图显示区显示全图内容。

根据显示比例尺不同，渔船显示符号会发生变化，如图 9.28 所示

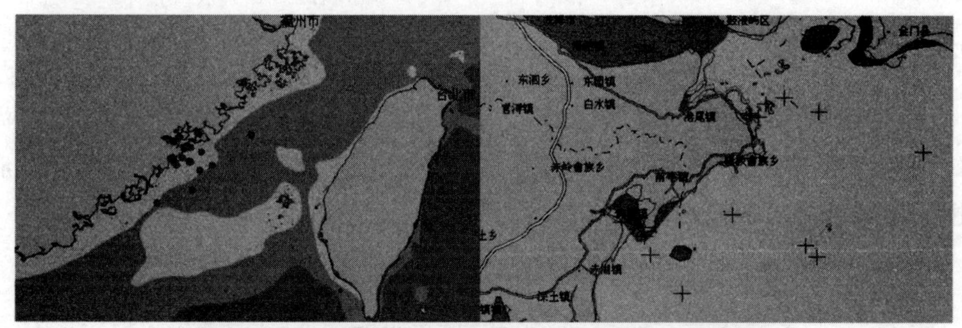

图 9.28　渔船符号变化示意图

在工具栏中选择“测距”选项，在海图显示区单击鼠标左键，再点击鼠标左键，两点之间显示红线。信息列表栏出现两点之间距离，以海里的形式进行结果显示。再点击鼠标左键，信息列表栏出现第二点和第三点之间距离，和所有线段之间距离总和，如图 9.29 所示。

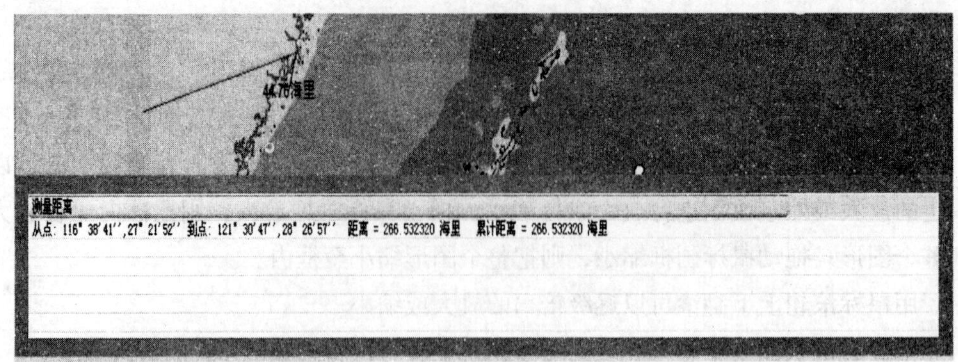

图 9.29 测量距离示意

9.1.3.5 图层显示与控制

通过海图图库管理，可对叠加的图库进行控制，例如选择“海图显示”中“海图图库设置”，可选择叠加世界行政区、中国海区、区域界线、道路网、乡镇政府驻地信息，如图 9.30 所示。

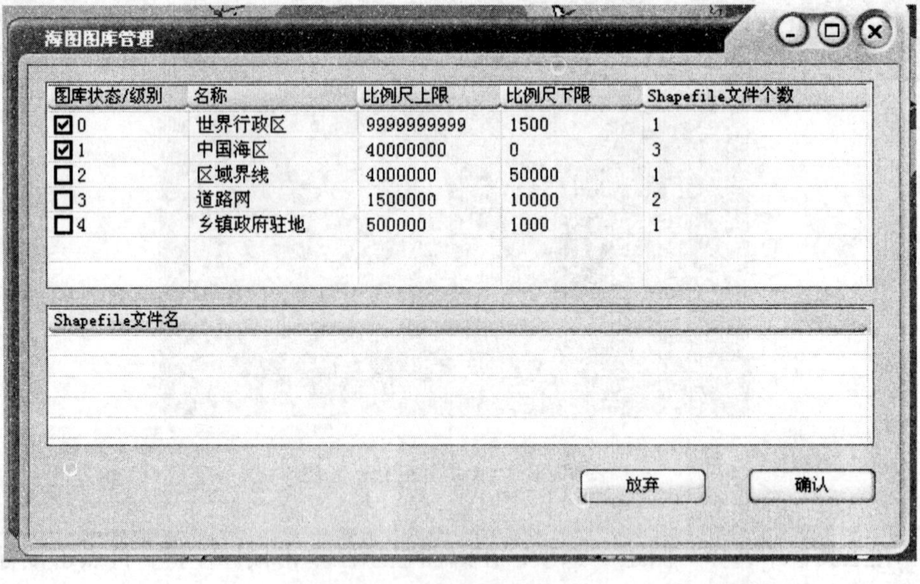

海图图库管理

图库状态/级别	名称	比例尺上限	比例尺下限	Shapefile文件个数
☑0	世界行政区	9999999999	1500	1
☑1	中国海区	40000000	0	3
☐2	区域界线	4000000	50000	1
☐3	道路网	1500000	10000	2
☐4	乡镇政府驻地	500000	1000	1

Shapefile文件名

放弃 确认

图 9.30 海图图库设置

根据需要勾选图库，显示或隐藏该图库，但当前比例尺变化时则会自动按默认设置调整图库的显示状态。通过选择图 9.31 中的上下移动键，可调换图层的显示顺序。上层为覆盖层，下层为被覆盖层，不透明的部分会被上层图层所覆盖。根据需要勾选图层，显示或隐藏该图层。

在工具栏中选择“属性”，在海图显示区域点击，信息显示栏会列出被点击选

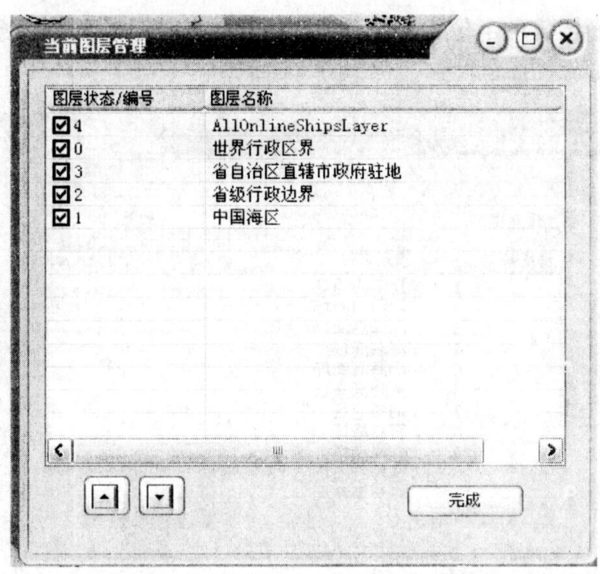

图9.31　海图图层设置

中的地图要素属性信息，如图9.32所示。

图9.32　地图要素属性信息

地图可以按照比例尺进行定位，首先通过选择“海图显示”中“设定比例尺定位”，修改中心点的位置（经纬度），设定所需要的比例尺，按“定位”按钮，则地图被定位到所需要的区域，如图9.33所示。

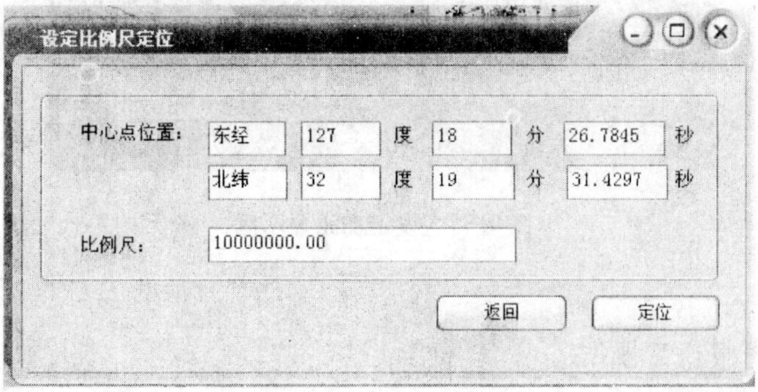

图9.33　比例尺定位设定

地图也可按渔场信息定位，通过选择“海图显示”中“按渔场信息定位”，则地图被定位到所需要的渔场区域，如图 9.34 所示。

图 9.34　浴场信息定位

海图显示可设定初始显示区域，通过选择“海图显示”中“设为初始显示区”，当前区域和比例尺被保存为初始参数，下一次进入系统后自动定位到该区域内，如图 9.35 所示。

图 9.35　设定初始显示区

9.1.3.6　预警报产品操作

预警报产品操作包含实时预警报产品操作叠加显示、历史预警报叠加显示和预警报产品统计，在预警报产品叠加显示中，包含海浪预警报产品、海面风预警报产品和热带气旋预警报产品叠加显示。

在实时预警报产品叠加显示过程中，选择发布单位以及产品类型，从数据库中调出最新预警报产品，叠加到当前图层中。海浪警报产品叠加显示过程如图 9.36 所示。

海浪
选择最新预警报产品：
发布单位：
国家海洋环境预报总台
产品类型：
预报
返回
查找

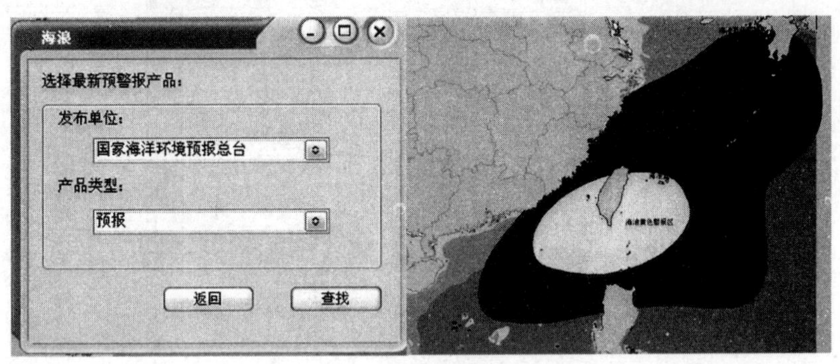

图 9.36　海浪警报产品的叠加显示

在历史预警报产品的叠加显示过程中，选择发布单位、产品类型以及产品发布的时间范围，查找并列出符合条件的预警报产品，选择需要的产品叠加到当前地图中，如图 9.37 所示。

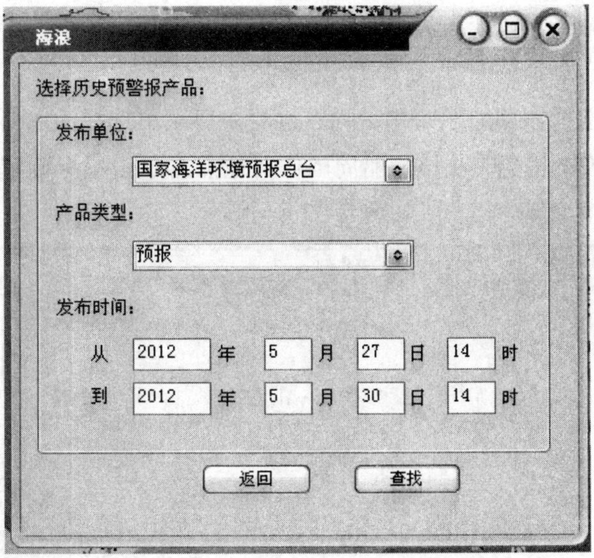

海浪
选择历史预警报产品：
发布单位：
国家海洋环境预报总台
产品类型：
预报
发布时间：
从 2012 年 5 月 27 日 14 时
到 2012 年 5 月 30 日 14 时
返回
查找

图 9.37　历史预警报产品查询示意

在预警报产品统计过程中，按照产品分类、发布单位、产品类型以及产品发布的时间范围来统计预警报产品的发布情况，并可查询详细清单，如图 9.38 所示。

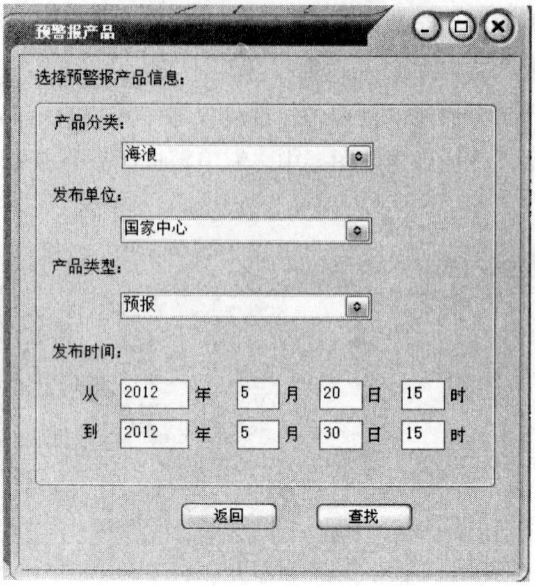

预警报产品

选择预警报产品信息：

产品分类：

海浪

发布单位：

国家中心

产品类型：

预报

发布时间：

从 2012 年 5 月 20 日 15 时

到 2012 年 5 月 30 日 15 时

返回 查找

图 8.38 预警报产品统计示意图

9.1.3.7 渔船风险分析和管理

（1）渔船风险分析

首先叠加有关警报产品，通过分析统计出各个预警报要素圈中的渔船数量情况，并可制作或输出相关渔船详细信息的列表。

（2）渔船信息显示

在工具栏中选择“渔船”或用鼠标右键的快捷菜单选择渔船信息，在主海图显示区点选想要查看的渔船，在该渔船周围任何地点再单击鼠标确定标签位置，则在信息列表中显示该渔船的信息，如图 9.39 所示。

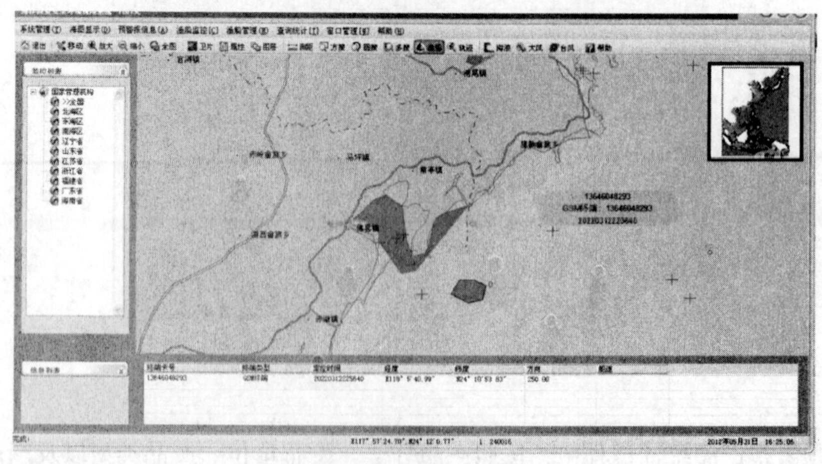

图 9.39 渔船信息显示

（3）渔船查询

按照渔船编号、名称、类别、属地名称等，可精确查找或模糊搜索查询符合条件的渔船，结果在信息列表中显示，点击列表中某条渔船信息，则地图自动定位到该渔船位置。渔船查询界面如图 9.40 所示。

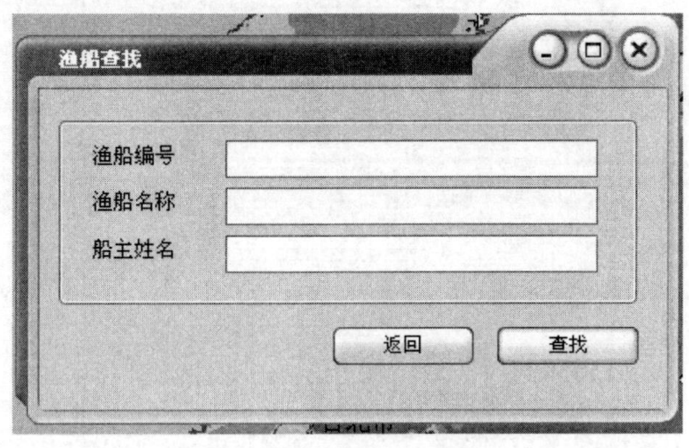

图 9.40　渔船信息和渔船查询

（4）渔船分组

将特定渔船加入自定义分组中，并支持对自定义分组渔船进行高亮、跟踪显示等特殊显示效果。首先，建立渔船分组，可以新建 3 个不同的渔船组。其次，用鼠标选中某个渔船分组作为当前组输入选择渔船的条件，可以搜索到符合条件的渔船并在列表中显示。最后，选中某个渔船，点击“加入分组”则加入到当前分组中，一组最多 100 条渔船，也可以删除不需要的渔船或分组，如图 9.41 所示。

图 9.41　渔船分组

(5) 渔船显示设置

选择“渔船显示参数设置”选项，设置不同类型终端渔船的在线时间门槛值，最新报位时间距离当前时间的小时数大于该值的，视为不在线，如图 9.42 所示。

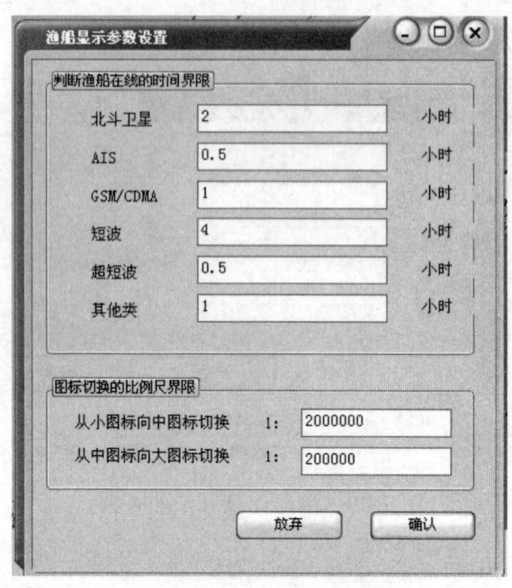

图 9.42　渔船显示设置

(6) 渔船标签显示设置

选择“渔船标签显示设置”，设置渔船标签显示内容，标签一次最多显示 3 类项目内容，但当前窗口中渔船数量太多时，则自动隐藏渔船标签，如图 9.43 所示。

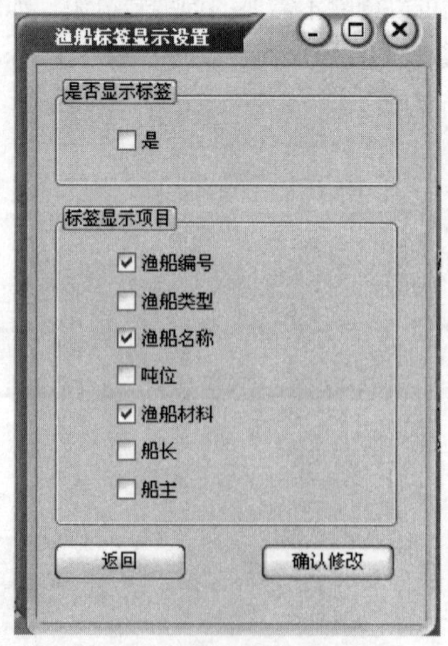

图 9.43　渔船标签显示设置

(7) 统计分析

渔船统计分析分为在线统计和综合统计。

关于在线统计，可按照区域进行分组，统计某个时间段的渔船在线数据。统计结果显示在列表中，也可以导出数据到 Excel 软件中进行处理，如图 9.44 所示。

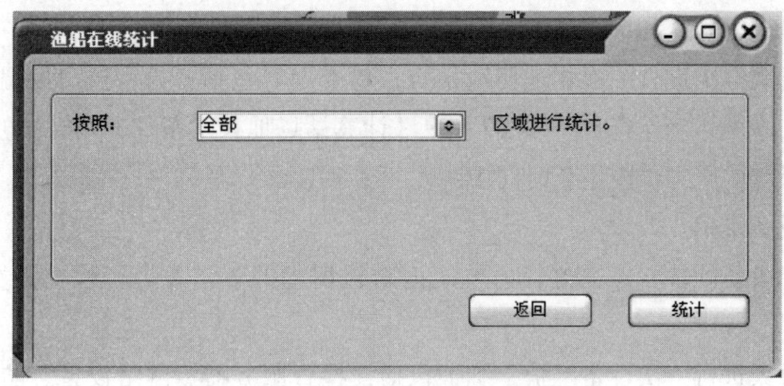

图 9.44　渔船在线统计示意图

关于渔船综合统计，可按照区域和信息来源进行分组，统计渔船数据。统计结果显示在列表中，也可以导出数据到 Excel 软件中进行处理，如图 9.45 所示。

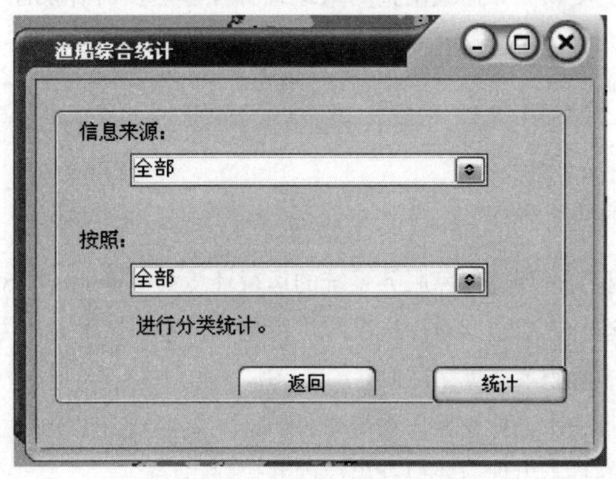

图 9.45　渔船综合统计示意图

9.2　系统维护

9.2.1　日常维护

为保证全国海洋渔业安全保障服务系统的正常、高效运行，需要定期对系统的硬件、软件以及运行环境进行检测和维护，本章详细介绍了日常维护的要求以及注意事项。

（1）硬件维护

系统所处的物理环境在一定程度上会对服务器、网络设备、防火墙等设备的运行造成影响，进而影响全国海洋渔业安全保障服务系统的运行，因此需要专人对系统物理环境进行检查和维护。

推荐每天至少进行一次物理环境检查，检查内容包括：检查机房的温湿度，保持场所的洁净度，确保符合 GB2887－89《计算站场地技术条件》；检查电力供应情况，保证系统的电力供应不长时间中断。

（2）设备维护

为确保设备硬件状态完好，需要定期对机房内的各设备进行检查，发现问题，及时处理。

推荐每天进行一次设备维护，维护包括：检查服务器、网络设备、防火墙设备等设备的电源、网络和其他线缆连接是否牢固紧密；检查服务器、网络设备、防火墙设备等设备是否有异常；检查服务器、网络设备、防火墙设备等设备是否积累灰尘过多；检查服务器、网络设备、防火墙设备等设备的标签和标识是否完好，如有破损，及时修复，更换服务器或调整网络地址等操作后及时补换标签，保持标签与设备的一致性。

9.2.2 系统运行环境维护

9.2.2.1 操作系统维护

全国海洋渔业安全环境保障服务系统的运行环境为 Windows Server 2008 企业版，为保证系统正常运行，要定期对操作系统进行检查，包括以下几个方面：

（1）事件日志检查

推荐每天进行一次，检查操作系统事件日志，包括应用程序、安全性和系统事件，发现有错误的日志出现需要检查出原因并排除错误。

（2）共享文件检查

推荐每天进行一次，检查系统的共享文件夹设置，发现有未经允许的共享文件夹应当马上删除。

（3）本地用户和组检查

推荐每天进行一次，检查系统的本地用户和组，发现有未经允许的用户和组应当马上删除。

（4）系统服务和应用程序检查

推荐每天进行一次，检查系统中正在运行的系统服务和应用程序，发现未经允许的系统服务和应用程序的安装应当马上删除。

（5）服务器定期重启

Windows系列操作系统在运行一段时间后会变慢或不稳定，为了防止操作系统异常对全国海洋渔业安全环境保障服务系统所带来的意外影响，需要定期对操作系统进行重启，推荐每月进行一次。

（6）磁盘空间检查

推荐每周进行一次，检查各个服务器C盘和D盘的使用状态，当可用空间不足10%时，及时对磁盘上的内容进行清理，以保证系统有足够的空间正常运行。

9.2.2.2　防病毒软件维护

为了防止病毒对服务器的攻击和损害，防病毒软件的病毒库建议至少隔30天手动更新1次。从因特网上下载病毒库，使用光盘刻录到服务器上进行更新，同时尽量避免U盘等移动存储设备接入系统，必须接入时需先行查杀病毒方可使用。

9.2.2.3　数据库维护

全国海洋渔业安全保障服务系统的正常运行是建立在ORACLE集群数据库正常运行并提供正常服务基础上的，因此应定期检查数据库的已连接会话（SESSION）数，是否已经或将要达到设定上限，此时应对占用会话数过多的进程进行重启，释放掉占用的会话，保证ORALCE集群数据库正常提供服务，最终保障数据服务中心软件正常运行。推荐每天进行一次使用PLSQL Developer软件登录数据库，使用SQL语句检查会话总数和进程占用的会话数，操作时注意观察是哪个服务器上的哪个进程，重启进程时不要选错操作对象。

9.2.3　系统软件维护

（1）软件例行维护

全国海洋渔业安全保障服务系统部件较多，随着各海区中心与省中心接入系统，系统运行一段时间后与网络资源、存储设备等的交互产生的临时文件、数据缓存等会越来越大，可能会使系统运行变慢甚至影响系统的正常使用。因此，系统在运行一定时间后应该重启，以确保系统能够提供高效、优质的服务。

推荐每周进行一次系统维护。在模块生命周期管理软件中，将“自动检查”复选框前的“√”去掉，点击“结束全部”按钮，结束全国海洋渔业安全保障服务系统的所有软件模块，再点击“全部启动”，启动全国海洋渔业安全保障服务系统的所有软件模块，最后将“自动检查”复选框前打“√”。

（2）软件运行状态监控

软件运行时长，对运行时间超过 14 天（336 小时）的进程，推荐重新启动，以保证系统能够提供优质高效的服务。

软件的数据库使用情况检查，此项检查需要使用 PLSQL Developer 软件登录到数据库，查看某个进程占用的会话数，如表 9.4 所示。建议每天查询一次各个部件占用数据库会话情况并记录在案，便于出现问题时作为分析问题和解决问题的依据。

表 9.4　监控进程名称

序号	进程名	含义
1	CmdReceiver	指令接收中间件
2	File2DB	船舶静态、动态数据、预警报数据入库中间件
3	DataAcquisition	数据采集中间件
4	SysMoniter	系统运行监控模块

（3）主机运行状态监控

主机状态监控主要关注 CPU 占用率和物理内存使用率，这两项中的某一项占用过大时，主机都容易出现工作异常，根据不同的情况采用相应的处理。

当 CPU 占用率过高时，在 SysMonitor 中查看占用 CPU 过高的进程，在服务器重启该进程。

当物理内存使用率过高时，在 SysMonitor 中查看使用内存过高的进程，在服务器重启该进程。

9.3　系统业务化运行统计季报

全国海洋渔业生产安全环境保障系统担负着全国沿海各省记录在册渔船的生产安全环境预报服务工作，实时记录所有渔船的动态位置信息，实时接收和处理信息请求，是为公益服务的业务化系统。因此，建立一套行之有效的系统业务化运行管理机制十分重要。经过一段时间的摸索，结合已有的海洋预报服务工作经验，形成了常规的业务化系统运行报告格式，定期报告海洋局管理部门提供系统运行情况。现抄录其中一份业务化运行情况统计季报，以供参考。

9.3.1　概述

2014 年 1—3 月，国家海洋环境预报中心共收到系统各参建单位上传的预警报产品 3 102 份，其中海面风预报产品 1 525 份，警报 33 份；海浪预报产品 1 525 份，警报 19 份。本季度，除南海预报中心、江苏省预报台、海南省预报台外，其余各海区和省的预警报产品均正常上传。3月25—26日，由于国家海洋环境预报中心服务器故障和南海预报中心传输软件故障，导致南海预报中心预警报产品未能顺利上传。

2014年1—3月，国家海洋环境预报中心平均收到的各省动态船位数据的渔船共计16 455艘/时。其中上传数据最多的省份为浙江省，超过5 400艘/时；福建省次之，超过4 900艘/时；山东省、江苏省和广东省的渔船数据也都超过1 000艘/时。本季度，辽宁省、江苏省、浙江省、福建省和广东省渔船数据较为正常，均超过90%，山东省和海南省渔船数据相对较低。3月25—26日，国家海洋环境预报中心服务器故障，导致各区台省台渔船数据未能顺利上传。

2014年1—3月，国家海洋环境预报中心联合北斗公司按照《渔港预警报产品制作说明》对数据库入库中间件进行了功能拓展，已经初步实现渔场和渔港海面风、海浪24小时、48小时、72小时预报产品的入库功能。浙江省预报台从2014年1月1日起预报时效延长至72小时，广东省预报台从2014年1月24日起预报时效延长至72小时，福建省预报台从2014年3月10日起预报时效延长至72小时。

9.3.2 预警报产品发布和接收情况

9.3.2.1 海面风预警报产品发布和接收情况

2014年1—3月，国家海洋环境预报中心共收到系统各参建单位上传的海面风预报产品1 525份，警报33份，如图9.46所示。浙江省预报台从2014年1月1日起将预报时效延长至72小时，广东省预报台从2014年1月24日起将预报时效延长至72小时，福建省预报台从2014年3月10日起将预报时效延长至72小时。本季度，除南海预报中心、海南省预报台外，其余各海区和省的海面风预警报产品均正常上传。3月25—26日，由于国家海洋环境预报中心服务器故障和南海预报中心传输软件故障，导致南海预报中心预警报产品未能顺利上传。

9.3.2.2 海浪预警报产品发布和接收情况

2014年1—3月，国家海洋环境预报中心收到系统各参建单位上传的海浪预报产品1 525份，警报19份，如图6.47所示。浙江省预报台从2014年1月1日起预报时效延长至72小时，广东省预报台从2014年1月24日起预报时效延长至72小时，福建省预报台从2014年3月10日起预报时效延长至72小时。本季度，除南海预报中心、江苏省预报台外，其余各海区和省的海浪预警报产品均正常上传。3月25—26日，由于国家海洋环境预报中心服务器故障和南海预报中心传输软件故障，导致南海预报中心预警报产品未能顺利上传。

本季度，国家海洋环境预报中心渔船系统值班人员加强了对系统的日常维护力

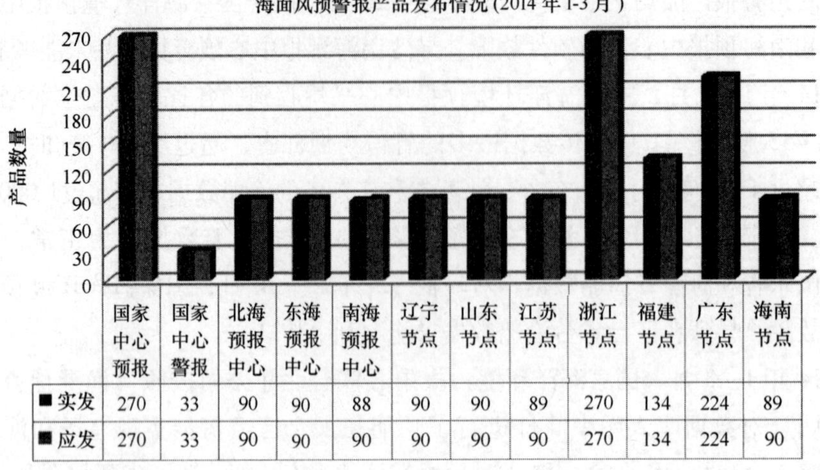

图 9.46　海面风预警报产品发布情况

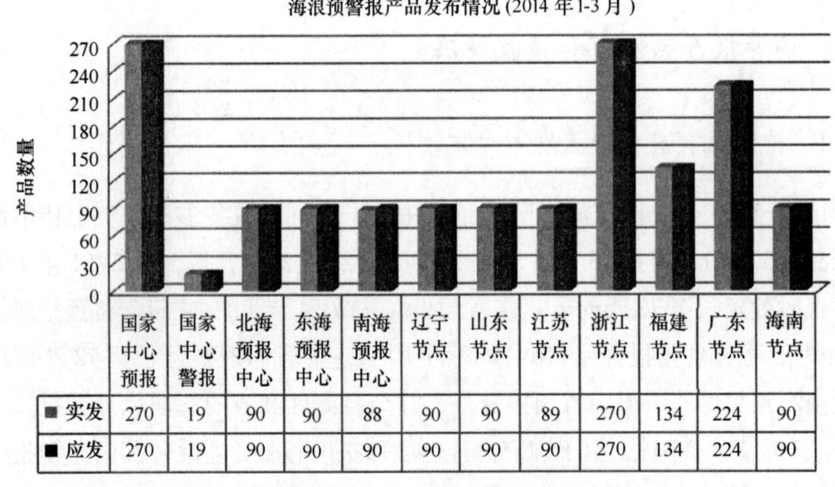

图 9.47　海浪预警报产品接收情况

度，每天对各参建单位上传的预警报产品和各沿海省份的渔船数据进行统计检查，一旦发现异常及时跟各单位联系解决。在各参建单位的共同努力下，本季度各家预警报产品上传入库情况都基本正常。

9.3.3　动态船位数据接收情况

9.3.3.1　渔船动态船位数据上传情况

2014 年 1—3 月，国家海洋环境预报中心平均收到的各省动态船位数据共计

16 455艘/时，如图 9. 48 所示。其中上传数据最多的省份为浙江省，超过 5 400 艘/时；福建省次之，超过 4 900 艘/时；山东省、江苏省和广东省的渔船数据也都超过 1 000 艘/时。本季度，辽宁省、江苏省、浙江省、福建省和广东省渔船数据较为正常，均超过 90%，山东省和海南省渔船数据相对较低。3 月 25—26 日，国家海洋环境预报中心服务器故障，导致各省台渔船数据未能正常上传。

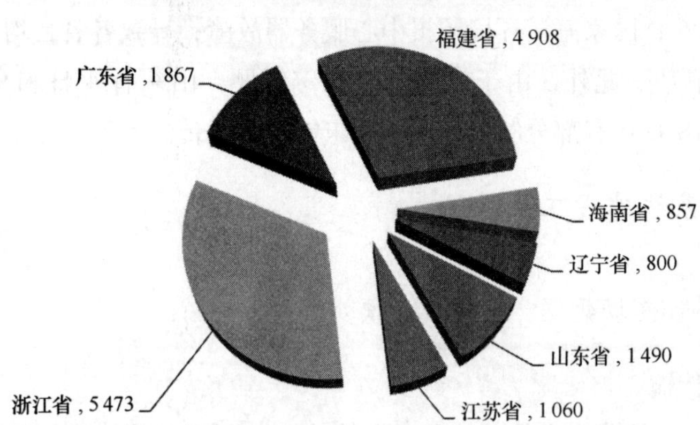

图 9. 48　各省级节点每小时上传船位数据的渔船数量

9. 3. 3. 2　各省级节点渔船数据到报率统计

各省级节点渔船数据到报率统计如图 9. 49 所示。

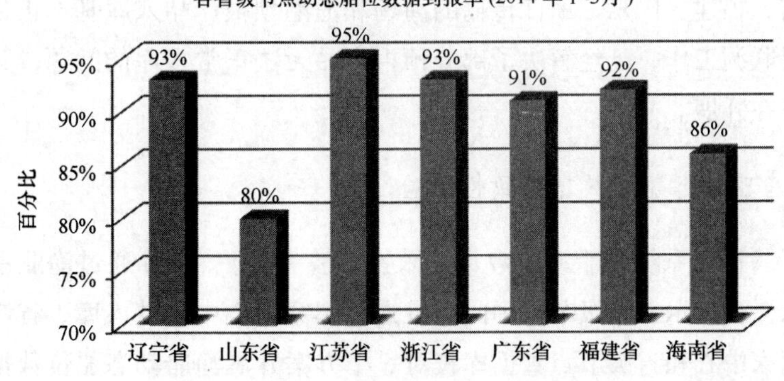

图 9. 49　各省级节点渔船动态数据到报率

2014 年 1 月，广东省预报台由于系统升级过程中出现问题，使得 21—29 日的渔船数据未正常上传，国家预报中心人员发现问题后及时与广东省渔船系统节点维护人员联系解决，并将数据进行了补传。由于系统软硬件故障或线路传输问题，该月辽宁省 17—18 日、山东省 1—2 日、浙江 10—12 日和 18—19 日、福建 3 和 31 日也均有部分时段渔船数据不正常。

2014 年 2 月，福建省渔船在线数据不够稳定，在 3—4 日、9 日、11 日、13 日、20 日均有部分时段渔船数据到报不正常，经了解是由于数据传输中间件不够稳定所致，此外海南省由于机房服务器断网，使得 25—28 日的数据未能上传。

2014 年 3 月，海南省预报台由于机房服务器断网，1—5 日渔船数据未能正常上传，福建省预报台由于传输程序出现故障 7—10 日部分时段的渔船数据未正常上传。由于 3 月 25—26 日国家海洋环境预报中心服务器故障，导致各省台均有部分时段渔船数据上传不成功。此外，由于软硬件不稳定问题，山东省 4 日和 9 日、浙江 20 日、福建 17—18 日均有部分时段渔船数据未能正常上传。

9.3.4 渔业系统建设工作总结

9.3.4.1 渔港、渔场数据产品接收、预处理和入库

（1）数据传输

数据传输中间件分为文件预处理和文件传输，这两个部件已经实现了渔场和渔港海面风、海浪 24 小时、48 小时、72 小时预报产品的预处理和文件传输功能。目前，国家中心已经接收到福建、广东、浙江传输的渔场和渔港预报产品。

（2）数据入库

根据已经按照《渔港预警报产品制作说明》对数据库入库中间件进行了功能拓展，已经实现渔场和渔港海面风、海浪 24 小时、48 小时、72 小时预报产品的入库功能。目前，福建、广东、浙江传输的渔场和渔港预报产品入库基本正常。通过和福建省开展联调工作，已经解决了部分预报产品无法正常入库的问题，其他省份的联调工作正在开展。

9.3.4.2 渔船动态船位数据一致性检验

编制了《渔业系统渔船动态数据一致性检验方案》，设计通过渔业系统国家中心集成显示平台显示、省级节点中间件推送、国家中心中间件入库、省级节点数据库同步、国家中心和省级节点数据库校对 5 个方案开展渔船动态船位数据的检验和质量控制工作。

9.3.5 中国近海风要素实况统计分析及渔业安全风预报检验

9.3.5.1 1—3 月各海域风速实况分析

将中国近海 9 个浮标逐时的实测数据按海域所处不同地理位置进行划分，由北

至南依次为代表渤海海域（Bohai Sea）的 QF101、QF103、QF109 浮标；代表黄海海域（The Yellow Sea）的 QF106、QF108、QF162 浮标；代表东海海域（The East China Sea）的 QF205、QF207、QF209 浮标。由于南海浮标故障，本季度无观测数据。通过浮标数据，统计 1—3 月各海域 7 级大风过程如表 9.5 所示。

表 9.5　1—3 月各海域 7 级大风过程统计

序号	渤海	黄海	东海	南海 中北部
1	1 月 3 日	1 月 3—5 日	1 月 3—5 日	1 月 4—5 日
2	1 月 7—8 日	1 月 7—8 日	1 月 8—10 日	1 月 9—10 日
3	1 月 12 日	1 月 12 日	1 月 12—15 日	1 月 13—16 日
4	1 月 17—18 日	1 月 17—18 日	1 月 17—18 日	1 月 17—18 日
5	1 月 19 日	1 月 19 日	1 月 20—21 日	1 月 20—21 日
6	1 月 24—25 日	1 月 24—25 日	1 月 25—26 日	1 月 25—26 日
7	2 月 2 日	2 月 2—3 日	2 月 3—5 日	2 月 4—5 日
8	2 月 9 日	2 月 9—10 日	2 月 9—11 日	2 月 9—11 日
9	2 月 17—18 日	2 月 17—18 日	2 月 18—20 日	2 月 18—23 日
10	3 月 4 日	3 月 5 日	3 月 4—9 日	3 月 4—9 日
11	3 月 12 日	3 月 12—13 日	3 月 13—14 日	3 月 13—14 日
12	3 月 19—21 日	3 月 19—21 日	3 月 19—21 日	3 月 20—21 日

9.3.5.2　中国近海渔业安全风预报产品对比检验

检验渔业安全风预报产品采用的资料是美国国家环境预报中心（NECP）/美国国家大气研究中心（NCAR）提供的 FNL 全球分析资料（Final Operational Global Analysis，简称 FNL 资料）。该种资料具有较高分辨率（0.5°×0.5°），包含许多种类的观测资料和卫星反演资料，被广泛用于数值模式以及天气、气候的诊断分析研究之中。FNL 资料可以广泛用于天气和气候研究，对于研究天气规律、提高预报水平也很有帮助。由于同化了尽可能全面的观测资料，FNL 资料作为长期业务模式存档分析资料是一种很好的选择，可用于气象灾害、气象灾害评估、环境气象、城市内涝、森林火险等级反演、地质灾害气象情况调查以及其他气象衍生灾害预报总结等。

从浮标数据来看，2014 年 1—3 月影响中国近海 7 级大风过程分不同海区各有 12 次，其中持续时间较长、影响海域面积较大的有 5 次过程，将这 5 次过程的渔业安全风预报产品和 FNL 资料同一时段分析场进行对比。

第一次过程：受较强冷空气和东北低压的影响，1 月 7—8 日，渤海和黄海北部有偏北风 7 ~ 8 级，阵风 9 级；受南下冷空气和出海气旋的影响，8—10 日，黄海中南部、东海和台湾海峡有北 - 西北风转东北风 7 ~ 8 级；9—10 日，南海中北部有东北风 7 级阵风 8 级，如图 9.50 和图 9.51 所示。

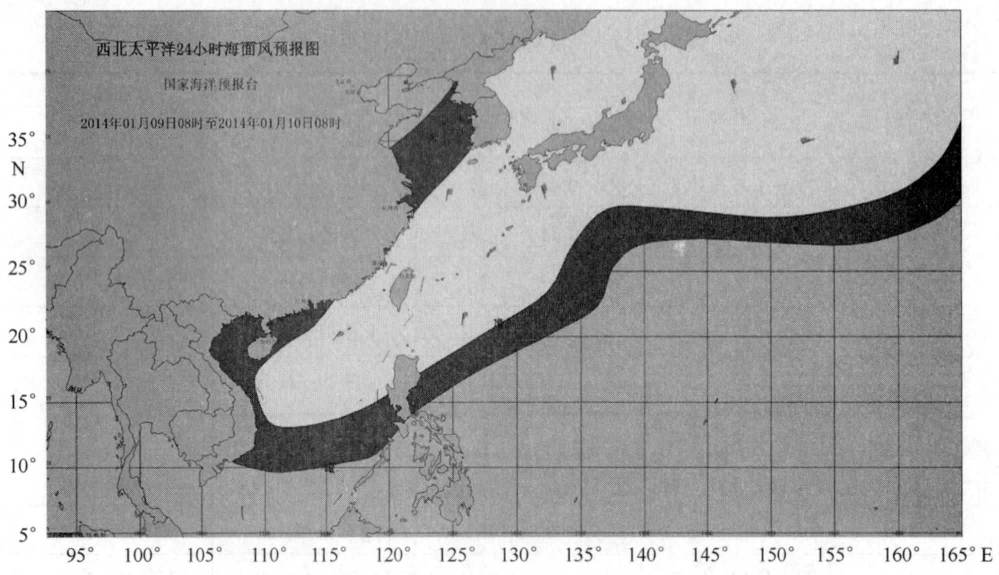

图 9.50　西北太平洋 24 小时海面风预报图

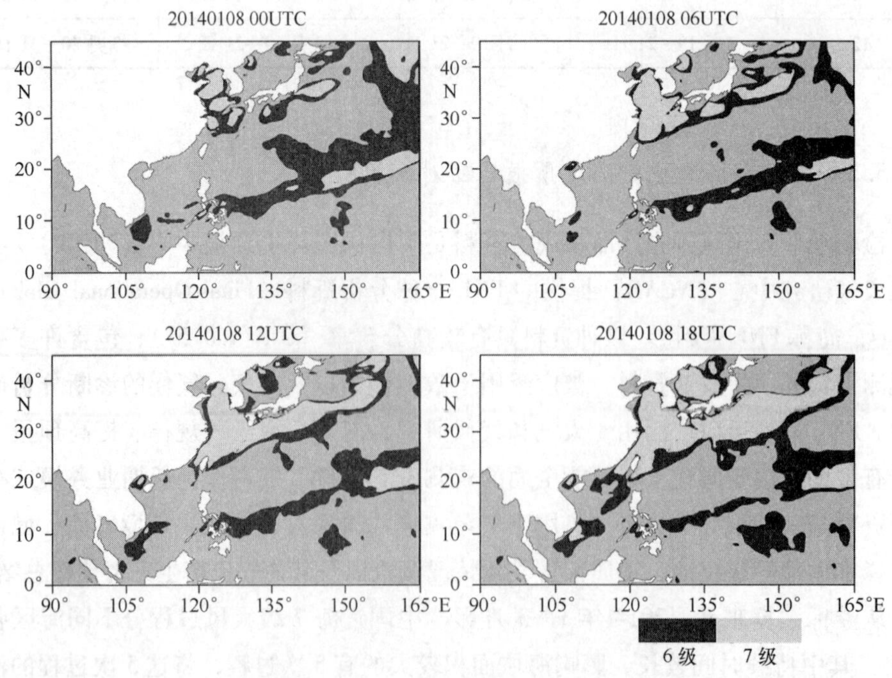

图 9.51　西北太平洋海面风分析场

经对比，近海 24 小时风预报图中的 6 级、7 级风等值线位置基本与 FNL 再分析风场图的 6 级、7 级风等值线位置基本一致。

第二次过程，至第七次过程分析与上相似。

9.3.6　问题及建议

9.3.6.1　存在的问题

2014 年 1—3 月，除南海预报中心、江苏省预报台、海南省预报台外，其余各海区和省的预警报产品均正常上传。3 月 25—26 日，由于国家海洋环境预报中心服务器故障和南海预报中心传输软件故障，导致南海预报中心预警报产品未能顺利上传。此外由于操作不当，海南省 2 月 1 日的海面风预报产品和江苏省 3 月 27 日的海面风预报产品未能及时上传。

1—3 月，辽宁省、江苏省、浙江省、福建省和广东省渔船数据较为正常，均超过 90%，山东省和海南省渔船数据相对较低。3 月 25—26 日，国家海洋环境预报中心服务器故障，导致各省台渔船数据未能正常上传。

2014 年 1 月，由于系统软硬件故障或线路传输问题，该月辽宁省 17—18 日、山东省 1—2 日、浙江 10—12 日和 18—19 日、福建 3 和 31 日也均有部分时段渔船数据不正常。2014 年 2 月，福建省渔船在线数据不够稳定，在 3—4 日、9 日、11 日、13 日、20 日均有部分时段渔船数据到报不正常，经了解是由于数据传输中间件不够稳定所致，此外海南省由于机房服务器断网，使得 25—28 日的数据未能上传。2014 年 3 月，海南省预报台由于机房服务器断网，1—5 日渔船数据未能正常上传，福建省预报台由于传输程序出现故障 7—10 日部分时段的渔船数据未正常上传。此外，由于软硬件不稳定问题，山东省 4 日和 9 日、浙江 20 日、福建 17—18 日均有部分时段渔船数据未能正常上传。

9.3.6.2　建议

鉴于本季度预警报产品和渔船数据部分时段由于设备及网络故障等原因导致未能正常上传，部分省区到报率尚存在一些问题，建议各预警报单位对设备运行状态进行实时监控和定期维护，及时更新相关软件，避免上述问题发生。

第 10 章　成果与展望

10.1　渔业灾害

我国的渔业史可追溯至远古时代，有古籍记载“上古之世，民食蚌蛤螺肉，长臂人两手捉鱼”。经考古发现，最早从事的原始渔业是在沿海滩涂及湖滨地区捡拾渔业。到了距今 4 000—10 000 年的新石器时代，人类的捕鱼技术和能力有了相当的发展。夏商时期，有“东狩于海，获大鱼”。战国秦汉时期，古代渔业已发展到较发达的水平，正如《管子禁藏篇》所述：“渔人之入海，海深万仞。就彼逆流，乘危万里，宿夜不归着，利在海也。”唐朝，在长江和珠江沿岸地区开始渔业试养。宋朝开始人工养殖鱼类。鸦片战争后，开始引入蒸汽船，开始海洋捕捞规模化生产。1947—1957 年，我国渔业进入发展恢复期。1979—1999 年，进入发展期，且渔业资源开始衰退。1999 年开始，渔业开始进入发展调整期。

在我国渔业蓬勃发展的同时，渔业灾害也伴随而来。渔业发展受气象、海洋、水质环境和病虫害等因素的制约，特别是海洋渔业，受海洋灾害影响特别巨大，尤其是风暴潮、赤潮灾害。其次是海域水体受到污染，包括受到沿岸工业废水、城市综合污水以及受污染的地表径流的污染。

10.2　防灾减灾应用

10.2.1　业务运行

国家中心于 2012 年 6 月 1 日完成业务化运行值班手册试用稿的制定工作，并进入业务化试运行。当月由项目组成员兼职完成值班工作，通过实际操作并征求值班人员的意见，多次对值班手册进行修改。6 月底确定了值班手册的终稿，通过了项目负责人和业务处的审核，并在培训之后将值班工作移交至值班员。7 月 30 日起开始周报编写工作，以传真电报形式发往局预报处和 3 个海区预报中心，以电子邮件形式发送给局预报处、3 个海区预报中心和 7 个省中心。截至 12 月中旬，系统运行基本稳定，国家中心的大面预警报和各地预报中心的渔场预报基本满足业务化试运行的发布要求。动态船位数据上传系统正常，每天在线渔船数 20 万左右。

10.2.2　流程规范

国家中心在系统运行期间，为规范操作流程，编制了《渔业系统值班手册》，手册制定了日常和应急期间的值班职责、值班操作流程，并详细编写了预警报产品拷贝、系统巡查和处理、热带气旋产品拷贝和系统异常处理的操作说明，为系统业务化运行做好了准备。

10.2.3　值班监控

国家中心每日制作 24 小时海面风、海浪预报产品。根据《应急预案》的规定制作海浪警报产品；当未来 24 小时有风力大于等于 8 级时，发布 24 小时海面风警报产品。

国家中心每日利用渔业系统生成渔场海浪、海面风和热带气旋预报，将生成的预报文件拷贝至渔场专题预报 WEB 发布平台，并在渔场专题预报 WEB 页面上查看海浪、海面风、热带气旋产品的发布时间和内容是否正确。

监控系统每日自动对国家、海区、省的预警报产品、7 个沿海省的动态船位数据以及系统软硬件状态进行自动检查，若存在产品未制作、船位数据未及时上传和系统异常情况则进行报警。国家海洋环境预报中心值班人员根据报警内容和联系方式通知有关单位人员并进行日志记录。

10.2.4　应用成果

“全国海洋渔业生产安全环境保障服务系统”在 2013—2014 年业务化运行期间，在渔业生产安全保障和防灾减灾方面取得了显著的成效，并在历次重大海洋天气过程中发挥了重大作用，为社会经济发展保驾护航。

2013 年 7 月 12—13 日，受 1307 号超强台风“苏力”的影响，台湾以东洋面、东海东南部、台湾海峡、巴士海峡、南海东北部出现了 7 ~ 8 级，阵风 9 ~ 10 级大风，“苏力”中心经过的附近海域风力达到 12 ~ 14 级，如图 10.1 所示。

经对比美国国家环境预报中心（NECP）/美国国家大气研究中心（NCAR）提供的 FNL 全球分析资料（Final Operational Global Analysis），近海 24 小时风预报图中的 6 级、7 级风等值线位置与 FNL 再分析风场图的 6 级、7 级风等值线位置基本一致，如图 10.2 所示。

2013 年 8 月 12—14 日，受 1311 号超强台风“尤特”和西南季风的共同影响，12—14 日，台湾海峡南部、巴士海峡和巴林塘海峡有偏东风 6 ~ 7 级；南海中北部有旋转风 8 ~ 10 级阵风 11 ~ 14 级，如图 10.3 所示。

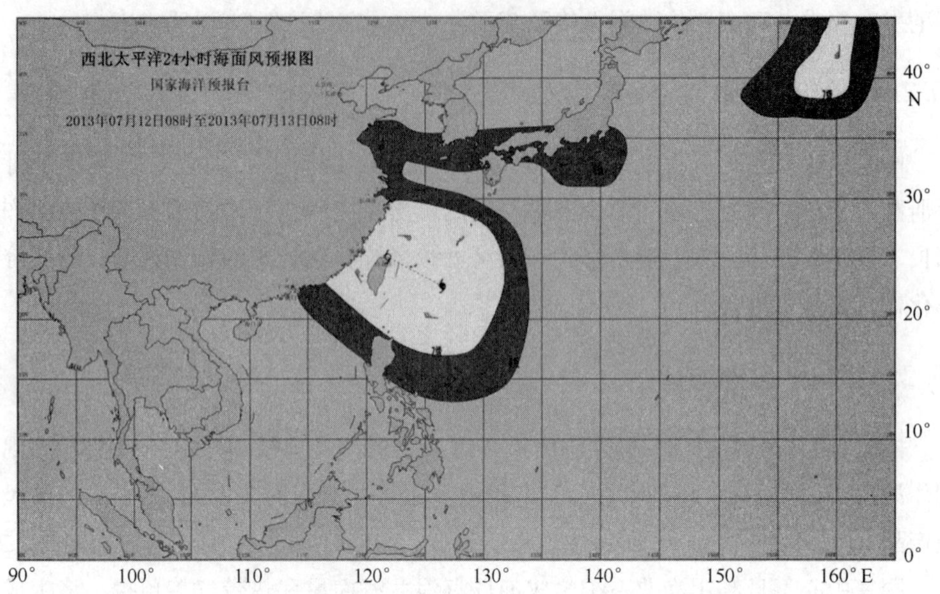

图 10.1　西北太平洋 24 小时海面风预报图

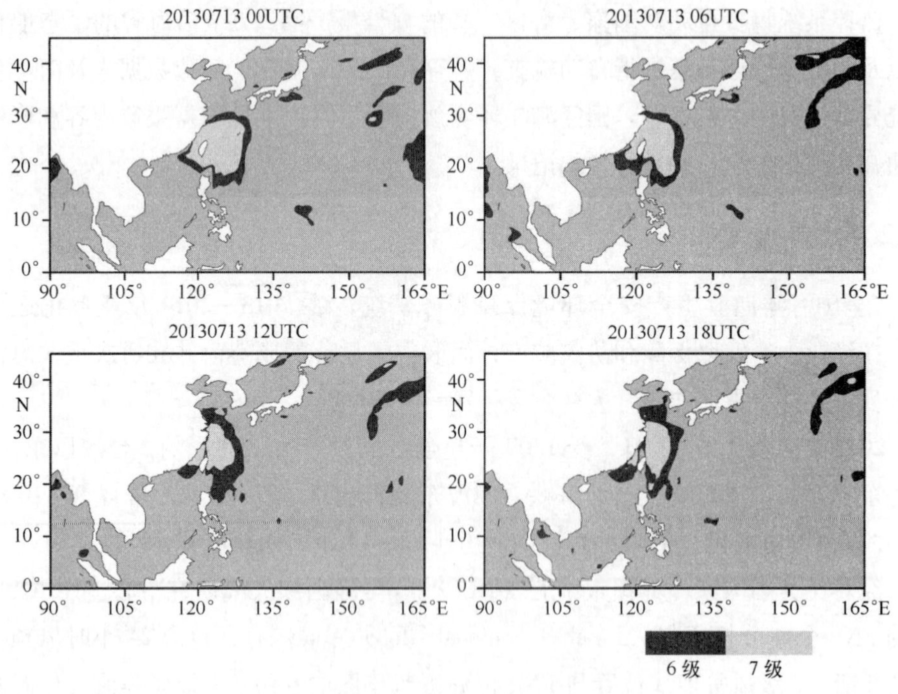

图 10.2　西北太平洋海面风分析场

经对比，近海 24 小时风预报图中的 6 级、7 级风等值线位置与 FNL 再分析风场图的 6 级、7 级风等值线位置基本一致，如图 10.4 所示。

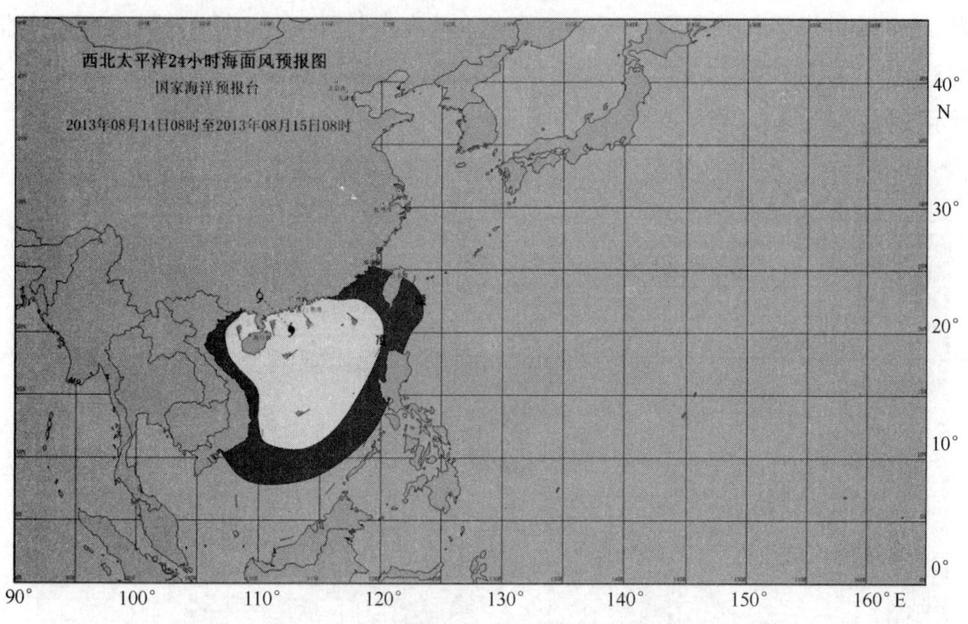

图 10.3　西北太平洋 24 小时海面风预报图

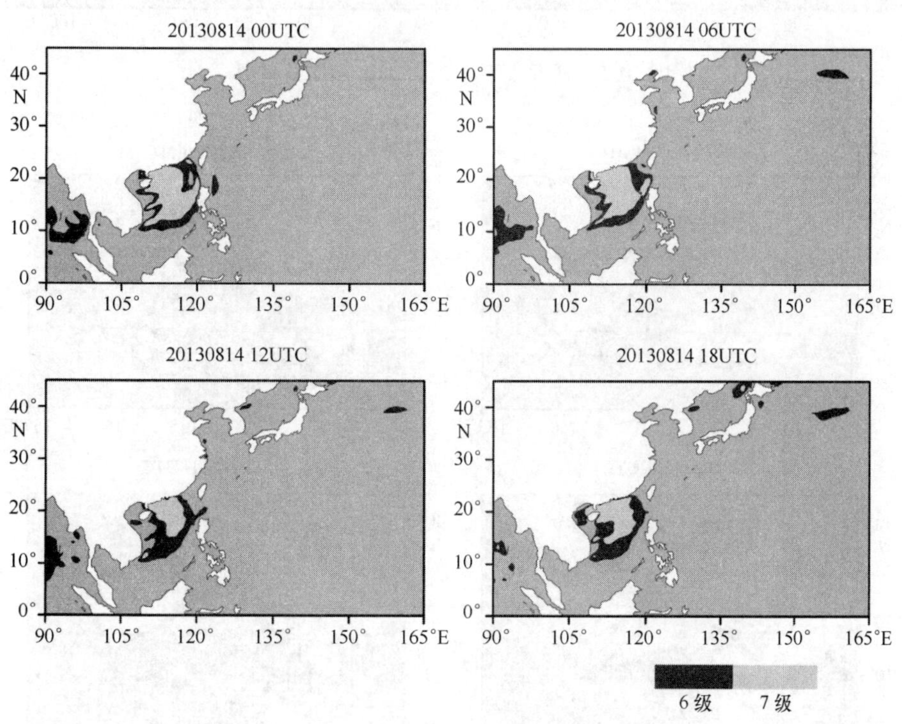

图 10.4　西北太平洋海面风分析场

2013 年 9 月 20—22 日，受 1319 号超强台风“天兔”和南下冷空气的共同影响，东海有东北风转偏东风6～8级，台湾海峡有东北风9～12级，南海北部有东北风8～10级转旋转风14～16级。22—23日，南海南部有西南风7～8级，如图10.5所示。

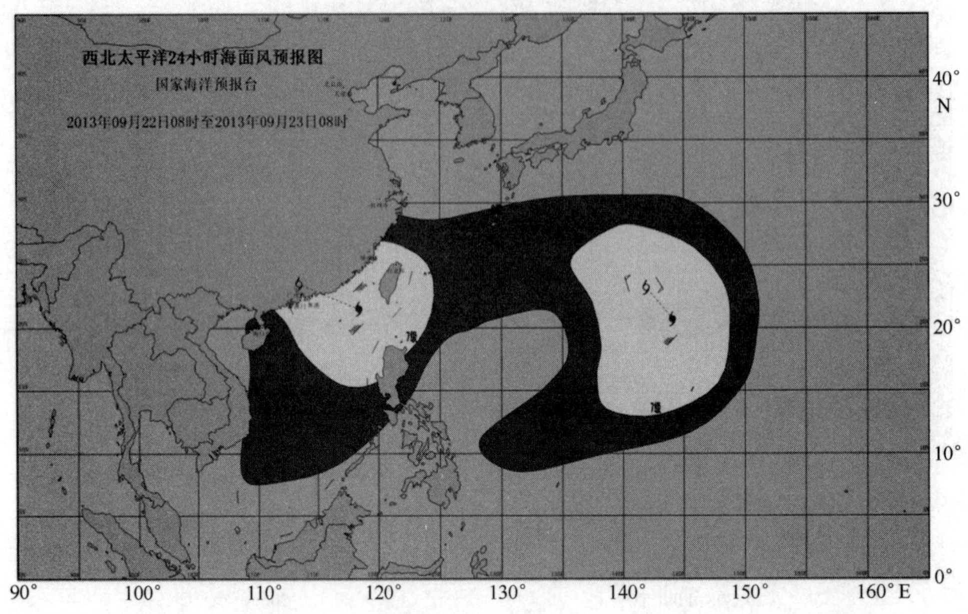

图10.5　西北太平洋24小时海面风预报图

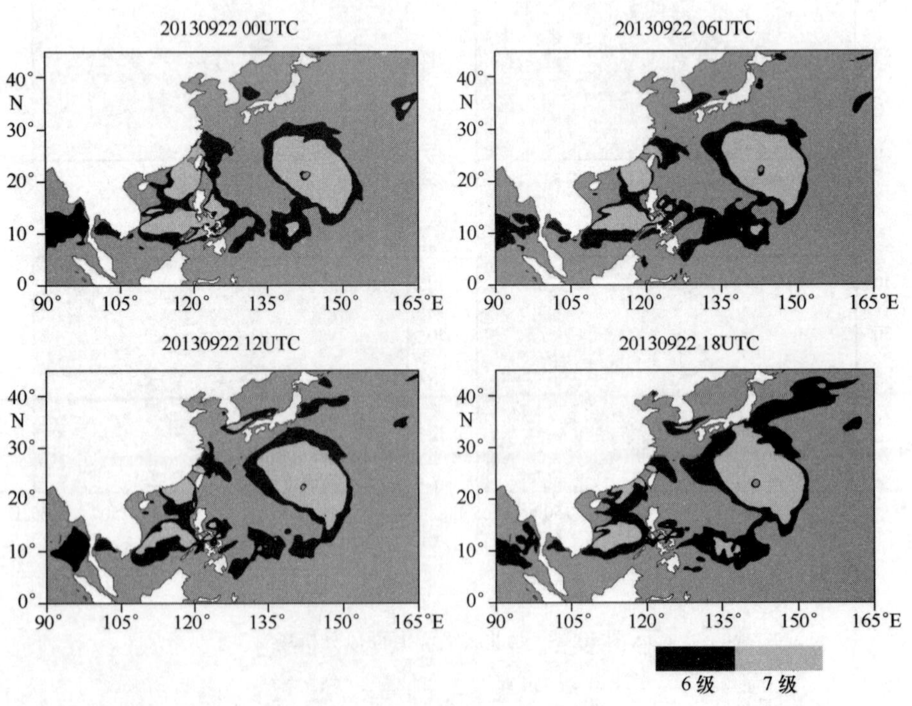

图10.6　西北太平洋海面风分析场

经对比，近海24小时风预报图中的6级、7级风等值线位置与FNL再分析风场图的6级、7级风等值线位置基本一致，如图10.6所示。

2013年10月4—7日，受1323号强台风“菲特”和南下冷空气的共同影响，东海有北－东北风7～8及转旋转风11～12级，钓鱼岛海域有旋转风13～14级，如图10.7所示。

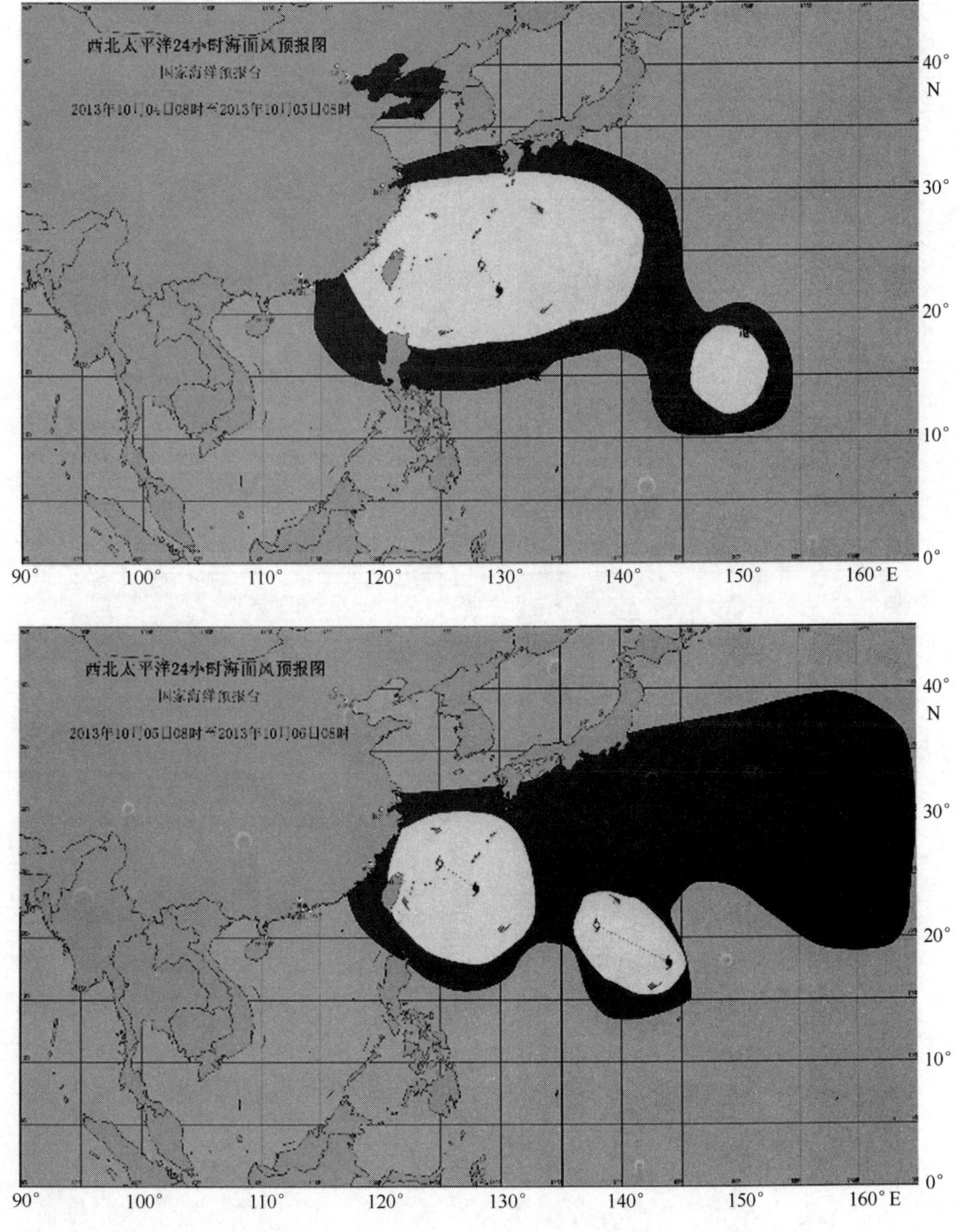

图10.7　西北太平洋24小时海面风预报图

经对比，近海24小时风预报图中的6级、7级风等值线位置与FNL再分析风场图的6级、7级风等值线位置基本一致，如图10.8所示。

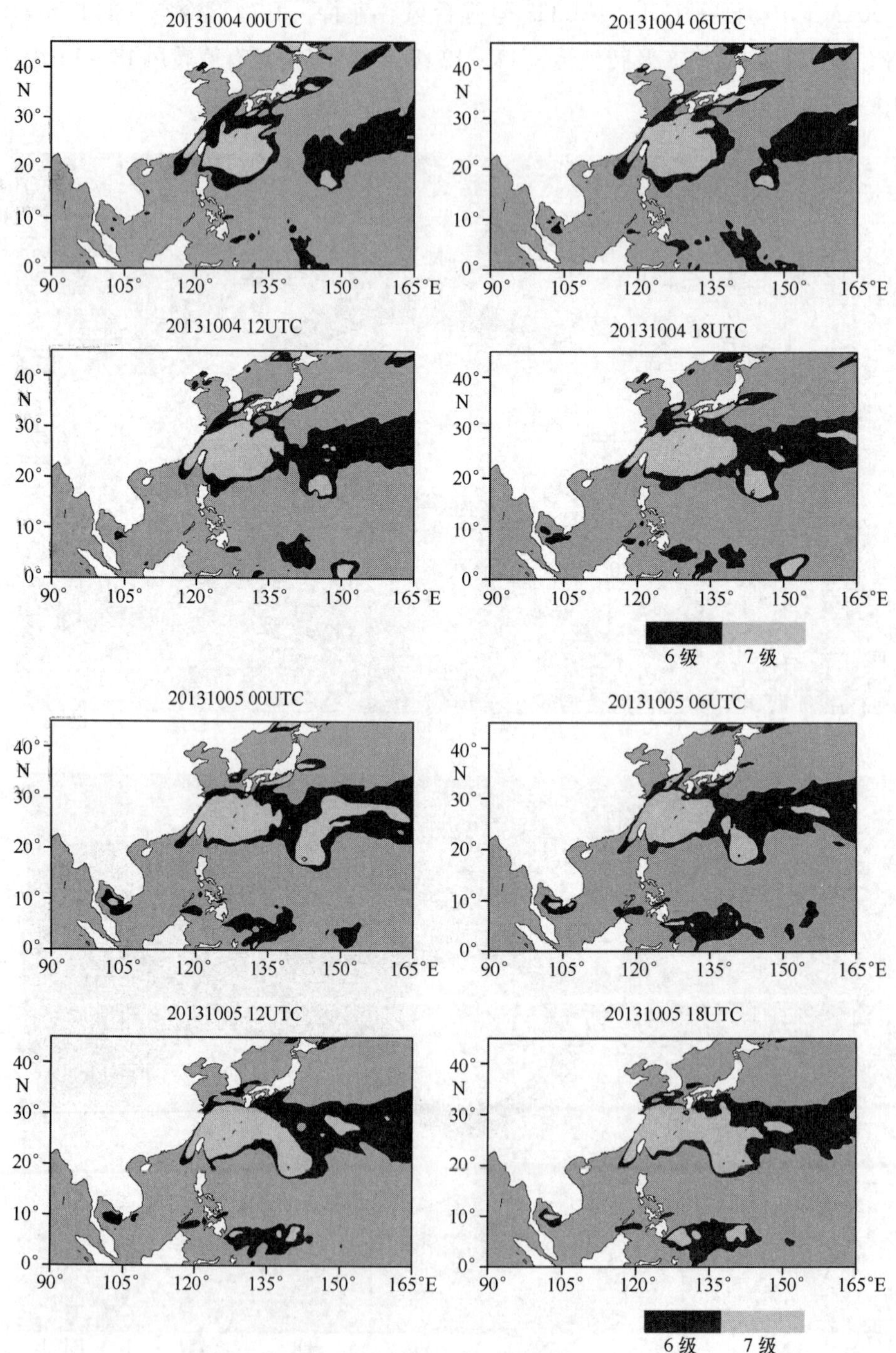

图10.8　西北太平洋海面风分析场

2013 年 11 月 8—10 日，受 1330 号“海燕”影响，巴士海峡和南海北部海域有 7 ~ 9 级大风、南海海域自东南向西北海域（北部湾）先后有 10 ~ 12 级大风，“海燕”中心经过的海域有 12 ~ 14 级大风，阵风 15 ~ 17 级，如图 10.9 所示。

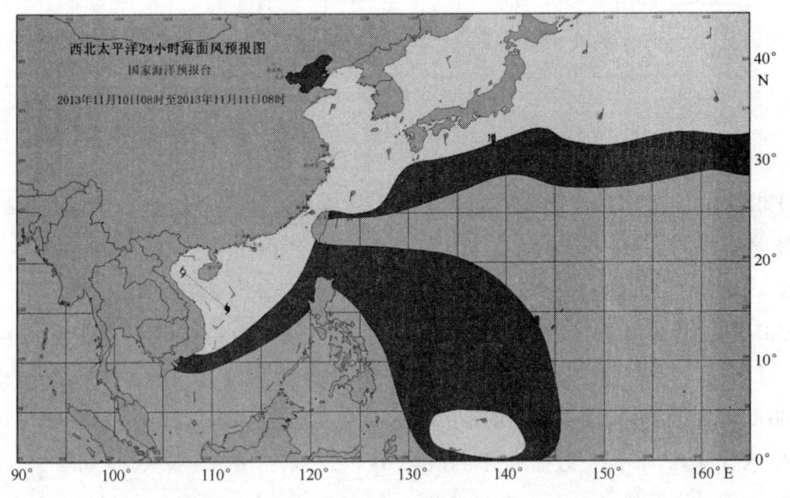

图 10.9　西北太平洋 24 小时海面风预报图

经对比，近海 24 小时风预报图中的 6 级、7 级风等值线位置与 FNL 再分析风场图的 6 级、7 级风等值线位置较为一致，如图 10.10 所示。

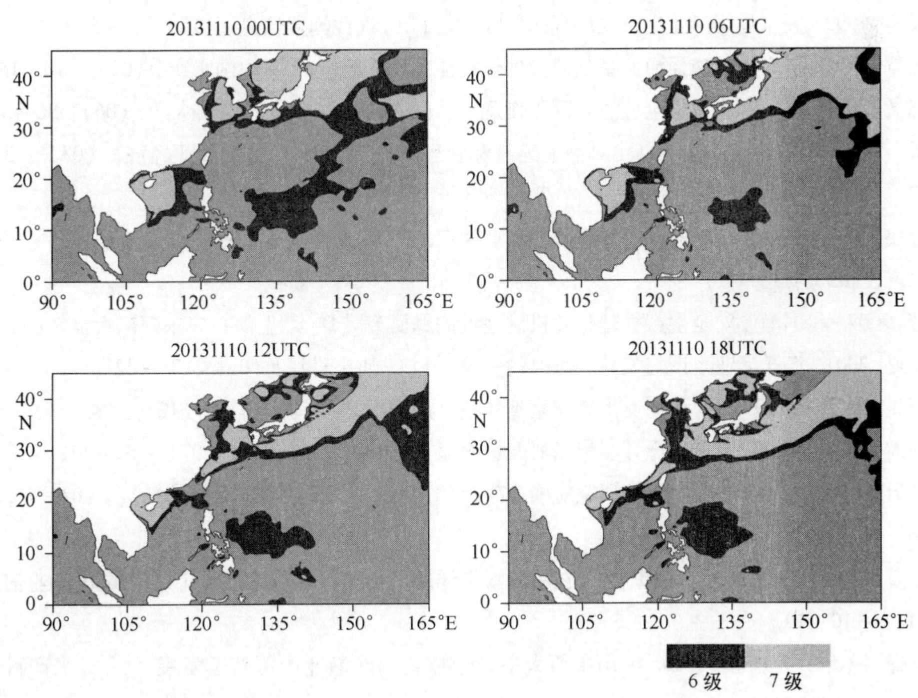

图 10.10　西北太平洋海面风分析场

参考文献

刘允芬 . 2000. 气候变化对我国沿海渔业生产影响的评价［J］. 中国农业气象，(4)：2 - 6.

于会娟，韩立民 . 2011. 渔业生产中的不确定性分析［J］. 中国渔业经济，(01)：107 - 111.

王龙 . 2008. 高度社会化的渔业生产形态［D］. 武汉：武汉华中师范大学，1 - 9.

陈绍焰 . 2010. 福建沿海渔港空间布局与渔业生产适应性分析［J］. 渔业经济研究（2)：20 - 24.

朱保成 . 2011. 加强南海护渔维权扶持南海渔业生产［J］. 农村工作通讯（11）：9 - 11.

林光纪 . 2004. 渔业生产安全公共物品的经济分析［J］. 福建水产，(02）：33 - 36.

季民 . 2004. 海洋渔业 GIS 时空数据组织与分析［D］. 山东：山东科技大学：32 - 35.

朱健 . 2010. 渔船动态监管信息系统在渔业管理中的应用研究—以南沙渔船船位监控系统为例［D］. 广东：广东华南理工大学：12 - 17.

林光纪 . 2007. 渔业生产安全公共物品的经济分析［C］//海峡西岸防抗热带气旋抗洪抢险救灾论坛论文集 . 福州：福建省水利学会，309 - 312.

范之安 . 2007. 中国海洋渔业风险管理研究［D］. 青岛：中国海洋大学，8 - 10.

张汉嘉 . 1993. 关于我国渔业生产发展规律的探讨［J］. 现代渔业信息，(12）：1 - 5.

孙云潭，于会娟 . 2010. 加强渔业基础建设确保渔业生产安全［J］. 中国水产，(02）：16 - 18.

阴惠义 . 2013. 辽宁省渔业安全应急管理工作现状、问题与建议［J］. 中国水产，(06)：30 - 31.

郭毅 . 2010. 卫星导航通信信息化对渔业经济和管理的作用［J］. 中国渔业经济，(03）：37 - 42.

程金成，高健，刘樱 . 2005. 印度洋海啸对渔业生产的启示：建立渔业防灾减灾体系［J］. 北京水产，(02）：10 - 12.

徐芳 . 2007. 我国渔业安全生产管理长效机制建设问题研究［D］. 上海：华东师范大学，7 - 15.

杨乾亚 . 2001. 海洋渔业生产与气象、海况的关系［J］. 汕头科技，(03）：21 - 22.

蒋国先，张春林 . 1999. 海上渔业生产安全工作亟待加强［J］. 海洋信息，(12）：24 - 25.

朱德坤 . 1987. 为海洋渔业生产开展渔场海况速报服务［J］. 海洋预报，(07）：59 - 61.

闵慧男，李庆东 . 1999. 灾害心理研究对渔业生产的启示［J］. 中国渔业经济研究，(04）：25 - 26.

高建芳，谢营梁，郁岳峰 . 2010. 台湾在中西太平洋的金枪鱼渔业（2009）［J］. 现代渔业信息，(10）：10 - 12.

王学锋，孙华，卢伙胜 . 2010. 中国中西太平洋金枪鱼围网渔业的可持续发展［J］. 水产科学，(02）：120 - 124.

宋倩 . 2010. 全球生产网络中的贸易利益分配［J］. 合作经济与科技，(02）：77 - 78.

李延，戴小杰.2009. 印度洋金枪鱼渔业现状及中国发展对策［J］. 中国渔业经济，(06)：152-156.

姚庆海.2006. 沉重叩问：巨灾肆虐，我们将何为——巨灾风险研究及政府与市场在巨灾风险管理中的作用［J］. 交通企业管理，(09)：46-48.

姚庆海.2006. 沉重叩问：巨灾肆虐，我们将何为——巨灾风险研究及政府与市场在巨灾风险管理中的作用（之二）［J］. 交通企业管理，(10)：30-33.

2005年及“十五”期间全国渔业统计情况（上）［J］. 中国畜牧杂志，(14)：9-10.

2005年及“十五”期间全国渔业统计情况（下）［J］. 中国畜牧杂志，(16)：10-14.

侯英民.2006. 大力发展渔业互保事业努力探索农业政策性保险之路［J］. 齐鲁渔业，(06)：1-2.

胡家辉，王晓波.2006. 浅析中国渔业保险模式的选择［J］. 中国渔业经济，(02)：64-67.

宋建晓.2006. 积极借鉴台湾经验 发展福建海洋渔业［J］. 发展研究，(03)：40-41.

张继权，冈田宪夫，多多纳裕一.2006. 综合自然灾害风险管理——全面整合的模式与中国的战略选择［J］. 自然灾害学报，(01)：29-37.

黄丽琼.2005. 我国渔业保险发展初探［J］. 福建水产，(04)：82-85.

田诚.2005. 面对发展迟缓的海洋渔业通信［J］. 海洋开发与管理，(06)：80-81.

马吉山，倪国江.2010. 我国海洋技术发展对策研究［J］. 中国渔业经济，(6)：5-11.

方银霞，虞夏军.2000. 地理信息系统在海洋领域的应用［J］. 海洋通报，19 (3)：85-89.

侯文峰.1996. 海洋地理信息系统［C］//中国海洋学会四届二次理事会暨面向21世纪海洋科技研讨会.

蔡明理，施丙文.1993. 海洋地理信息系统［J］. 海洋科学，(6)：31-33.

方裕.1999. 地理信息系统（GIS）的技术与发展［J］. 通信世界，(7)：1-4.

金菊良，储开凤，郦建强.1997. 基因方法在海洋预报中的应用［J］. 海洋预报，(1)：9-16.

彭明军，李宗华，杨存吉.2001. WebGIS实现技术及发展研究［C］. 测绘信息与工程，41-44.

李文彬.2014. 基于人工免疫系统的海洋渔船预警模型研究［D］. 首都师范大学.

Yubo LV, Jianfeng XU, Linhao XU, et al. 2014. Based on BeiDou (COMPASS) Build the Environmental Protection Services System of Hainan Marine Fisheries Production Safety [J]. Lecture Notes in Electrical Engineering.

林波，王东江.2014. 海洋渔业绿色发展的基本要素及相互关系［C］//中国科协年会——分5生态环境保护与绿色发展研讨会.

蔡振君，李小娟，孙永华.2013. 海洋预报产品可视化系统设计与实现［J］. 首都师范大学学报：自然科学版，34 (3)：77-83.

王小玲，任福民.2008. 1951—2004年登陆我国热带气旋频数和强度的变化［J］. 海洋预报，25 (1)：65-73.

叶英，董波.2002. 登陆我国热带气旋活动的年代际变化分析［J］. 海洋预报，19 (2)：23-30.

李云，刘钦政，王旭.2011. 海上失事目标搜救应急预报系统［J］. 海洋预报，28 (5)：77-81.

陈国民，汤杰，曾智华.2012. 2011年西北太平洋热带气旋预报精度评定［J］. 气象，38 (10)：1 238-1 246.

陈国民，余晖，曹庆．2013. 2012 年西北太平洋热带气旋预报精度评定［J］．气象，39（10）：1 350－1 358.

陈国民，曹庆．2014. 2013 年西北太平洋热带气旋预报精度评定［J］．气象，（12）．

董方勇，徐磊．2003. 渔业风险的原因分析及防范对策［J］．中国渔业经济，（5）：31－33.

王秀明．2008. 高分辨率卫星遥感数据处理及其应用研究［J］．闽西职业技术学院学报，10（1）：102－106.

郭守前．2003. 海洋渔业中的不确定性、风险及其效应［J］．湛江海洋大学学报，23（2）：1－5.

苏奋振，周成虎，杜云艳，等．2002. 3S 空间信息技术在海洋渔业研究与管理中的应用［J］．上海海洋大学学报，11（3）：277－282.

杜云艳，周成虎，邵全琴，等．2002. 海洋渔业数据库质量控制研究［J］．中国图象图形学报，7（3）：276－281.

邵全琴，周成虎，沈新强，等．2003. 海洋渔业遥感地理信息系统应用服务技术和方法［J］．遥感学报，7（3）：194－200.

苏奋振，周成虎，杜云艳，等．2003. 海洋渔业资源地理信息系统应用的时空问题［J］．应用生态学报，14（9）：1569－1572.

龙文军，郑立平．2003. 农业保险与可持续农业发展［J］．中国人口·资源与环境，13（1）：102－105.

孙颖士，李冬霄．2003. 日本、韩国的渔船保险制度及其对我国的启示［J］．中国渔业经济，（1）：47－49.

禹世彦．2003. 关于渔船互保展业问题的初步探讨［J］．中国渔业经济，（1）：50－50.

黄建文，邵树昌，郑炳坦．1986. 渔业管理信息系统工程简介［J］．中国水产，（6）.

龚希章．2000. 基于 Web 的渔业数据库系统设计与实现［J］．上海海洋大学学报，9（4）：334－338.

孙吉亭，潘克厚．2002. 我国渔业资源开发问题的经济学分析［J］．中国渔业经济，（6）：17－18.

黄金玲，黄硕琳．2002. 关于我国专属经济区内实施限额捕捞制度存在问题的探讨［J］．现代渔业信息，17（11）：3－6.

于孝东．2002. 渔船退役渔民领补偿金河北省北戴河渔民减船转产迈出实质性一步［J］．中国水产，（9）.

孙吉亭．2002. 关于我国海洋第一产业发展的几个问题［J］．东岳论丛，23（3）：22－25.

陆忠康．2002. 关于制约我国渔业可持续发展因素的探讨［J］．现代渔业信息，17（5）：6－9.

张蕾．2002. 中国渔业生产保险发展的探讨［J］．现代渔业信息，17（5）：17－20.

苏奋振，周成虎，邵全琴，等．2002. 海洋渔业地理信息系统的发展、应用与前景［J］．水产学报，26（2）：169－174.

陈蓝荪．2001. WTO 基本原则和例外对我国渔业的影响［J］．海洋渔业，23（4）：149－155.

孙吉亭．2001. 我国海洋资源负外部性的消除与可持续利用［J］．东岳论丛，22（3）：40－44.

邵国栿．2001. 中国加入 WTO 对渔船船东互保工作的影响［J］．中国渔业经济，（3）：10－11.

孙吉亭．2000. 论我国海洋资源可持续利用的基本内涵与意义［J］．海洋开发与管理，（4）：28－31.

中国农业部.2013.2012 年全国渔业经济统计公报［R］.

国家海洋局.2014. 中国海洋灾害公报［R］.

尹尽勇，徐晶，曹越男，等.2012. 我国海洋气象预报业务现状与发展［J］. 气象科技进展，2（6）：17－26.

苏生.2003.2002 年世界渔业和水产养殖业状况［J］. 海洋信息，（3）：31－32.

王冠钰.2013. 基于中加比较的我国海洋渔业管理发展研究［D］. 中国海洋大学.

刘文展.2012. 大连市都市型现代海洋渔业支撑体系建设研究［J］. 辽宁经济，（5）：72－74.

肖劲锋，陈卫忠.2000. 面向海洋渔业可持续发展的海洋渔业服务模型库系统［J］. 水产学报，（3）：235－239.

吴向荣，李郅明.2013. 海洋观测预报集成服务系统建设及其应用［J］. 海洋信息，（2）：1－8.

后 记

目前，全国海洋渔业生产安全环境保障服务系统建设已完成 1 个国家中心、3 个海区中心、7 个沿海省级节点的三级体系全国海洋渔业生产安全环境保障服务系统建设，完成系统所需的硬件平台搭建，开发集成系统显示平台以及国家、海区、省级三级节点间的数据传输中间件，经过联合调试和系统测试后投入业务化运行，现已正式为全国沿海各省市提供针对渔场的业务化预报产品服务，每日制作和发布中国沿海的风、浪预警报产品，并指导 7 个沿海省份及时将预警信息发送给处于危险作业渔区的渔船（渔民），在海洋灾害发生时，组织开展海洋预警报视频会商，提出危险区域的渔船安全避险对策建议，初步形成海洋渔业生产安全环境保障服务能力。

在后续工作中，将进一步完善海洋环境要素观测系统和渔港动态视频监控系统的技术集成，加强基础地理数据整合，拓展渔业生安环境保障服务的综合数据库系统，加大海洋环境与海洋灾害预警报系统和服务系统建设力度，争取覆盖我国全部沿海省市海洋行政管理部门，同时向各沿海省份的市、县进行推广，全面提升我国海洋渔业环境综合保障能力，有效减轻渔业生产中的经济和人员损失，促进我国海洋防灾减灾事业和海洋经济快速发展。

在系统建设过程中，得到国家海洋局强有力的领导和支持，保证了系统在全国范围内顺利完成建设、部署和业务化运行，使得本书的写作有了一个坚实可靠的系统支持，而不是纸上谈兵，为此，对系统建设过程中付出关心和支持的领导们，表示由衷的感谢。同时，对参与此项工作的国家海洋环境预报中心、北海预报中心、东海预报中心、南海预报中心、辽宁省海洋环境预报总站、山东省海洋预报台、江苏省海洋环境监测预报中心、浙江省海洋监测预报中心、福建省海洋预报台、广东省海洋预报台和海南省海洋监测预报中心等领导和技术人员等，以及对系统建设提出宝贵意见的专家和其他技术支持单位表示崇高的敬意，感谢他们在系统建设过程中给予的支持和帮助。

本书写作过程中，得到了国家海洋环境预报中心气象室、预警室、环境室、网络部、信息室等同事们的大力支持和帮助；国家海洋局预报减灾司褚骏处长为本书提供了系统需求调研方面的大量资料，帮助支持极大；北斗星通、福建四创、徐州星原、北京京联云等技术公司为本书的技术章节提供大量资料，使得本书在IT技术方面增色不少，在此表示诚挚的感谢！

作者

2015年3月30日